Horst-Joachim Lüdecke

Energie und Klima

Energie und Klima

Chancen, Risiken, Mythen

Professor Dr. Horst-Joachim Lüdecke

2., aktualisierte Auflage

Mit 35 Abbildungen und 6 Tabellen

Bibliografische Information Der Deutschen Bibliothek

Die Deutsche Bibliothek verzeichnet diese Publikation
in der Deutschen Nationalbibliografie;
detaillierte bibliografische Daten sind im Internet über
http://www.dnb.de abrufbar.

Bibliographic Information published by Die Deutsche Bibliothek

Die Deutsche Bibliothek lists this publication
in the Deutsche Nationalbibliografie;
detailed bibliographic data are available on the internet at
http://www.dnb.de

ISBN 978-3-8169-3302-1

2., aktualisierte Auflage 2016
1. Auflage 2013

Bei der Erstellung des Buches wurde mit großer Sorgfalt vorgegangen; trotzdem lassen sich Fehler nie vollständig ausschließen. Verlag und Autoren können für fehlerhafte Angaben und deren Folgen weder eine juristische Verantwortung noch irgendeine Haftung übernehmen.
Für Verbesserungsvorschläge und Hinweise auf Fehler sind Verlag und Autoren dankbar.

© 2013 by expert verlag, Wankelstr. 13, D-71272 Renningen
Tel.: +49 (0) 71 59-92 65-0, Fax: +49 (0) 71 59-92 65-20
E-Mail: expert@expertverlag.de, Internet: www.expertverlag.de
Alle Rechte vorbehalten
Printed in Germany

Das Werk einschließlich aller seiner Teile ist urheberrechtlich geschützt. Jede Verwertung außerhalb der engen Grenzen des Urheberrechtsgesetzes ist ohne Zustimmung des Verlags unzulässig und strafbar. Dies gilt insbesondere für Vervielfältigungen, Übersetzungen, Mikroverfilmungen und die Einspeicherung und Verarbeitung in elektronischen Systemen.

Inhaltsverzeichnis

1 Ein Anfang   **1**
    1.1 Geleitwort von Arnold Vaatz, MdB 1
    1.2 Vorwort zur 2. Auflage 5
    1.3 Einführung 6
    1.4 Quellen und Literatur 10

2 Deutschland im Wandel   **11**
    2.1 Probleme mit der Energiewende 11
    2.2 Klimaschutz als Gebot? 17
    2.3 Die CO_2-Agenda der EU 22

3 Energie   **25**
    3.1 Der Energiehunger der industrialisierten Menschheit . . . 30
    3.2 Die Endlichkeit von Brennstoffreserven 34
       3.2.1 Kohle, Erdöl, Gas 34
       3.2.2 Uran, Thorium 35
    3.3 Ein Spaziergang im „Energie-Garten" 39
       3.3.1 Eine entscheidende Größe – die Leistungsdichte S . 47
       3.3.2 Grundkriterien und eine erste Bilanz 50
       3.3.3 Wirkungsgrade von Kraftwerken 54
       3.3.4 Erntefaktoren von Kraftwerken 56
       3.3.5 Woher soll der Strom kommen? 57
       3.3.6 Verbrauchernahe oder verbraucherferne Stromversorgung? 63
    3.4 Alternative Energien in Deutschland 66
       3.4.1 Die Vorhaben der Bundesregierung 66
       3.4.2 Windkraftanlagen (WKA) 68
       3.4.3 Strom von der Sonne 75

		3.4.4	Solarthermie	76
		3.4.5	Brot für die Welt oder Biosprit?	77
		3.4.6	Schiefergas	79
	3.5	Speicherung von elektrischer Energie		81
	3.6	Energiesparen		82
	3.7	Kernenergie		85
		3.7.1	Transmutation des abgebrannten Kernbrennstoffs .	95
		3.7.2	Kernkraftwerke der Zukunft	97
		3.7.3	Risiko radioaktive Strahlung	99
	3.8	Wohin geht die Energiereise Deutschlands?		104
	3.9	Résumé zur Energiepolitik Deutschlands		106

4 Klima 113

	4.1	Klimakatastrophen?		114
	4.2	Klimaschutz in Politik und den Medien		123
	4.3	Erste Klima-Fakten		128
	4.4	Globale Erwärmung?		130
	4.5	Die Folgen des Klimawandels		133
		4.5.1	Extremwetter	134
		4.5.2	Gletscher	136
		4.5.3	Meeresspiegel	137
		4.5.4	Arktiseis	141
		4.5.5	pH-Werte der Ozeane	144
	4.6	Ordnung in die Klimabegriffe!		148
	4.7	Ockhams Rasiermesser		151
	4.8	Die Geschichte der Erdtemperaturen bis heute		153
	4.9	Treibhauseffekt und CO_2		169
		4.9.1	Die Klimawirkung des anthropogenen CO_2	173
		4.9.2	Wie weit steigt atmosphärisches CO_2 noch an? . .	179
		4.9.3	„Wärmetod der Erde" durch Wasserdampfrückkoppelung?	182
	4.10	Ursachen von Klimaänderungen		186
	4.11	Klima-Computer-Modelle		193
	4.12	Fingerprints und Tipping-Points		200
	4.13	Der Mythos vom wissenschaftlichen Konsens		201
	4.14	Résumé zur Klimapolitik Deutschlands		206

5 Kollateralschäden — 211
- 5.1 IPCC und Politik 213
- 5.2 Die deutschen Medien 220
- 5.3 Wikipedia 224
- 5.4 Wissenschaftliche Etikette 226
  - 5.4.1 Climategate 226
  - 5.4.2 Die Falschaussage des IPCC über den Zustand der Himalaya-Gletscher 229
  - 5.4.3 Die Fragwürdigkeit von „Globaltemperaturen" .. 230
  - 5.4.4 Fragwürdiges vom PIK-Direktor H.-J. Schellnhuber 231
  - 5.4.5 Das PIK vs. Jan Veizer und Nir Shaviv 234
- 5.5 Wer profitiert von der Klima-Hysterie? 238
- 5.6 Die Zechpreller 248

6 Anhang — 257
- 6.1 Windkraftanlagen und Solarzellen 257
- 6.2 Abfall bei 100% Kernkraft aus Brutreaktoren 259
- 6.3 Energiereserven und CO_2-Anstieg 260
- 6.4 Welche Klimawirkung hat CO_2-Vermeidung? 260
- 6.5 Realitätsüberprüfung von klimafakten.de 262

7 Literaturverzeichnis — 267

1 Ein Anfang

1.1 Geleitwort von Arnold Vaatz, MdB

Unter den Nicht-Fachleuten in Deutschland ist weitgehend klar, dass die weitere Nutzung der Kernenergie die Bewohnbarkeit unseres Landes gefährdet und die ungebremste Anreicherung von CO_2 (Kohlendioxid) in der Atmosphäre eine Erderwärmung verursacht, die den Fortbestand der Menschheit und überhaupt allen Lebens bedroht. Um dies zu vermeiden, müsse sich die Energiebereitstellung der Menschheit von Grund auf ändern. Nukleare Energiequellen oder fossile Energieträger, aus denen man durch Verbrennung jene Wärme gewinnt, die man einerseits verheizt und andererseits in Strom oder Fahrleistung verwandelt, müssen durch solche ersetzt werden, die weder radioaktive Strahlung verursachen noch CO_2 freisetzen. Um dies auch dem Letzten klar zu machen, haben sich die meisten Deutschen Medien daran gewöhnt, den „Atomstrom" zu ächten und über das Naturgas CO_2 meist nur noch mit dem Attribut „klimaschädlich" zu sprechen.

Die Politik widmete sich diesem Thema auf der legendären Rio-Konferenz der Vereinten Nationen im Jahre 1992. Während die Stigmatisierung der Kernenergie im Wesentlichen ein deutsches Thema blieb, wurde die Bedrohung der Erde durch CO_2 zum politischen Faktum erhoben. Schon damals formierte sich allerdings auch Widerspruch: Zunächst 425, im Laufe der Zeit bis heute mehr als 4.000 namhafte Persönlichkeiten, darunter 72 Nobel-Preisträger, unterstützen den Heidelberg-Appeal, der die dem Rio-Gipfel zugrunde liegende Prämisse generell in Frage stellt. Zahlreiche Petitionen und Manifeste von Klimaexperten sind später hinzugekommen.

Die Politik scherte sich nicht um solche Einwände. 2010 tagte im mexikanischen Cancun die Klimakonferenz der Vereinten Nationen. Die Industriestaaten bekannten sich dort zu der Absicht, die Erderwärmung

1 Ein Anfang

auf zwei Grad gegenüber der vorindustriellen Zeit zu begrenzen. Überstiege eines Tages die Erwärmung der Erde diese zwei Grad, so habe dies für den Fortbestand des Lebens auf der Erde und damit für die gesamte Menschheit katastrophale Folgen. Das Umweltprogramm der Vereinten Nationen konkretisierte, was zu tun sei: Eine Konzentrationsbegrenzung von CO_2 in der Luft auf 0,045% eröffne die Aussicht, das Zwei-Grad-Ziel mit einer Wahrscheinlichkeit von 50% einzuhalten. Ließe sich die CO_2-Konzentration schon bei 0,04% deckeln, so läge die Wahrscheinlichkeit für das Ausbleiben der Erderwärmung über die Schwelle zur Menschheitskatastrophe von zwei Grad sogar bei 70%. Die Politik glaubt fest an diese absurden Aussagen. Sie meint, eine Art Erd-Thermostat einbauen zu können, der uns vor unerwünschten Klimaschwankungen zuverlässig schützt. Die neue Allmachtsphantasie des Menschen sieht ihn imstande, die Schöpfung zu bewahren und das Klima zu schützen. Man muss historisch einigermaßen informierten Menschen nicht erklären, was ähnliche Phantasien über die endgültige Lösung wirklicher oder vermeintlicher Lebensfragen der Menschheit schon mehrfach an Katastrophen hinterlassen haben.

Die Umwälzung ist im vollen Gange. Kaum eine Disziplin der Politik und der Wirtschaft, die nicht im Zuge dieser Forderung von Grund auf klimaschutzgerecht umfrisiert wurde. In den Ministerien und den nachgeordneten Ämtern der öffentlichen Hände schießen neue Verwaltungsgebilde, die der Energiewende dienen sollen, wie Pilze aus dem Boden. In den Ministerien entstehen Öko-Abteilungen, Förderprogramme lockern Steuermilliarden für den Klimaschutz, ganze neue Technologiebranchen entstehen, Ökofinanzprodukte erfreuen die Banken, und Hunderttausende investieren in Windmühlen und Sonnenkollektoren. Bei den Pastoren ist die Rettung der Welt an die Stelle der ewigen Seligkeit getreten.

Das hat ganz profane Folgen. Bezahlt werden diese alternativen Stromerzeuger durch horrende Einspeisesubventionen, die von den konventionellen Stromerzeugern zunächst über die Netzbetreiber an die Windmüller und Solardachbesitzer ausgezahlt und dann über den Strompreis an den Stromkunden weitergegeben werden. Da die Zahlungen an die Erzeuger 20 Jahre garantiert werden und auch dann anfallen, wenn die Netze den von ihnen erzeugten Strom wegen Überlastung nicht aufnehmen können, sind hierfür mittlerweile Verbindlichkeiten in Höhe von etwa

1.1 Geleitwort von Arnold Vaatz, MdB

400 Mrd. Euro aufgelaufen, von denen ca. 75 Mrd. bereits geflossen sind und die übrigen 325 Mrd. in den nächsten 20 Jahren anfallen. Wir verursachen mit alternativem Strom sporadisch auftretende Überlastungen unserer Netze, was uns famose Exportmöglichkeiten eröffnet. Das Dumme ist nur, dass wir durch dieses Überangebot leider die Strombörsenpreise drücken. Der Börsenpreis, der sich normalerweise um die 45 Euro pro Megawattstunde bewegt, ist allerdings als Verkaufspreis schon wenig genug, weil an die alternativen Stromerzeuger schon 170 Euro für diese Kilowattstunde zu entrichten war. Beim Export von 10 Terawattstunden (im Jahr 2012 waren es fast 15) bedeutet das selbst bei diesem Börsenpreis etwa 1,25 Milliarden Euro Verlust, für den der Stromkunde aufzukommen hat.

Was ist aber, wenn wir die Gefahr, die vom CO_2 ausgeht, einfach maßlos übertreiben? Gut, mag der gemäßigte Betrachter sich bisher gesagt haben: Wenn an der CO_2-Geschichte doch nichts dran sein sollte, dann sparen wir doch wohl an den ohne Zweifel endlichen Ressourcen! Sollte man meinen. Es wäre dann wie beim Alchimisten Johann Friedrich Böttger, der eigentlich prahlte, Gold herstellen zu können und dann stattdessen die Porzellanherstellung erfand. Seitdem wir das CO_2 aus dem Kraftwerk direkt in die Erde verpressen wollen, wird auch dieses Argument – sollte es jemals gegolten haben – hinfällig. Nicht mal Porzellan anstelle von Gold, in diesem Falle Ressourcenschonung anstelle von Klimarettung, sondern weder das eine noch das andere könnte sich einstellen, denn die CO_2-Verpressung verschlingt zusätzliche Ressourcen – erst recht, wenn auch noch die schon jetzt ressourcenschonende und bei Fortentwicklung noch günstigere Nutzung der Kernenergie aufgegeben wird; und der Input an fossiler Energie zur Bereitstellung der immer riesigeren Windkraftmaschinerie, der astronomische Rohstoffverbrauch für Zuleitungen, Aufbauten und Herstellungstechnologie kommt hinzu.

All dies lässt die Frage nach der Zuverlässigkeit der Prämissen für diesen gigantischen energiepolitischen Kurswechsel umso dringlicher werden – zumal wir uns in Deutschland in Bezug auf die Kernenergie als Geisterfahrer gegenüber nahezu allen entwickelten Industrie- und Schwellenländern fortbewegen und mit unserem schwankenden Stromnetz nun auch noch zu einem Fremdkörper im europäischen Stromversorgungssystem geworden sind.

1 Ein Anfang

Ich drücke Horst-Joachim Lüdecke und diesem Buch, das nun von ihm vorliegt, die Daumen, weil ich glaube, dass von einem wirklichen Erkenntnisgewinn in Sachen Energie und Klima unsere Zukunft abhängt. Wir müssen zu der Forderung nach naturwissenschaftlich soliden Erkenntnissen und ingenieurtechnisch realistischen Gestaltungswegen als Grundlage von politischen Entscheidungen zurückfinden. Ein gesinnungsethischer Konformitätsdruck ist eine schlechte Grundlage für energiepolitische Entscheidungen.

Dieses Buch ist ein leidenschaftlicher Aufruf zu intellektueller Redlichkeit und zugleich ein Meisterwerk in der plausiblen Vermittlung komplizierter physikalischer Sachverhalte. Ich wünsche ihm viele Leser. Es gehört in jeden Schulunterricht einer Abiturklasse. Allerdings bin ich Realist und ahne, was kommen wird: Man wird zunächst versuchen, es zu ignorieren. Aber es wird nicht fruchten, dazu ist das Buch zu souverän, zu überzeugend, zu präzise. Daher wird sich die Empörungsindustrie mit ihm befassen und es auf den medialen Index setzen.

Nur: Über die Frage, ob CO_2 ein Klimakiller ist oder nicht und welche Faktoren für das Leben wirkliche und welche eingebildete Risiken sind, entscheiden weder politische Mehrheiten noch religiöse Überzeugungen noch der kollektive Wille der deutschen Medienlandschaft. Daher wird dieses Buch zumindest eines Tages von der Realität bestätigt werden. Wie viele schwer reparable Fehler bis dahin in der deutschen Energiepolitik gemacht sein werden, ist eine andere Frage.

Arnold Vaatz, MdB[1]   Hannover am 4.12.2012

---

[1] Arnold Vaatz (Mathematiker) ist Mitglied des deutschen Bundestages und seit 2002 Stellvertretender Vorsitzender der CDU/CSU-Bundestagsfraktion. Von 1990 bis 1992 war er Sächsischer Staatsminister in der Staatskanzlei und von 1992 bis 1998 Sächsischer Staatsminister für Umwelt und Landesentwicklung.

1.2 Vorwort zur 2. Auflage

Die erste Auflage des Buchs ist vergriffen, die zweite liegt nun vor. Neben Beseitigung von Fehlern wurde der Inhalt, soweit erforderlich, aktualisiert. Ein nebensächlich erscheinender Satz ist in diesem Zusammenhang besonders bemerkenswert. Er steht im jüngsten IPCC-Bericht für Politiker (2013) [126], versteckt als Fußnote 16, in Abschnitt D.2. In ihm wird eingeräumt, dass die Klimasensitivität des CO_2 **unbekannt** ist (man versteht darunter die durch eine hypothetische Verdoppelung des atmosphärischen CO_2-Gehalts bewirkte globale Erwärmung). Fachleuten war dies natürlich schon immer bestens bekannt, nicht aber der Öffentlichkeit. Man darf gespannt sein, ob diese Mitteilung des IPCC jemals in den deutschen Medien thematisiert wird. Es ist nun UN-offiziell: die einzige Grundlage aller kostspieligen, unsere energieintensive Wirtschaft schwer schädigenden politischen Entscheidungen über CO_2-Vermeidung und Energiewende beruhen auf einem unbekannten Zahlenwert. Den nimmt das IPCC salopp als gefährlich hoch an – ohne dafür einen Beleg angeben zu können. Hier der Original-Wortlaut der IPCC-Fußnote: *„No best estimate for equilibrum climate sensitivity can now be given because of lack of agreement on values across assessed lines of evidence and studies"*.

Mit dieser Fußnote ist die bisher von Medien und Politik bevorzugte Verwechslung von unbrauchbaren IPCC-Vorhersagen mit einer soliden wissenschaftlichen Grundlage offengelegt. Wie es aussieht, ist leider nicht zu erwarten, dass die deutsche Politik daraus die Konsequenzen zieht. Die neue australische Regierung hat es freilich schon getan. Unter dem Premier Tony Abbott ist die CO_2-Agenda Vergangenheit, seine vorrangige Amtshandlung war die Abschaffung der Carbon Tax.

Ebenfalls bemerkenswert sind die bisher besten Kritiken dieses Buchs [30] auf der einen und fehlende Besprechungen in den Printmedien SPIEGEL, FAZ, ZEIT, Süddeutsche usw. auf der anderen Seite. Das Buch wird trotz des im Vordergrund des öffentlichen Interesse stehenden Themas von diesen Printmedien, die sich gewöhnlich über ganz andere Dinge ohne Scheu in ihren Literaturseiten ausbreiten, *„nicht einmal ignoriert"* (Zitat Karl Valentin). Kritiker der Energiewende und von „Klimaschutz" sind Nestbeschmutzer des Mainstreams, die man totschweigt.

1 Ein Anfang

Da nützt es wenig, wenn sogar ein ehemaliges Vorstandsmitglied der deutschen physikalischen Gesellschaft (DPG), Prof. Konrad Kleinknecht, eine sehr positive Kritik in der offiziellen DPG-Zeitschrift, dem Physik-Journal vom 20. Sept. 2013, verfasste [30]. Man soll es ruhig deutlich aussprechen: Die schreiende Nichtbeachtung der deutschen Medien kritischen Fachstimmen zu Klimaschutz und Energiewende gegenüber ist Zensur. Von der ist aber nicht nur der Buchautor betroffen. Sein ungleich bekannterer Wirtschaftskollege, Prof. Hans-Werner Sinn vom ifo-Institut, der einen an Deutlichkeit nicht zu überbietenden Vortrag gegen die deutsche Energiewende an der Ludwigs-Maximilian Universität München bei Anwesenheit hoher politischer Prominenz hielt [104], wurde von den deutschen Medien ebenfalls mit Nichtbeachtung abgestraft. Eine neutrale, kritische deutsche Presse gab es einmal mit dem SPIEGEL Rudolf Augsteins („*berichten, was ist*"), heute nicht mehr. Angesichts dieser Zustände „wundert" man sich, warum sich die großen Printmedien über das Abwandern ihrer Leser ins Internet und über Demonstranten (Pegida), welche die Medien-Defizite anprangern, gar noch „wundern".

1.3 Einführung

Wie kommt man zu *Energie und Klima*? Es fing mit einem Problem an, das jeder Hochschullehrer kennt. Vielen Studierenden fällt es schwer vorzutragen. Zur Behebung dieses Defizits bot ich an meinem Fachbereich die freiwillige Zusatzveranstaltung *Präsentation* an. Von jedem Teilnehmer wurde an Samstag-Vormittagen zu einem frei gewählten technischen Thema ein 30-minütiger Vortrag gehalten und danach gemeinsam analysiert. Freie Rede, Bild- und Textgestaltung der Präsentation am Beamer und korrektes Zitieren von Bild- und Faktenquellen waren gefordert. Bei dieser Veranstaltung wurden von den Teilnehmern gerne aktuelle Themen, oft zu *Energie* und *Klimawandel*, gewählt.

Insbesondere beim Klimawandel war das Fehlen ordentlicher Quellenangaben auffällig. Von allen Vortragenden wurde es als selbstverständlich vorausgesetzt, dass Extremwetter infolge zunehmender CO_2-Emissionen aus Kohlekraftwerken, Industrie und landwirtschaftlicher Nutzung zugenommen hätten. Meine neugierige Nachfrage nach den Quel-

1.3 Einführung

len – denn ich war damals der gleichen Annahme wie meine Studenten – ergab jedes Mal Fehlanzeige. Seltsam! Daher begann die eigene Suche, mit dem Ergebnis, dass bis heute keine Nachweise für zunehmende Extremwetter existieren. Die gesamte meteorologische Fachliteratur und die Berichte der UN-Klimaabteilung (IPCC) belegten dies.

Historische Hochwassermarken an der *alten Brücke* meiner Heimatstadt Heidelberg lieferten weitere Hinweise. Touristen bleiben hier oft nachdenklich stehen und lesen die in Stein geprägten Pegelmarken. Diese zeigen, dass die stärksten Überschwemmungen weit über hundert Jahre zurückliegen. Damals gab es noch keine nennenswerten menschgemachten CO_2-Emissionen. Nachschauen im Internet führt schließlich zu Seiten, die Photographien historischer Flusspegelwände aus ganz Europa zeigen. Sie bestätigen den Heidelberger Befund bestens. Von zunehmenden Überschwemmungshöhen in jüngeren Zeiten kann trotz des katastrophalen Hochwassers von Dresden im Jahre 2002 keine Rede sein.

Sogar dieses hatte im Jahre 1845 einen mindestens gleichstarken Vorgänger. Immerhin gibt es eine Auflösung des Hochwasserrätsels. Überschwemmungen werden als ansteigend empfunden, weil vermehrt in hochwassergefährdeten Gebieten gesiedelt wird, die Versicherungsschäden ansteigen und inzwischen weltweit über solche Ereignisse berichtet wird. Bei zweifelhaftem Verlass auf die Technik wird die Natur unterschätzt. Die US-Stadt New Orleans lieferte dafür ein Musterbeispiel. Bereits leicht zugängliche Fakten zeigten somit an, dass die Grundlagen der Klimafurcht fragwürdig sind. Über problemlos Nachprüfbares, wie Überschwemmungshöhen von Flüssen und Extremwetter-Statistiken, besteht weitgehende Unkenntnis in der Öffentlichkeit und in den Redaktionsstuben der Medien. Wie sieht es dann erst bei den komplexeren Sachverhalten aus? Ist menschgemachtes CO_2 wirklich klimaschädlich?

Beantworten wir hilfsweise diese Frage einmal mit „Ja". Dann schließt sich die Folgefrage an, ob Deutschlands kostspielige CO_2-Vermeidungsmaßnahmen überhaupt global spürbar sein können. Unser Weltanteil von etwa 2,5% aller menschgemachten CO_2-Emissionen ist vernachlässigbar. Im Übrigen betreiben im Wesentlichen nur noch die EU und die Schweiz CO_2-Vermeidung zum dedizierten Zweck des „Klimaschutzes". Die maßgebenden Verursacher, wie China und Indien, haben solche Maßnahmen noch nie in Erwägung gezogen. Warum hört man in den Medien

1 Ein Anfang

nichts über unsere weltweite Sonderstellung? Überdies: Kann man das sich naturgesetzlich stets wandelnde Klima überhaupt schützen? Welche Klimazone – von polar bis tropisch – bedarf des stärksten Schutzes? Was sagen unabhängige Klimafachleute dazu? Gibt es hier einen ähnlichen Konsens über die Klimaschädlichkeit des menschgemachten CO_2 wie in Politik und Öffentlichkeit?

Solche häretischen Fragen lassen sich gleichermaßen auch zur deutschen Energiewende stellen. Diese Wende fand ihre Begründung zunächst in der Forderung nach CO_2-Vermeidung zum Zweck des Klimaschutzes. Später wurde das Klimaargument durch die als unabdingbar propagierte, überstürzte Aufgabe der Kernenergie komplettiert. Keine Nation dieser Erde kopiert unsere Energie- und Klima-Agenda. Und tatsächlich: Wie ist unsere Agenda denn sachlich zu rechtfertigen? Kann irgendein Nutzen für unsere Volkswirtschaft oder die Umwelt aus der Energiewende abgeleitet werden? Diese Fragen sind keineswegs akademisch! Sie berühren maßgeblich die Position Deutschlands im globalen Wettbewerb, die Stromrechnung jeden Privathaushalts, die stromintensive Industrie und insbesondere den Schutz unserer Natur, wie es die lawinenartig zunehmenden Bürgerproteste gegen Windradinstallationen zeigen.

Inzwischen im Ruhestand, hatte ich Zeit, mich wieder frei von Lehrverpflichtungen oder gar finanziellen Interessen der physikalischen Forschung zuzuwenden, jetzt einem Spezialgebiet der Klimaforschung (Meteorologie und „Klima" sind Teilgebiete der Physik). Aus den Resultaten dieser Bemühungen sind, zusammen mit Mitautoren, inzwischen mehrere wissenschaftliche Klimaveröffentlichungen in internationalen, begutachteten Fachjournalen entstanden[2]. Zusammen mit befreundeten Forschern an deutschen und ausländischen Universitäten laufen weitere Projekte. Die hier gewonnenen Erkenntnisse und Ergebnisse, die sich mit denen vieler Klimaforscher weltweit decken, widersprechen (unbeabsichtigt) in maßgebenden Punkten den deutschen Medienberichten und der deutschen Klima-Politik. Kritische Autoren von Klimasachbüchern haben ebenfalls schon solche Widersprüche bemerkt. Man informiert sich im Internet, denn die Klima-Berichte der deutschen Medien sind nicht

---

[2] [166] - [169]

objektiv. Ohne verlässliche Information ist aber kein verlässliches Urteil möglich. Diskussionen, die sich an meine Vorträge anschließen, zeigen einen dringenden Bedarf an fachlich einwandfreier Sachinformation. An die Gruppe dieser Interessierten, die selber nachdenken und es nicht beim „*Das steht doch so in der Zeitung*" belassen, richtet sich das Buch.

Das Buch hat „externe Anhänge", in denen detaillierter auf spezielle Themen näher eingegangen wird [66]. Für Errata und weiteres stellt der expert-Verlag eine eigene Seite zur Verfügung. Die Prozedur im Detail: Auf *www.expertverlag.de* den Menüpunkt *expert downloads* wählen und das Bild herunterscrollen, bis *Luedecke, Energie und Klima: Chancen, Risiken, Mythen* erscheint. Nach Anklicken erscheint die Maske *Authentication Required*. In ihrem oberen Feld ist *luedecke*, im unteren Feld *lue-energie-klima* einzugeben.

Diskussionen, Gespräche, Telefonate und E-Mails mit Naturwissenschaftlern – fast alle Physiker, viele schon im Ruhestand und einige von ihnen meine persönlichen Freunde – haben wertvolle Anregungen und Ergänzungen zum Buch geliefert. Besonders verpflichtet bin ich dem inzwischen verstorbenen Prof. Werner Weber (Univ. Dortmund), Prof. Carl Otto Weiss (Phys. Techn. Bundesanstalt Braunschweig), Dr. Rainer Link, Prof. Karl Otto Greulich (Univ. Jena), Prof. Garth Paltridge (Univ. Hobart, Australien), Dr. Sabine Lennartz (Univ. Edinburgh, Schottland), Dr. Hempelmann (Univ. Hamburg), Prof. Gerd Gantefőr (Univ. Konstanz), Prof. Hubert Becker (HTW des Saarlandes), Dr. Gerhard Schrieder (GSI Darmstadt) und Prof. Gerhard Hosemann (Univ. Erlangen). Weiter zu nennen sind meine Freunde im Europäischen Institut für Klima und Energie (EIKE) Dipl.-Ing. Michael Limburg, Dipl. Meteorologe Klaus-Eckart Puls, Prof. Friedrich-Karl Ewert (Univ. Paderborn) und Dr. Siegfried Dittrich. Mit den Autoren des exzellenten Buchs „Die kalte Sonne" Prof. Fritz Vahrenholt und Dr. Sebastian Lüning, befinde ich mich im fachlich-freundschaftlichen Austausch. Ganz besonders möchte ich Dr. Götz Ruprecht und seinen Physiker-Kollegen am Institut für Festkörper-Kernphysik, Berlin [122] für zahlreiche Hinweise und den vollständigen Beitrag unter 3.7.2 danken. Der Energieteil des Buchs ist von dieser Zusammenarbeit wesentlich mitgeprägt worden. Herrn Arnold Vaatz, MdB danke ich für sein freundliches Geleitwort.

1 Ein Anfang

1.4 Quellen und Literatur

Die Leser werden ausdrücklich ermutigt, eigene Recherchen vorzunehmen. Hierfür ist das Internet unverzichtbar. Die im Buch angegebenen Quellen sind, von wenigen Ausnahmen abgesehen, sämtlich im Internet erreichbar. Internet-Links sind freilich oft „Bandwürmer" mit unhandlichen Sonderzeichen, so dass hier bei den Quellenangaben das praktische Kürzungs-System *tinyurl* verwendet wird [261], mit welchem ein unhandlich langer Internet-Link zu *http://tinyurl.com/(sieben Zeichen)* verkürzt ist. An Stelle der langen Originaladresse wird einfach der angegebene tinyurl-Link eingegeben. Die Originaladresse wird dabei im Browserfenster sichtbar.

Die überwiegende Zahl von Quellen ist in Englisch, dies ist heute unumgänglich. Bei der eigenen Internet-Suche ist es zu empfehlen, neben den deutschen vorwiegend englische Suchbegriffe zu versuchen. Bei den hier angegebenen Internetquellen ist das *Erscheinungsdatum des Buchs* maßgebend, weil Internetquellen auch wieder verschwinden können. In diesen Fällen helfen nur noch aufwendige Suchaktionen weiter [123]. Auf Groß- bzw. Kleinschreibung der Internetadressen ist zu achten!

Die verlässlichsten Quellen sind *begutachtete* Publikationen. Begutachtet, im Englischen „Peer Review", bedeutet, dass jede international anerkannte, wissenschaftliche Fachzeitschrift einen eingereichten Artikel von Fachgutachtern, in der Regel renommierten Experten des betreffenden Fachgebiets, prüfen lässt, bevor der Beitrag angenommen wird. Wer keinen Zugriff auf elektronische Literaturdatenbanken hat, müsste diese Veröffentlichungen im Prinzip von den entsprechenden Fachverlagen kaufen. Hier gibt es aber Auswege. Oft stellen Autoren ihre Veröffentlichungen auf ihren Hochschulwebseiten frei zur Verfügung. Ferner gibt es *Google Scholar* [239]. Die Eingabe der Autorennamen reicht oft schon aus, um fündig zu werden.

„Bildquellen" im Buch sind direkt übernommenen Originalbilder gemäß Genehmigung des Inhabers. In allen anderen Fällen ist die gezeigte Grafik aus den Daten nacherstellt. Schlussendlich: Unter neutralen Begriffen, wie beispielsweise *„der Leser"*, *„die Studenten"* etc., sind stets und ausdrücklich die weibliche *und* die männliche Form gemeint. Der Unsitte von gendergerechten Sprachverrenkungen folgt das Buch nicht.

2 Deutschland im Wandel

*Es gibt Leute, die können alles glauben, was sie wollen;
das sind glückliche Geschöpfe!*
(Georg Christoph Lichtenberg)

Deutschland will sich mit *Energiewende* und *Klimaschutz* neu erfinden. CO_2-Vermeidung ist in aller Munde. CO_2-neutrales Essen in Kantinen oder CO_2-freie Städte [57] sind nur zwei stellvertretende Beispiele. Nicht zuletzt wegen des als klimaschädlich angesehenen CO_2 soll der elektrische Strom in wenigen Jahrzehnten praktisch nur noch von Windrädern, Photovoltaik und Biomasse erzeugt werden. Gebäude werden in dicke Isolierungen verpackt, um Heizungsenergie zu sparen. Dies wird das Gesichtsbild unserer Städte verändern. Insbesondere fallen auch historische Fassaden gesetzlich unter das Verpackungsgebot.

Windturbinen haben schon heute zu maßgebenden Landschaftsveränderungen in deutschen Tiefebenen, aber auch in unter Naturschutz stehenden Waldgebieten geführt. Über deutsche Strompreise und die Sicherheit der Elektrizitätsversorgung wurde noch vor wenigen Jahren nicht gesprochen. Heute schicken Kommunen Energieberater in wirtschaftlich schwach gestellte Haushalte, die ihren Strom nicht mehr bezahlen können. Stromsensible Industrieunternehmen, aber auch Hausbesitzer, die es sich leisten können, installieren Notstromaggregate zur Überbrückung längerfristiger Black-Outs. Energieintensive Betriebe wandern ohne viel Aufhebens ins Ausland ab, die dabei verlorenen Arbeitsplätze werden nicht so schnell wiederkommen.

2.1 Probleme mit der Energiewende

Die Durchsetzung der Energiewende kann inzwischen oft nur gegen den Willen der Betroffenen vorgenommen werden. Dies führt dann zu sozialen und politischen Spannungen. Hatten ehemals gegen Windräder klagende Anrainer vor Gericht noch gute Chancen, hat sich dies infolge neuer Rechts- und Auslegungsbestimmungen geändert. Der grundgesetzlich verankerte Schutz von Tieren, hier insbesondere von Vögeln und Fledermäusen, greift nicht mehr. Vor allem die früher unter besonderem Schutz stehenden Greifvögel Milane werden von den bis zu 200 Meter hohen Windradanlagen zerschreddert. Den Fledermäusen platzen ohne Berührung mit den Propellern die Lungen [32]. Diese Tiere genießen jetzt nicht mehr den Schutz, den man noch dem Juchtenkäfer unter dem Stuttgarter Hauptbahnhof zubilligte. Sogar der Naturschutz vieler Waldgebiete wird angetastet.

Das der Rechtsprechung von der Politik als primär vorbezeichnete Gut des *„Klimaschutzes"* hat Vorrang vor dem *Naturschutz*. Die Politik bleibt bei dieser Linie, obwohl fachkundige Befürworter grüner Energien freimütig eingestehen, dass weder durch Windradparks noch durch Solaranlagen in nennenswertem Umfang CO_2 vermieden werden kann. Die durch Biosprit verursachte Kostensteigerung und Verknappung von Nahrungsmitteln in Ländern der dritten Welt wird inzwischen immerhin schon in den Medien kritisiert. Die UN empfiehlt daher, die Biospritproduktion weltweit zurückzufahren. Pumpspeicherwerke inmitten von Touristen gesuchten Erholungsgebieten des Südschwarzwaldes lassen Naturschützer auf die Barrikaden steigen. Darunter sind viele Wähler, die ehemals den Grünen in Baden-Württemberg zur Regierungsmehrheit verhalfen und andere Vorstellungen von Naturschutz haben. Schlussendlich klettern die Strompreise unaufhaltsam in die Höhe. Das Ende dieses Anstiegs ist nicht absehbar. Er bedroht unsere stromintensive Industrie und wirtschaftlich schwach gestellte Haushalte.

Angesichts dieser Entwicklungen stellt sich zwingend die Frage, wie die Verwerfungen der deutschen Stromwirtschaft und der Umwelt infolge der Energiewende sachlich zu rechtfertigen sind. Die Grenzen der Energiewende treten immer deutlicher zu Tage. Ihr Scheitern wird von vielen Fachleuten als unabwendbar angesehen, und die Medien beginnen hierüber zu berichten. Deutschland steht mit seiner Energiewende weltweit *alleine* da. In Polen und Tschechien mit ihren bestehenden und projektierten Kernkraftwerken unweit der deutschen Grenzen mehren sich verärgerte Stimmen. Diese Länder sehen sich wegen ihrer Kernkraftwer-

2.1 Probleme mit der Energiewende

ke deutschem Druck auf ihre energiepolitische Souveränität ausgesetzt. Daher sind nunmehr folgende Fragen unvermeidbar:

- *Gibt es zwingende sachliche Gründe für die Energiewende?*
- *Warum fürchten wir inzwischen einen hochgefährlichen, landesweiten Black-Out?*
- *Warum sind wir Deutschen Vorreiter einer Bewegung, bei der uns keine Nation dieser Erde folgt?*

Schließlich hatten wir vor der Energiewende eine sichere, zuverlässige und kostengünstige Versorgung mit elektrischer Energie. Von einer Black-Out Bedrohung war in Westdeutschland niemals die Rede.

Trotz Kritik an Details der Energiewende sind in den Medien diese sich von selbst aufdrängenden Fragen nicht zu vernehmen. Ganz offensichtlich ist man in den Redaktionen der Auffassung, dem Medienkonsumenten die technischen Probleme der Energiewende nicht erklären oder gar zumuten zu können. Diese bilden aber in Wirklichkeit doch den eigentlichen Problemkern! Bevor die technischen Grundkriterien und die hiermit verbundenen Kosten nicht ins öffentliche Bewusstsein gerückt sind, können öffentliche Diskussionen und politischen Entscheidungen nicht sachgerecht sein.

Technische und wirtschaftliche Grundregeln sind nicht durch politische Willensbildung außer Kraft zu setzen. *Das vorliegende Buch wird die maßgebenden technischen und wirtschaftlichen Kriterien der Energiewende nicht ausblenden. Es ist sein Hauptziel, auf sie eingehen! Dies wird an praxisnahen Rechenbeispielen – für den Leser leicht nachvollziehbar – unterstützt.* Die unwissentlich gut gemeinte und mehrheitlich von der Bevölkerung mitgetragene Energiewende wird scheitern. Um zu dieser Folgerung zu gelangen, bedarf es keiner Prophetie. Die naturwissenschaftlichen, technischen und wirtschaftlichen Regeln lassen gar keinen anderen Schluss zu. Der bekannte Wirtschaftsprofessor Hans-Werner Sinn hat daher keineswegs leichthin daher gesprochen, als er im Handelsblatt vom 29.3.2012 konstatierte:

„*Wer meint, mit alternativen Energien lasse sich eine moderne Industriegesellschaft betreiben, verweigert sich der Realität.*"

2 Deutschland im Wandel

Wenn darüber hinaus dem stromintensiven Teil der deutschen Industrie und dem Wähler noch stärkere finanzielle Belastungen für die Energiewende abverlangt werden, wird es auch an anderen Stellen problematisch. Stahl- und Aluminiumwerke sind dabei, sich aus Deutschland zurückzuziehen – mit all den damit verbundenen Folgen für die Arbeitsplätze. Im privaten Bereich können heute (2014) bereits über eine Million Haushalte ihre Stromrechnung nicht mehr bezahlen und wurden von den Versorgern vom Stromnetz abgeklemmt. Diese Entwicklung wird bei einem voraussichtlich weiteren Anstieg der Anzahl von Haushalten ohne elektrischen Strom gesellschaftspolitische Verwerfungen nach sich ziehen. Wie konnte es zu dieser Entwicklung kommen?

Der endgültige Durchbruch hin zur deutschen Energiewende wurde durch kein deutsches Ereignis bewirkt. Grund war vielmehr eines der stärksten bekannten Erdbeben mit nachfolgendem Tsunami in Japan. Zumindest die letztgenannte Naturkatastrophe ist in Deutschland unmöglich. Die Zerstörungen durch den Tsunami, der die Havarie der japanischen Kernkraftwerke verursachte, hätten mit ausreichend hohen Schutzmauern zuverlässig verhindert werden können. Die erforderlichen Wandhöhen waren den Verantwortlichen bestens bekannt und dokumentiert. Damit wären in der verwüsteten Gegend um Fukushima die Kernkraftwerke als die einzigen noch funktionierenden technischen Anlagen für den dringend benötigten elektrischen Strom verblieben.

Es kam anders. Der entstandene Nuklearschaden in Japan war beträchtlich, obwohl kein Todesopfer durch Strahlenschäden zu beklagen war (s. unter 3.7.3). Deutschland gedachte kaum der 16.000 Opfer des Tsunami. Dagegen mutierte die deutsche Kernkraft zum Unding. Aus Angst vor radioaktiven japanischen Wolken wurden sogar Jodtabletten gekauft. Angesichts dieser irrationalen Reaktionen wurde schließlich die deutsche Energiepolitik komplett auf den Kopf gestellt. Die Kanzlerin Angela Merkel gab widerstandslos die Kernkraft auf und beeilte sich, die grünen Energien als unabdingbar für die deutsche Stromerzeugung zu erklären. Viele unserer europäischen Nachbarn, wie Frankreich, Schweden, Finnland, Polen und die Tschechei, sahen und sehen die Dinge dagegen sachlich und bauen die Kernenergie in rationaler Beurteilung der Risiken weiter aus. Die für unsere Volkswirtschaft schicksalshafte

2.1 Probleme mit der Energiewende

technische Entscheidung für die Energiewende wurde schließlich von einer Ethik-Kommission getroffen, der ein Erz-, ein Landesbischof und der Vorsitzende des Zentralkomitees deutscher Katholiken, aber kein Energieexperte angehörten.

Die ursprünglichen Laufzeitverlängerungen der deutschen Kernkraftwerke (KKW) wurden zurückgenommen. Statt, wie geplant, frühestens 2036 soll nun das letzte KKW bereits bis 2022 vom Netz gehen. Acht KKW der insgesamt 17 deutschen KKW werden sofort abgeschaltet, danach in den Jahren 2015, 2017 und 2019 ein KKW, 2021 und 2022 jeweils drei KKW [267]. Wind-, Solar- und Biogasstrom sollen zuerst die Kernkraft und später auch die Kohle ersetzen. Wer solches vor wenigen Jahren vorhergesagt hätte, wäre nicht ernst genommen worden. Deutschland lebt vom Export technischer Produkte. Es weist im Nationenvergleich immer noch einen der höchsten Anteile an qualifizierten Technikern, Ingenieuren und Naturwissenschaftlern auf. Mit der Ethikkommission wurde das stets bewährte Vorgehen industrialisierter Demokratien auf den Kopf gestellt, neue technische Großverfahren (Strom aus Wind und Sonne) zuerst von unabhängigen Fachleuten beurteilen und gründlich testen zu lassen und erst danach der politischen Entscheidung zu übergeben.

Jeder unvoreingenommene Beobachter wird freilich einräumen, dass die Risiken der Kernkraft nicht aus der Luft gegriffen sind. Eine risikofreie Technologie gibt es nicht. Die Kernenergie ist hier kein Sonderfall, sie unterliegt in diesem Punkt den gleichen Kriterien wie grundsätzlich auch jede andere technische Methode zur Stromerzeugung. Die Kernkraft wird allerdings in Deutschland kritischer beurteilt und als gefährlicher angesehen als von allen anderen Nationen weltweit. Nirgendwo wird solche Angst vor der Kernkraft und werden so viele Unwahrheiten verbreitet, nirgendwo wird so manipuliert wie bei der Kernenergie.

Zwei Gründe scheinen hierfür verantwortlich zu sein: Zum einen ist es die *Unkenntnis*, wie hoch das Risiko der Kernenergie faktisch ist und im nüchternen Vergleich mit den Risiken anderer technischen Anwendungen eingeordnet werden muss. Großtechnik ohne Gefährdung für Leib und Leben gibt es nicht, wie es uns allein der Autoverkehr mit seinen vielen tausend Opfern jedes Jahr vor Augen führt, ohne dass wir uns darüber noch Gedanken machen. Zum zweiten gelang es *ökoideologischen Inter-*

2 Deutschland im Wandel

essengruppen in beharrlichem und schließlich erfolgreichem Bemühen, irrationale Kernkraftangst fest in der Bevölkerung zu verankern.

Es ist durchaus möglich, dass Deutschland, zusammen mit weiteren europäischen Ländern, wie Italien, Österreich und der Schweiz, die Kernenergie für einen Zeitraum von 2 bis 3 Jahrzehnten aufgibt. Diese Politik wird sich aber auf noch längere Dauer nicht halten lassen. Die Menschheit wird des schieren Überlebens wegen diese unerreichbar effiziente Energiequelle mit ihrem praktisch unendlichen Brennstoffvorrat nicht aufgeben. Ohne sie ist die Energieversorgung von zukünftig vielleicht 10 Milliarden Erdbewohnern auf einem akzeptablen industriellen Niveau und unter den stets maßgebenden Kostenbedingungen unmöglich. Kein Land, auch Deutschland nicht, wird sich dieser Entwicklung entziehen können. Die Kernenergie wird, wie in diesem Buch noch detailliert nachgewiesen wird, als einzige maßgebende Energiequelle der Menschheit für die fernere Zukunft verbleiben – sie ist keine „Brückentechnologie".

Ein weiteres Ziel dieses Buchs wird es daher sein, über die Nutzung der Kernkraft ein objektives Bild zu vermitteln, das ihre Chancen sachlich zutreffend einordnet und ihre Risiken korrekt schildert.

Die Kernkraft wird in Deutschland zunächst nur noch stark eingeschränkt zum Einsatz kommen, sieht man von einer denkbaren Stimmungsernüchterung nach dem Scheitern der Energiewende einmal ab. Diese Ernüchterung könnte sachgerecht zur Folge haben, die aktuell aufgegebenen Restlaufzeiten der sicheren deutschen Kernkraftwerke doch noch auszunutzen. Was danach passiert, kann nicht vorhergesagt werden. Eine danach mögliche deutsche Abkehr von den *heutigen* Typen von Kernkraftwerken wäre sogar, wie hier noch gezeigt wird, nicht einmal völlig unvernünftig. Freilich sind hierfür völlig *andere als Sicherheitsgründe* maßgebend. Und diese Abkehr erfordert konsequente, begleitende Maßnahmen sowie eine sachgemäße energiepolitische Zukunftsstrategie, auf die im Buch noch detailliert eingegangen wird.

2.2 Klimaschutz als Gebot?

Man beginnt fast zu vergessen, dass grüne Energien zuerst mit dem Argument des *Klimaschutzes* propagiert wurden. Im Gegensatz zur Energiewende steht aber der Sinn oder Unsinn von „Klimaschutz" inzwischen außerhalb aller Debatten. Die Ideologisierung eines ursprünglich naturwissenschaftlichen Themas ist total. CO_2-Vermeidung ist zu einem unumstößlichen ethischen Gebot geworden. Nur Fachleute wissen noch, dass die Dinge hier keineswegs so einfach liegen. Die Klimawissenschaft hat heute einen Stand erreicht, der eine Zusammenfassung und Klärung erlauben könnte. Die maßgebenden Klimafakten, Messwerte und Argumente sind wohlbekannt. Dennoch ist die Kontroverse über den Einfluss des anthropogenen (menschgemachten) CO_2 auf die mittlere Globaltemperatur inzwischen weitgehend ins Ideologische und Politische abgeglitten.

Die Öffentlichkeit beunruhigt wohl am stärksten die Frage nach einer eventuellen Zunahme von Wetterkatastrophen, denn entsprechende Vermutungen werden von den Medien besonders gerne veröffentlicht. Hierzu sagen der jüngste Extremwetterbericht des IPCC (IPCC = Intergovernmental Panel on Climate Change, der Weltklimarat), der im aktuellen Jahr 2012 erschien, aber bereits auch schon der IPCC-Bericht von 2001 in seinem umfangreichen Kapitel 2.7 *„Has Climate Variability, or have Climate Extremes, Changed?"* freilich absolut eindeutig aus [128]:

Bis heute sind keine Zunahmen von Tornados, Stürmen, Starkregen, Dürren und Überschwemmungen feststellbar.

Nur von *zukünftigen, vermuteten* Entwicklungen spricht das IPCC und stützt seine Einschätzungen auf Klimamodelle. Allen Fachleuten ist dies bekannt. Dennoch verkünden die deutschen Medien immer noch das Gegenteil. Hierbei werden sie oft von deutschen Klimainstituten oder dem deutschen Wetterdienstes (DWD) flankiert. Das sachlich unzulässige Verfahren besteht darin, die *ausschließlich die Zukunft betreffenden Vermutungen* des IPCC salopp in die aktuelle Gegenwart zu versetzen.

Freilich kommen bei aufmerksamen Zeitgenossen über eine von den deutschen Medien beschworene, durch menschgemachtes CO_2 bedingte

2 Deutschland im Wandel

globale Erwärmung längst Zweifel auf. Die wissenschaftliche Unauffindbarkeit eines menschgemachten Einflusses auf Erdtemperaturen, die befremdlichen Einflussnahmen von Klimawissenschaftlern einer bestimmten Meinungsrichtung auf politische Entscheidungen, das Aufspringen von Nicht-Regierungs-Organisationen (NGO) auf den Zug der „Klimakatastrophe" und schließlich die Instrumentalisierung der Klimafurcht durch industrielle Interessengruppen und Rückversicherungen entgehen dem aufmerksamen Beobachter nicht.

Die bereits dem Laien zugänglichen, leicht erkennbaren Fakten sprechen für sich. Infolge des stetig ansteigenden atmosphärischen CO_2 dürften Jahrzehnte lange Abkühlungsperioden nicht vorkommen. Genauer, ihr Auftreten wäre ein Beleg dafür, dass natürliche Klimaänderungen den nur geringfügig erwärmenden Einfluss des menschgemachten CO_2 weit überwiegen. Genau dies führt uns die Natur seit nunmehr 18 Jahren vor. Die Behauptungen über eine weitere Erwärmung der Erde sind unhaltbar geworden. Globalweit sinken die Temperaturen, und die Winter werden im weltweiten Schnitt härter. Das Internet stellt weltweite Temperaturreihen von Klimainstituten zur Verfügung, die den inzwischen nicht mehr bestrittenen globalen Temperaturrückgang ab etwa dem Jahre 1996 trotz der weiter ansteigenden atmosphärischen CO_2 Konzentration belegen.

Ein Wort zur gesellschaftspolitischen Relevanz von „Klimaschutz und Energiewende": Von der Politik instrumentalisierte Bewegungen haben stets einen ideologischen Hintergrund. Sie berühren uns damit nicht nur materiell. Ideologien beschneiden stets die Freiheitsrechte. Es fängt unauffällig an. Das EU-Verbot der Glühbirne kann man vielleicht noch unter „absurder Komik" abbuchen, die von Anrainern erlittenen Schäden durch Windräder (Wertverlust des Hauses, Schattenwurf, gesundheitsschädlicher Infraschall), die durch Windräder erzeugten Landschaftsschädigungen, das Töten von Vögeln und Fledermäusen sowie schließlich das Zubetonieren von Naturschutzgebieten für den Bau von Windradsockeln und von Pumpspeicherbecken aber nicht mehr.

Es sind noch weitere Entwicklungen absehbar. Da die Fluktuationen von Wind- und Sonnenstrom von Natur aus vorgegeben sind, wird bereits die *Zuteilungsstromwirtschaft* geplant. *Smarte* Stromnetze und -zähler werden den Verbraucher unter Druck setzen, den Strom dann

2.2 Klimaschutz als Gebot?

zu nutzen, wenn er verfügbar ist und nicht, wenn er ihn benötigt. Bei konsequenter Umsetzung der Energiewende steht am Ende die Strom-Zuteilungswirtschaft, ähnlich wie man es von vielen Gütern in der ehemaligen DDR kannte. Die gesellschaftspolitischen Aspekte von *Klimawandel* und *Energiewende* sollen aber hier nur am Rande zu Wort kommen. Für mehr Information kann das ausgezeichnete Buch „Ökonihilismus" von Edgar Gärtner empfohlen werden [91].

Historisch Kundige werden nachdenklich, wenn praktisch alle maßgebenden politischen Parteien das Gleiche zu Klima und Energie propagieren – die FDP Sachsens [77], die AfD und die PDV ausgenommen. Alle schließen sich dem Klimaschutz an, erklären eine menschgemachte Erderwärmung für Realität und befürworten die Energiewende. Die Kernenergie wird als „Brückentechnologie" abgetan. Die deutschen Medien helfen meinungssteuernd mit. Kritiker werden als *Klimaskeptiker* bezeichnet – zweifellos abwertend und zudem falsch, denn kein vernünftiger Mensch äußert am naturgesetzlich steten Klimawandel irgendeine Skepsis. Weltweit renommierte, „skeptische" Klimaexperten verortet man außerhalb eines angeblich existierenden wissenschaftlichen Konsens. Skepsis ist Zweifel an der objektiven Realität eines Phänomens. Ohne Skepsis ist daher keine Wissenschaft möglich. So waren die Skeptiker zu Zeiten Galileis die Anhänger des neuen heliozentrischen Weltbildes. An Stelle von *Klimaskeptiker* ist in Wirklichkeit *Skeptiker menschgemachter Klimakatastrophen* zu verstehen.

Die zahlreichen Abgeordneten des deutschen Bundestages, die durchschaut haben, was bei *Energiewende und Klimaschutz* wirklich passiert, aber es nicht öffentlich aussprechen dürfen, ordnen sich der Fraktionsdisziplin unter. Es gibt nur wenige Ausnahmen, wie Arnold Vaatz (ehemaliger Umweltminister Sachsens) und Michael Fuchs, beide CDU-Abgeordnete des deutschen Bundestages. Öffentliche demokratische Debatten über den sachlichen Sinngehalt von *Klimaschutz* und *Energiewende* werden entgegen jedem Demokratieverständnis unterdrückt. Beim Thema der Finanzkrise wurde bereits eine Redebeschränkung im deutschen Bundestag versucht. Die Standardantwort auf Fragen des kritischen Bürgers zu „Energiewende und Klimaschutz", wie sie von der Politik und den zuständigen Behörden, wie etwa dem Bundesumweltamt, gegeben werden, macht es deutlich:

2 Deutschland im Wandel

„Zur Beantwortung Ihrer Frage fehlt uns die Sachkenntnis. Wir vertrauen ganz den Empfehlungen des IPCC"

Hierbei wird nicht wahrgenommen, oder von den behördlichen Mitarbeitern, die es oft wissen, auf höhere Direktive hin ignoriert, dass das IPCC keineswegs als repräsentativ für die Auffassung aller einschlägigen Fachleute weltweit gelten darf (s. unter 4.13). Schärfer blickende Philosophen, Schriftsteller und Diplomaten haben längst durchschaut, was es mit fest verankerten Vorstellungen auf sich hat, die entgegen aller rationalen Vernunft und mit entschiedener Verweigerung einer näheren Überprüfung der Fakten von allen akzeptiert werden.

So schreibt der Diplomat und Schriftsteller Jean Giraudoux (1882-1944): „Einen Irrtum erkennt man daran, dass alle Welt ihn teilt". Ähnlich urteilt der Philosoph und Lyriker Paul Valery (1871-1945): „Was von allen akzeptiert wird, ist aller Wahrscheinlichkeit nach falsch". Auch der deutsche Reichskanzler Otto von Bismarck (1815-1898) wusste über diese Zusammenhänge bestens Bescheid: „Es ist nichts schwerer als gegen Lügen vorzugehen, die die Leute glauben wollen".

Die Suche nach einer objektiven, einigermaßen korrekten Berichterstattung über den Klimawandel und das diesen angeblich verursachende menschgemachte CO_2 bleibt in den deutschen Medien – von seltenen Ausnahmen abgesehen – erfolglos. Das Ausblenden wissenschaftlicher Gegenstimmen wird bevorzugt. Dies ist nicht nur dem Fehlen sachkundiger Redakteure zuzuschreiben. Die großen Auftraggeber von lukrativen Zeitungsannoncen, wie Windrad- und Photovoltaikhersteller, Umweltverbände mit finanziellen und ideologischen Interessen und Banken auf Suche nach Investoren von grünen Energieprojekten, erzeugen von ganz alleine kommerziellen Druck auf die Zeitungseigner.

Gibt man schließlich aus diesen nicht allzu schwer erkennbaren Gründen den Wissenserwerb über das Klimathema aus den deutschen Medien auf und recherchiert selber im Internet, wird schnell deutlich, dass die Hypothese von einer gefährlichen globalen Erwärmung durch anthropogenes CO_2 ihren alleinigen Ursprung in fiktiven Klimamodellrechnungen, aber nicht in den realen Messdaten hat. Dies bestätigt zum Beispiel

2.2 Klimaschutz als Gebot?

ganz unverblümt Prof. Chris Folland vom größten Klimaforschungszentrum Englands, dem Hadley Centre for Climate Prediction and Research (CRU):

„Die Messdaten sind nicht maßgebend. Wir begründen unsere Empfehlungen nicht mit Messdaten. Wir begründen Sie mit Klimamodellen".

Diese Aussage zeigt einen bemerkenswerten *Paradigmenwechsel*. Die Lösung von mittelalterlichen Naturvorstellungen war erst möglich, als man den naturwissenschaftlichen Wissenserwerb durch Nachschauen bei Aristoteles oder in der Bibel aufgab. Messungen wurden zur alleinigen Grundlage der physikalischen Modellierung. Dieser Prozess begann bekanntlich mit Galilei. Von einem Zweig der „postmodernen" Klimaforschung – der Klimamodellierung – wird nunmehr dieses bewährte Prinzip wieder auf den Kopf gestellt. Modelle werden den Messungen vorgezogen. Politik, Medien und die Öffentlichkeit bemerken dabei gar nicht, dass sie Ergebnissen und Vorhersagen glauben, die wieder auf einem *mittelalterlichen Wissenschaftsparadigma* beruhen.

Zum Schluss dieses Abschnitts soll kurz auf den Dialog zwischen Klima-Alarmisten und Klimaskeptikern eingegangen werden. Leider gibt es ihn nicht. In einer für unsere Natur und die Wirtschaft äußerst wichtigen Problematik gibt es keine Anhörungen von Klimaskeptikern oder gar die Bereitschaft ihre wissenschaftlichen Argumente zur Kenntnis zu nehmen. Die bis heute einzige, dem Buchautor bekannte und dank der begrüßenswerten Initiative von Prof. Hans-Joachim Schellnhuber zustande gekommene Ausnahme war eine Einladung des Potsdamer Instituts für Klimafolgenforschung (PIK) an das Europäische Institut für Klima und Energie (EIKE) zu einem gemeinsamen Kolloquium am 20.04.2011.

An ihm nahmen teil: Die leitenden Naturwissenschaftler des PIK, u.a. Prof. Hans-Joachim Schellnhuber und Prof. Stefan Rahmstorf zusammen mit zahlreichen Diplomanden und Doktoranden, die Fachleute der Gegenseite, u.a. Klaus-Eckart Puls, Michael Limburg und der Buchautor, sowie Gäste von EIKE, Prof. Werner Weber, Prof. Fritz Vahrenholt und Dr. Alexander Hempelmann. Die Ergebnisse dieser inhaltlich kontrovers geführten Diskussion wurden von beiden Seiten dokumentiert [213]. Leider verweigerte sich das PIK dem Wunsch von EIKE, der Öffentlichkeit ein von beiden Seiten unterzeichnetes, gemeinsames Protokoll dieses Kolloquiums zur Verfügung zu stellen.

Initiativen zu Klima-Sachdiskussionen mit Diskussionspartnern beider Seiten scheitern regelmäßig an den IPCC-Experten, sich öffentlichen Diskussionen mit ihren Meinungskontrahenten zu stellen [157]. So führte auch die Bemühung der pädagogischen Hochschule von Rheinland-Pfalz am 21.März 2012 leider zu keiner Diskussion. Zu ihr waren Klimaexperten der IPCC-Meinungsrichtung, Prof. Hartmut Graßl und Prof. Christian Schönwiese und weitere Referenten zusammen mit dem Buchautor eingeladen. Vorträge von beiden Meinungsseiten wurden gehalten, zu der von den Veranstaltern angekündigten Diskussion kam es aber nicht [204].

2.3 Die CO_2-Agenda der EU

Dieser Abschnitt komprimiert die Ausführungen einer Rede des Fraktionsvorsitzenden der sächsischen FDP, Holger Kramer MdEP und zitiert ihn zum Teil wörtlich [77]. Der in die Gesetze der europäischen Nationalstaaten aufgenommene Haupthebel der EU-Klimapolitik ist das „Emission Trading System" (ETS) [63]. Die EU hat CO_2-Emissionszertifikate an jede ihrer insgesamt 11.000 Fabriken und Kraftwerke ausgeteilt. Die Zertifikate sind für einen festen Zeitraum gültig, und ihre Zuteilung erfolgte zunächst kostenlos. Damit ist der Gesamtausstoß von CO_2 in der EU gedeckelt. Die Zertifikate können gehandelt werden. Wenn es beispielsweise Fabrik A durch neue technische Maßnahmen gelingt, weniger CO_2 zu emittieren, kann Fabrik B den dadurch frei gewordenen Teil der Emissionszertifikate von Fabrik A erwerben, um ihrerseits mehr CO_2 ausstoßen zu dürfen.

Ziel der EU ist es, einen finanziellen Anreiz für neue technische Maßnahmen der CO_2-Reduzierung zu schaffen. Allerdings sind dabei CO_2-Einsparungen eines einzelnen Landes für die globale Gesamtbilanz nutzlos. Die in diesem Land vermiedenen CO_2-Emissionen werden einfach woanders in der Europäischen Union erzeugt. Europa möchte mit diesen Maßnahmen dennoch ein Vorbild in der Welt sein. Mehr noch, es erwar-

2.3 Die CO_2-Agenda der EU

tet sogar, dass die Welt sich seinem Zertifikatehandel anschließt. Es hat sich ferner vorgenommen, bis zum Jahre 2020 seine CO_2-Emissionen um 20% zu reduzieren und ist bestrebt, diesen Anteil auf 30% zu erhöhen.

Tatsache ist freilich, dass die Welt sich weder für die Emissionsminderungen der EU noch für deren Zertifikatehandel interessiert. Das ist verständlich. Die EU verlangt von Ländern CO_2-Einsparungen, in denen die Mehrheit der Bevölkerung noch nicht einmal Zugang zu elektrischem Strom hat. Infolgedessen lassen sich diese Länder auf keine Verpflichtungen zur CO_2-Reduzierung ein. So kann es sich beispielsweise die chinesische Regierung gar nicht leisten, ihre mehr als eine Milliarde zählende Bevölkerung mit solchen Maßnahmen zu behelligen. Die Entwicklung dieses Landes im Kraftwerksbau, Wohnsiedlungsbau und Straßenbau käme ansonsten zum Stillstand. Es wäre ein Selbstmordprogramm.

Das Nein der Entwicklungsländer zur CO_2-Agenda der Europäer ist endgültig. Darüber können auch unwirksame Lippenbekenntnisse und Scheinfortschritte, wie jüngst auf der Klimakonferenz von Doha, nicht hinwegtäuschen. Die USA und alle maßgebenden Länder der Welt machen ohnehin bei CO_2-Reduktionsmaßnahmen nicht mit. Die US-Strombörse in Chicago, an der auch Emissionsrechte gehandelt wurden, ist längst geschlossen worden. Bemerkenswerterweise hatte der Klima-Alarmist Al Gore noch rechtzeitig eine Woche zuvor seine Anteile an dieser Börse verkauft.

Die EU belässt es aber nicht beim Emissionshandel. So gibt es inzwischen Energie-Effizienz-Richtlinien, in denen übrigens von Energieeffizienz kaum die Rede ist. Es geht hier im Wesentlichen um Energieeinsparung, im Klartext also um ein Verbrauchsminderungsziel. Energielieferanten werden dazu verpflichtet, bei ihren Kunden jedes Jahr 1,5% Lieferkürzung durchzusetzen. Das ist Planwirtschaft und erinnert an die Staatliche Plankommission der DDR. Ferner ist die Öko-Design-Richtlinie zu nennen. Die EU hat mit dieser Öko-Design-Gesetzgebung rund 800 Produkte und Produktgruppen bezeichnet, die nach Effizienzkriterien bewertet werden [199].

Am Ende drohen Marktverbote, nicht nur für Glühbirnen, von denen wir es inzwischen schon kennen. Mittlerweile nutzen Unternehmen diese Wettbewerbsverzerrung aus, um sich Vorteile gegenüber Konkurrenten zu verschaffen. Dies erfolgte seitens Siemens, Electrolux und Philips. Diese Unternehmen forderten in Koalition mit Umweltverbänden die EU-Kommission auf, die Öko-Design-Richtlinien noch zu verschärfen und konsequenter durchzusetzen. Auf diese Weise macht sich die Politik zum Handlanger von einzelnen Unternehmen zum Zweck der Wettbewerbsunterdrückung von anderen Unternehmen.

3 Energie

Der Irrtum wiederholt sich in der Tat, auch deswegen muss man das Wahre unermüdlich in Worten wiederholen.
(Johann Wolfgang Goethe)

Die zivilisierte und industrialisierte Menschheit braucht Energie, dies unabdingbar und immer mehr. Bild 3.1 zeigt das Ergebnis einer Studie der Firma Shell, die einen überproportionalen Anstieg des weltweiten Energieverbrauchs im Vergleich mit der Bevölkerungszunahme prognostiziert. Von dieser Energie ist ein stetig ansteigender Anteil elektrischer Strom, weil der moderne Mensch zunehmend elektrische Geräte benutzt, angefangen vom Mobiltelefon, über den Computer, bis hin zur Klimaanlage. Ein großzügig ausgestattetes Auto mit elektrischen Fensterhebern, Klimaanlage, Stereoanlage, Sitzheizung, Scheibenheizung, Navigationssystem usw. kann heute im Extremfall tiefer Außentemperatur und großzügiger Nutzung allen elektrisch betriebenen Komforts bis zu 30% seines Benzins für die Stromerzeugung verbrauchen [12].

    Die meisten Rohstoffe sind durch technische Findigkeit ersetzbar, Energie ist es nicht. Dies macht ihre Sonderstellung aus. Elektrische Energie hat den Vorzug, bequem und ohne großen Aufwand durch Drähte transportierbar zu sein. Sie steht nach Umlegen eines Schalters sofort zur Verfügung. Mit fossilen Brennstoffen betriebene Motoren muss man dagegen erst mit einem Elektromotor starten. Elektrische Energie ist ungefährlich, denn die in Hochspannungsleitungen fließende Energie kann nicht explodieren, wie dies bei Treibstoff- oder Gasleitungen der Fall ist. Der einzige maßgebende Nachteil der elektrischen Energie ist die Unmöglichkeit, sie in großem Maßstab zu speichern, denn sie besitzt keine Masse.

    Die bisherige Geschichte der Industrialisierung hat immer wieder bewiesen, dass sich stets, überall und praktisch ausnahmslos auf Dauer das

3 Energie

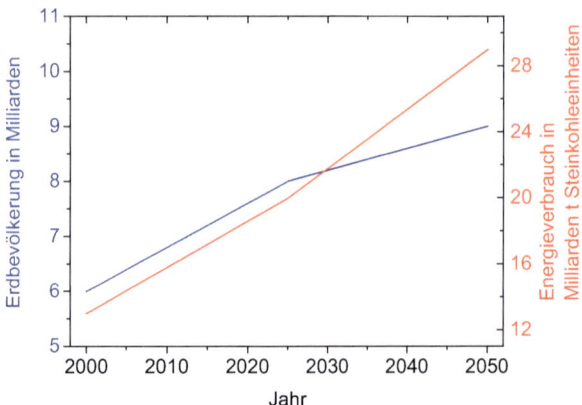

Bild 3.1: Prognose der Zeitentwicklungen von Erdbevölkerung (blau) und Energieverbrauch (rot) [243].

kostengünstigste, nicht aber das qualitativ beste, sicherste oder umweltfreundlichste Verfahren durchsetzt. Erst später, wenn man es sich leisten zu können meint, besinnt man sich auch auf Umwelt und Sicherheit. Dies ist vielleicht bedauerlich, hat aber fast den Rang eines „Naturgesetzes".

Ein Unternehmen in den Anfängen der PC-Verbreitung ist ein Musterbeispiel dieser Kostengesetzmäßigkeit, Digital Equipment (DEC). Sein PC-Flagschiff, die MicroVAX, war ihrer Zeit um viele Längen voraus und verfügte über auch in modernsten PC's noch nicht wieder vorhandene Eigenschaften. Sie beherrschte unangefochten den Markt und stand in allen Fertigungshallen und Forschungslabors. Bereits die ersten, technisch zwar Jahrzehnte hinter der MicroVAX zurückliegenden, aber wesentlich preisgünstigeren PC's der Konkurrenz machten dem zu unbeweglichen Großunternehmen DEC in wenigen Monaten den Garaus.

Von dem *„Naturgesetz der Kostenminimierung"* macht auch die elektrische Stromerzeugung eines Landes keine Ausnahme. Allein deswegen wird zunehmend Kohle genutzt, und die Kernenergie wird ihren weltweiten Siegeszug fortsetzen. Sicherheitsbedenken sind dabei kein Hinderungsgrund. Nur das Aufkommen eines neuen, kostengünstigen Primärenergieträgers, der die mit der Kernenergie (noch) verbundenen Risiken und ihren radioaktiven Abfall vermeidet, könnte dies ändern. Tatsächlich ist inzwischen das *Schiefergas* mit vor wenigen Jahren unbekannten, weltweit unvorstellbar reichen Vorkommen [85] als neuer „Stern am Energiehimmel" aufgegangen. Wie schnell es sich durchsetzen wird, ist ungewiss, denn mit seiner Gewinnung durch das *hydraulic fracturing* werden Umweltprobleme befürchtet. Erstes Land, das den neuen Energiesegen nutzt, sind die USA. Hier haben Schiefergas und Schieferöl die Energielandschaft der USA bereits revolutioniert [265].

Neben der Kostenminimierung ist das zweite „Naturgesetz" das stete Streben der Menschen nach mehr *materiellem Wohlstand*. Es kann vielleicht vorübergehend von wirtschaftlich saturierten Bevölkerungen reicher Nationen durch neue Ideologien, Altruismus, Sicherheitsbedenken oder ähnliche Motive zur Seite geschoben werden. Wenn es aber ernst wird und es materiell gut gestellten Nationen massiv an ihre finanzielle Basis oder an über alles geschätzte Gewohnheiten gehen sollte, hat es damit ein Ende.

Die „Naturgesetze" Kostenminimierung und Wohlstandsstreben führen uns weiter zur Globalisierung und zum internationalen Wettbewerb. Es geht hier im Grunde genauso zu, wie unter weltweit konkurrierenden Firmen. Der gnadenlose Wettbewerb verzeiht keine Fehler. Schauen wir uns unter diesem Gesichtspunkt einmal die Bestrebungen Deutschlands und der EU bei der CO_2-Reduzierung an! Deutschland ist gemäß Bild 3.2 im Jahre 2012 nur für etwa $0,8/31,9 = 0,025$, also 2,5% der weltweiten, anthropogenen CO_2-Emissionen verantwortlich.

Dieser Prozentsatz nimmt wegen des rasant ansteigenden Energieverbrauchs von China, Indien und Südamerika weiter ab und wird in 2030 auf 1,7% gefallen sein. Reduzierungen dieses ohnehin schon vernachlässigbaren CO_2-Anteils dürfen zutreffend als ein globaler *Nulleffekt* bezeichnet werden, kosten die deutsche Volkswirtschaft aber viele Milliarden Euro – vergleichbar mit den Belastungen des aktuellen Rettungsfonds für Südeuropa. Der einzige erkennbare Vorteil ist eine weltweite Vorbildfunktion Deutschlands bei einem fiktiven Klimaschutz, wobei wir uns an ähnlichen Vorbilderrollen in unserer Geschichte schon mehrfach und immer mit katastrophalen Folgen versuchten. Wenn wir uns einem technisch sinnvollen Energiesparen verschreiben, so ist das vernünftig. Es bringt Kostensenkungen und als Nebeneffekt abnehmende CO_2-Emissionen. Freilich sind alle dedizierten deutschen Maßnahmen

3 Energie

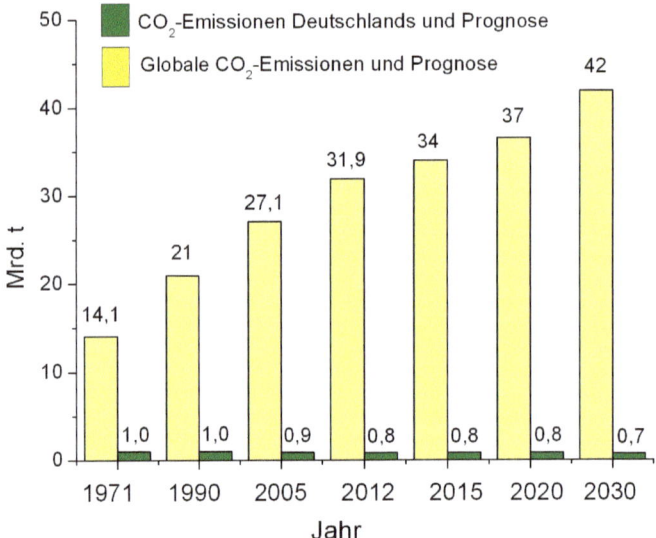

Bild 3.2: CO_2 Emissionen weltweit und von Deutschland. Datenquelle: Bundesministerium für Wirtschaft und Technologie.

der CO_2-Reduzierung gemäß Bild 3.2 wirkungslos. Man wird daher zu der Frage geführt, welche Motive dieser politischen Klimaschutz-Agenda zugrunde liegen. Rational können sie nicht sein.

Die Menschheit kann, wie es im Anhang 6.4 rechnerisch belegt wird, selbst mit völlig unrealistischen Anstrengungen die globale Mitteltemperatur praktisch nicht verändern. Eine einfache, ohne Taschenrechner vollziehbare Abschätzung soll im Folgenden die Fragwürdigkeit von CO_2-Emissionsvermeidung aufzeigen. Wir gehen hilfsweise davon aus, dass CO_2 tatsächlich klimaschädlich sei und vergleichen dann den CO_2-Ausstoß unserer Autos mit unserem natürlichen körperlichen Einfluss infolge Ausatmung auf die CO_2-Bilanz der Erde. Schließlich wird das CO_2 aus Autos von der deutschen Politik als so bedrohlich für unser Klima angesehen, dass es mit einer Steuer belegt wird. In jedem Autoprospekt finden sich Angaben zu den CO_2-Emissionen des gewünschten Modells.

1) *Ein KfZ Schein zeigt, dass ein Auto etwa 150 g = 0,15 kg CO_2 pro Kilometer ausstößt, macht bei 10.000 km pro Jahr 1,5 t CO_2 im Jahr. 1 Milliarde Autos weltweit erzeugen somit* **1,5 Milliarden t CO_2** *im Jahr.*

2) *Der Mensch atmet 0,4 t CO_2 im Jahr aus (das erfolgt nicht naturneutral wie bei wilden Tieren, denn diese Menge entspricht grob dem bei der Nahrungsmittelherstellung erzeugten CO_2, so ist beispielsweise bereits die Verbrennungsenergie von 0,7 Liter Erdöl für das Backen eines Laibs Brot erforderlich). 7 Milliarden Menschen erzeugen 0,4 · 7 ≈* **3 Milliarden t CO_2** *im Jahr, also etwa das* **Doppelte** *des weltweiten Autoverkehrs.*

In logischer Konsequenz dieser zutreffenden Überschlagsrechnung ist zur Vermeidung einer „Klimakatastrophe" durch anthropogenes CO_2 das Ausatmen unter Strafe zu stellen. Zur Sicherheit gegen Missverständnisse sei auf die Ironie der Schlussfolgerung hingewiesen.

Zur weiteren Vermeidung von Missverständnissen: Nicht falsch ist es, durch steuerliche Anreize den Treibstoffverbrauch von Autos zu senken, wobei der CO_2 Ausstoß als proportional zum verbrannten Treibstoff mitgesenkt wird. Man sollte aber dem Bürger reinen Wein einschenken. Der Nutzen deutscher Maßnahmen zur CO_2-Reduzierung besteht allenfalls in einem international hohen Ansehen als *Klimaschutz-Nation*. Die dabei in Kauf genommenen, extrem wirtschaftlichen Belastungen lassen dieses Argument zu einer lächerlichen Marginalie absinken. Dies auch deswegen, weil kaum noch Nationen weltweit beim Klimaschutz als dedizierter, ausschließlich zu diesem Zweck vorgenommener CO_2-Vermeidung mitmachen. Zur Zeit sind es nur noch die EU und die Schweiz.

In diesem Zusammenhang sind die Denk- und Redeverbote über das Kosten/Nutzenverhältnis der deutschen Klimapolitik in unseren Parlamenten bedenklich. Auch im Arbeitsbereich jedes Einzelnen ist es im heutigen Deutschland wenig ratsam, auf die Fragwürdigkeit von Klimaschutz an exponierter Stelle zu lautstark hinzuweisen, um berufliche Nachteile zu vermeiden. Firmen fürchten nämlich Rufschädigung.

Es wird zur Einstimmung ins nächste Buchkapitel nun Zeit für einige Energie-Grundbegriffe: *Primärenergie* kommt direkt aus den maßgebenden Energieträgern, wie Kohle, Gas und Erdöl mit einem Gesamtanteil

3 Energie

von etwa 84% im Jahre 2012, sowie aus Kernkraft, Wasser, Wind und so fort. Die Primärenergie wird zur *Endenergie* umgewandelt, die den Verbrauchern vorwiegend als Wärme, elektrischer Strom und mechanische Energie zur Verfügung steht. Die elektrische Stromerzeugung Deutschlands betrug in 2012 rund 630 TWh, die um nicht sehr viel abweichenden Werte anderer Jahre finden sich in [292]. Die elektrische Energie und damit auch der Anteil der „Energiewende" machte in 2012 nur rund 20% der Primärenergie aus. Die Energiewende müsste daher sachgerecht „Stromwende" genannt werden. Elektrischer Strom wird weltweit immer wichtiger, sein Anteil an der jeweiligen Gesamtenergieerzeugung jeden Landes nimmt zu. Bild 3.3 zeigt die Energieverbrauchsstruktur Deutschlands im Jahre 2012.

3.1 Der Energiehunger der industrialisierten Menschheit

Bei der Energienutzung spielen viele Faktoren eine Rolle, wie der technische Entwicklungsstand des betreffenden Landes oder seine eigenen Bodenreserven an fossilen Brennstoffen. Allerdings ist bei den aufstrebenden Nationen China, Indien und Brasilien ein starker Trend zur Kernenergie unübersehbar [51]. Hierbei spielen die höchste Effizienz und die Wirtschaftlichkeit der Kernkraft die maßgebende Rolle. Vorwiegend wird aktuell noch die Kohle genutzt, von der die meisten Länder entweder eigene große Vorkommen besitzen oder die sie auf dem Weltmarkt kostengünstig erwerben können. Die politisch oft unsichere Versorgungssituation mit Erdöl und Erdgas bereitet Ländern Probleme, die über diese Rohstoffe nicht verfügen. Hier wird eigenes Schiefergas in Zukunft vermutlich Veränderungen mit sich bringen.

Insbesondere in Entwicklungsländern dürfen Probleme neben der Energieversorgung nicht aus dem Auge verloren werden. Eine Milliarde Menschen ohne sauberes Trinkwasser und ausreichende Nahrung, ausufernde Slums in unregierbaren Megastädten, sich abzeichnende Kriege nicht mehr um Öl sondern um Wasser, sinkende Grundwasserspiegel, Immigrationsdruck sowie drohende Pandemien durch zu enge räumliche Ver-

3.1 Der Energiehunger der industrialisierten Menschheit

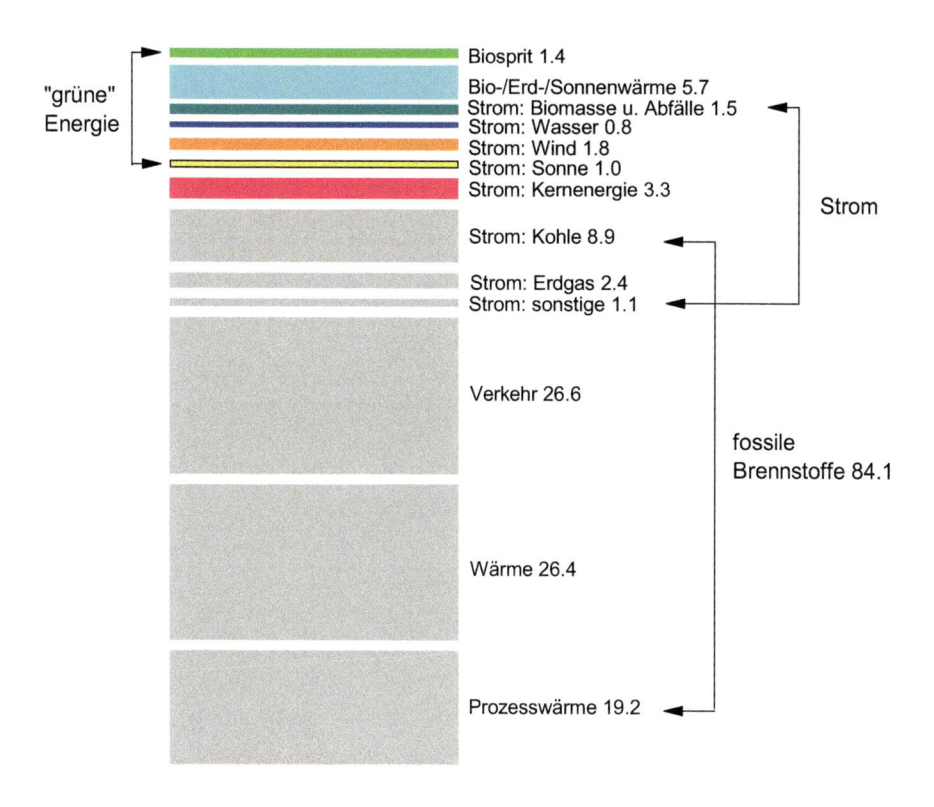

"grüne" Energie:
- Biosprit 1.4
- Bio-/Erd-/Sonnenwärme 5.7
- Strom: Biomasse u. Abfälle 1.5
- Strom: Wasser 0.8
- Strom: Wind 1.8
- Strom: Sonne 1.0

Strom:
- Strom: Kernenergie 3.3
- Strom: Kohle 8.9
- Strom: Erdgas 2.4
- Strom: sonstige 1.1

fossile Brennstoffe 84.1:
- Verkehr 26.6
- Wärme 26.4
- Prozesswärme 19.2

Bild 3.3: Zusammensetzung des deutschen Energieverbrauchs im Jahr 2012 in % (Datenquelle H.-W. Sinn, ifo Institut).

bindungen von Nutztieren und Bevölkerung sind Problem-Brennpunkte. Die die EU und unsere Bundesregierung offensichtlich so beunruhigende CO_2-Frage spielt bei diesen Nationen überhaupt keine Rolle. Doch warum braucht die Menschheit überhaupt soviel Energie? Die Antwort:

Inzwischen bevölkern immer mehr Menschen die Erde, welche auf immer höherem zivilisatorischen Niveau wohnen, kochen und sich fortbewegen wollen.

Die wirkungsvollste Umweltschutzmaßnahme bestünde zweifellos in einer Begrenzung der Weltbevölkerung. Über die Größe eines sinnvollen Bevölkerungsstandes gibt es naturgemäß unterschiedliche Auffassungen.

3 Energie

Ab der Zahl von 5 Milliarden Menschen beginnen die Meinungen stark auseinander zu gehen, so dass wir von dieser Maximalzahl ausgehen wollen. Sie ist aktuell (2014) mit rd. 7 Milliarden bereits deutlich überschritten. China hat über den Zeitraum von zwei Generationen schon mit rigiden Begrenzungsmaßnahmen gehandelt. Irgendwann einmal wird es einen Weltbevölkerungsstillstand geben müssen, denn fortlaufendes (exponentielles) Wachstum ist unmöglich. Die Verläufe von Tierpopulationen in freier Natur belegen, dass die Halte- oder Umkehrpunkte stets durch Katastrophen, wie Nahrungsmangel oder Seuchen, erzwungen werden. Die Menschheit kann nur mit Vernunft und ihren technischen Möglichkeiten solchen Katastrophen entgehen.

Die deutsche Politik sollte versuchen, eine internationale, koordinierte Agenda zur Begrenzung der Weltbevölkerung mit dem Mittel wachsenden materiellen Wohlstands der betroffenen Länder auf den Weg zu bringen. Deutsche Bürgermeister, die sich aus Unkenntnis der faktischen Sinnlosigkeit von Bestrebungen, ihre Stadt „vom CO_2 zu befreien", nicht bewusst sind, sollten besser Initiativen unterstützen, Drittländern Filter für ihre Kohlekraftwerke oder Kläranlagen für ihre Zellulosefabriken zu schenken.

Die Mittel der deutschen Entwicklungshilfe sollten mit den durch eine unverzüglich aufgegebene Energiewende („Wende der Energiewende") gewonnenen Einsparungen dramatisch aufgestockt werden. Dies wäre wirkungsvoller Umweltschutz! Gut angelegtes Geld deutscher Hilfe wäre in der Schul- und Universitätsausbildung in den Entwicklungsländern aufgehoben, womit nicht das Auswendiglernen von Religionsbüchern gemeint ist. An den „return of investment" von geförderten ausländischen Ingenieurstudenten braucht man wohl nicht zu erinnern.

Insbesondere die Familienplanung von Ländern mit zu hohem Bevölkerungsdruck könnte hilfreich beeinflusst werden, indem man den Bildungsstand von Mädchen und jungen Frauen hebt. Die Zusammenhänge zwischen Bildung, Bruttoinlandsprodukt (BIP) und Familiengröße sind bestens bekannt [78]. Bild 3.4 zeigt den Zusammenhang zwischen Kinderzahl und BIP. Die unterbrochene horizontale Linie ist der Mittelwert aller Länder mit über 5 Millionen Einwohnern von aktuell 2,33 Kindern je Frau. Die unterbrochene senkrechte Linie kennzeichnet dagegen ein

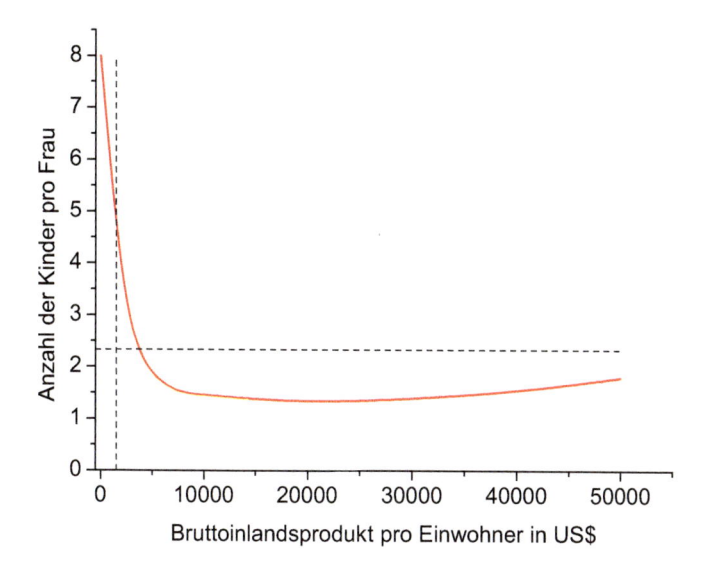

3.1 Der Energiehunger der industrialisierten Menschheit

Bild 3.4: Kinderzahl und Bruttoinlandsprodukt (BIP) [78].

Brutttoinlandsprodukt von 1500 US$. Links von ihr liegen die ärmsten 59 Länder mit zusammen 2,4 Milliarden Einwohnern. In diesen Ländern fängt die Kinderzahl bei 3 an und endet mit rund 7,5 Kindern pro Frau in der Republik Niger. Fast alle Länder der Welt liegen dicht an der roten Kurve, es gibt nur wenige Ausreißer. Die deutsche Politik sollte sich daher von allen Staaten distanzieren, welche die Gleichstellung von Frauen behindern, auch wenn dies mit vorübergehenden politischen Nachteilen verbunden ist.

All diese Maßnahmen sind sinnvoll. Im Gegensatz zu der auf andere Nationen befremdlich wirkenden Propagierung von unwirksamer CO_2-Vermeidung ergeben sich langfristige Vorteile für unseren Industriestandort. Bild 3.4 lässt nur eine Schlussfolgerung zu: Der Wohlstand in Entwicklungsländern mit stark ansteigender Bevölkerung muss angehoben werden. Ähnliche Kurven wie Bild 3.4 ergeben sich auch zur Umweltbelastung und dem Sicherheitsniveau. Immer erst der *Wohlstand* wirtschaftliche Wohlstand erlaubt einen besseren Umgang mit der Umwelt. Ist man sich in Deutschland dieser Zusammenhänge bewusst? Man

3 Energie

darf zweifeln. Nabelschau und das Bedrängen von Nationen der dritten Welt weniger CO_2 zu emittieren gehören zur deutschen politischen Agenda.

3.2 Die Endlichkeit von Brennstoffreserven

Die Wahrheit ist unser kostbarstes Gut,
setzen wir es sparsam ein!
(Mark Twain)

Wer kennt nicht die Vorhersagen des „Club of Rome", die sich noch nie als zutreffend erwiesen haben und somit wertlos waren [41]. Die Verfügbarkeit von Rohstoffen hängt nicht von den Ressourcen, sondern von unserem technischen Wissen ab. Überspitzt ausgedrückt: *Die Steinzeit ging nicht zu Ende, weil die Steine rar wurden, sondern weil die Menschheit lernte Metalle zu nutzen.* Ressourcenschonung ist sehr sinnvoll, aber nur aus wirtschaftlichen Gründen. Ressourcenschonung für unsere Nachkommen ist falsch.

Die Vernichtung des französischen Heeres bei Azincourt im Jahre 1415 n.Chr., welche die Engländer mit Hilfe ihrer Langbogen bewerkstelligten (ihre Pfeile durchschlugen jede Ritterrüstung) liefert ein Anschauungsbeispiel. Die Ressource „Eibenholz", aus denen die Langbogen gefertigt wurden, war geschützt, auf Eibenfrevel stand die Todesstrafe. Nun wächst Eibenholz extrem langsam und als die Ressource erneut zum Einsatz kommen sollte, war es zu spät. Die Feuerwaffen hatten die Langbogen ersetzt. Auch beim Erdöl und viel später bei Kohle und Gas wird es nicht zu einer Erschöpfung dieser Ressourcen kommen. Die Menschheit wird lange zuvor aus *Kostengründen* das Verbrennen fossiler Stoffe aufgegeben haben und auf die Kernkraft mit ihrem praktisch unendlichen Brennstoffvorrat umgestiegen sein. Davon wird unter 3.2.2 gleich die Rede sein.

3.2.1 Kohle, Erdöl, Gas

Zur Vermeidung von Missverständnissen ist auf den Unterschied von Reserven und Ressourcen zu achten. Erstere stehen bei Benutzung be-

3.2 Die Endlichkeit von Brennstoffreserven

stehender Verfahren zur Verfügung. Letztere sind Mengen, die zwar von der Natur zur Verfügung gestellt werden, aber erst mit Hilfe neuer, heute zum Teil noch unbekannter Fördermethoden erreichbar sind. Über die Auslaufzeiten fossiler Brennstoffe sind nur Grobzahlen erhältlich. Für Erdöl werden Erschöpfungszeiten ab frühestens 50 Jahren genannt [86]. Der Physiker und Nobelpreisträger Robert B. Laughlin gibt unter Einbeziehung aller bekannten Ressourcen, zu denen auch Ölschiefer und Ölsände gehören, 80 Jahre an [155]. Für Kohle nennt die Süddeutsche Zeitung 130 bis 270 Jahre [151].

Alle diese Zahlen sind extrem unsicher, dennoch vermitteln sie eine Vorstellung dafür, wann es wirklich zu Ende geht. Über Gas lässt sich noch weniger sagen. Hier wurden in jüngster Zeit riesige Schiefergasvorkommen weltweit entdeckt [85]. Die USA sind dabei, die Kernenergienutzung zugunsten der Ausbeutung ihrer Schiefergasressourcen vorübergehend nicht weiter auszubauen. Allerdings laufen hier auch viele Projekte zur Entwicklung neuer Kleinst- und Brutreaktoren (z.B. der S-PRISM-Reaktor), die dem Schiefergas wieder Konkurrenz machen könnten [250].

3.2.2 Uran, Thorium

L'embarras de richesse
(Theodor Fontane)

Dieser Abschnitt basiert auf einer Publikation des Instituts für Festkörper-Kernphysik GmbH [122]. Der Physik-Nobelpreisträger Robert B. Laughlin gelangte zu ähnlichen Ergebnissen, wie sie im Folgenden hergeleitet werden [155]. Zuerst aber die üblichen Größenmaße, die im Folgenden benötigt werden: k = Kilo oder 10^3, M = Mega oder 10^6, G = Giga oder 10^9, T = Tera oder 10^{12} und P = Peta oder 10^{15}, ferner h = Stunde, a = Jahr.

Das Argument endlicher Brennstoffressourcen für Kernkraftwerke ist unzutreffend. Es ist dabei noch nicht einmal maßgebend, dass die Uranlagerstätten im Gegensatz zum Erdöl und Erdgas in ihren Kapazitäten auch nicht ansatzweise gut genug bekannt oder gar ausgebeutet sind. Die Zeit-Reichweiten nuklearer Brennstoffe werden zudem unterschiedlich angegeben. Dies liegt nicht an Unbestimmtheiten in den Ressourcen,

3 Energie

sondern an den unterschiedlichen Annahmen zur *Förderbarkeit, Energieversorgung, Art der Brennstoffnutzung und Art des Brennstoffs selbst.*

Nun die Fakten: Der globale Elektrizitätsverbrauch im Jahr 2009 betrug 20 PWh [145], davon kamen rund 13% aus Kernkraftwerken. In diesem Jahr verbrauchten die 6,7 Milliarden Menschen im Schnitt 3000 kWh elektrische Energie pro Kopf; in Deutschland waren es 7500 kWh. Die 3000 kWh sind ein jedem Erdeinwohner rechnerisch zugeordneter Wert und werden natürlich nicht nur in den Familienhaushalten verbraucht. Die erzeugte elektrische Energie geht an viele Stellen, als Beispiele seien die Industrie, die Bahn oder die Straßenbeleuchtung genannt. Die Mengen an elektrischer Energie, die von einem Haushalt verbraucht werden, sind entsprechend kleiner – man braucht nur in die eigene Stromabrechnung zu schauen.

Als Zukunftsszenario sollen im Folgenden 10 Milliarden Menschen bei einem jährlichen Pro-Kopf-Verbrauch von 10.000 kWh angenommen werden. Dies führt zu einem weltweiten elektrischen Gesamtenergieverbrauch von 100 PWh pro Jahr, also dem Faktor 5 gegenüber heute. Als zweite Annahme wollen wir davon ausgehen, dass nicht nur 13% sondern in Zukunft sogar 100% des elektrischen Stroms aus Kernkraftwerken kommen. Dieses Szenario ist, gemessen an heutigen Verhältnissen, ganz bewusst unrealistisch hoch gewählt. Bis soviel elektrische Energie von der Menschheit produziert wird, muss noch einige Zeit vergehen. Es soll uns bei der nachfolgenden Rechnung aber darauf ankommen, hinsichtlich der Uran- und Thoriumressourcen von möglichst hohen Verbrauchsannahmen auszugehen, um bei der nun folgenden Abschätzung der Verfügbarkeit von Kernbrennstoff auf der sicheren Seite zu liegen. Wir wollen das Szenario – Verbrauchsfaktor 5 sowie sämtlicher Strom aus KKW – im Folgenden kurz als „Vollszenario" bezeichnen.

Heutige Druckwasserreaktoren benötigen 160 Tonnen gefördertes Natururan (tU) pro Gigawattjahr (GWa) produzierter Elektrizität [266]. Der heutige jährliche Nuklearstromverbrauch beträgt mit den o.g. 13% von 20 PWh auf GWa umgerechnet $0{,}13 \cdot 20$ PWh $= 2{,}6$ PWh oder weiter 2,6 PWh / $(365 \cdot 24$ h$) = 0{,}000297$ PWa $= 297$ GWa. Mit den aktuell vorhandenen Reaktortypen entspricht dies einer weltweiten, jährlichen Verbrauchsrate von 297 GWa $\cdot$ 160 t/GWa $= 47520$ t ≈ 50 ktU. Beim Vollszenario von 100 PWh pro Jahr würde sich der Brennstoffverbrauch

3.2 Die Endlichkeit von Brennstoffreserven

mit den oben genannten Faktoren 5 und 100/13 auf 50·(100/13)·5 ≈ 1900 ktU pro Jahr erhöhen. Ferner ist bekannt: Die heutigen wirtschaftlich, d.h. aktuell bis 130 US$ pro kg förderbaren *Uranreserven* betragen 5,4 MtU = 5400 ktU [266]. Die beiden Größen, 1900 ktU/a Verbrauch bei Vollszenario sowie Reserven von 5400 ktU halten wir fest. Auf den ersten Blick sieht es so aus, als ob die Menschheit beim Vollszenario sogar nur noch wenige Jahre an Kernbrennstoff zur Verfügung hätte.

Den jährlichen Bedarf an Natururan muss man nun die förderbaren *Ressourcen* gegenüberstellen, ohne dabei die Grundlagen der Realisierbarkeit und Wirtschaftlichkeit zu verlassen. Beim aktuellen Uranverbrauch von 50 kt/a beträgt die Reichweite zunächst nur (5400 kt)/(50 kt/a) ≈ 100 Jahre. Diese Zahl ist oft zu vernehmen und wird von Kernkraftgegnern als Argument gegen die Nutzung der Kernkraft mit dem begleitenden Begriff der *„Brückentechnologie"* verwendet. Die nachfolgende Fortsetzung der Rechnung zeigt, dass dieses Argument sachlich unzutreffend ist.

Mit dem Einsatz moderner Brutreaktoren reduziert sich nämlich der Verbrauch wegen der damit ermöglichten 100%gen Brennstoffnutzung um den Faktor 1/100. Wegen der höheren Temperatur beim Brüten erhöht sich auch der Wirkungsgrad des Kernkraftwerks, so dass ein noch kleinerer Reduktionsfaktor als 1/100 resultiert. Wir wollen, um auf der sicheren Seite zu rechnen, dennoch bei 1/100 bleiben. Die Verbrauchsraten von Uranbrennstoff beim Vollszenario verringern sich daher mit 1900 ktU/a Verbrauch auf 1900 kt/100 ≈ 20 ktU pro Jahr. Mit der bereits *vorhandenen* Brütertechnik erhöht sich daher die Uranverfügbarkeit für das Vollszenario auf (5400/1900)·100 ≈ 300 Jahre.

Im Meerwasser sind 4,5 Gt Uran gelöst, also grob die 1000-fache Menge der oben genannten, förderbaren Uranreserven von 5,4 Mt [148]. Die Förderkosten aus Meerwasser nähern sich aktuell rapide den Preisen aus der Bergbauförderung an [259]. Für heutige Druckwasserreaktoren ist Meerwasser-Uran noch nicht wirtschaftlich, wohl aber für Brutreaktoren, die den Brennstoff mindestens 100-fach effektiver nutzen. Ohne Uranzufluss würde die Urankonzentration im Meerwasser bei ständiger Förderung stetig abnehmen, wäre aber auch noch bei einem Zehntel der Konzentration, was weniger als dem zehnfachen Preis entspricht, für Brutreaktoren wirtschaftlich. Die Reichweite beträgt dann für das

3 Energie

Vollszenario mit der heute bereits existierenden Brütertechnik 1000·300 = 300.000 Jahre.

Freilich wird die Urankonzentration des Meerwassers nicht abnehmen, da Uran ständig von Flüssen aus dem Gestein ausgewaschen und in die Ozeane transportiert wird. Die Natur, hier die Flüsse, angetrieben durch die Sonne, übernimmt sozusagen einen Teil der Uranförderung, welche sonst nicht mehr wirtschaftlich wäre – zweifellos ist dies eine sinnvolle Nutzung der Sonnenenergie! Die Zuflussrate liegt mit geschätzten 7 bis 14 ktU pro Jahr [205] in der gleichen Größenordnung wie die oben hergeleitete Entnahmerate von etwa 20 ktU/a beim Vollszenario mit Brütern. Wie lange dieser „Schlaraffenlandzustand" anhält, kann nur extrem grob abgeschätzt werden. Bei 100 Metern „Waschtiefe", 100 Mio. km^2 „Waschfläche" durch Regen und Flüsse, einer Urankonzentration von 3 ppm (ppm = parts per million Gewicht) und einem spezifischen Gewicht des Erdbodens von grob 3 t/m^3 = 3 Gt/km^3 ergibt sich mit der bequemen Exponentialschreibweise folgendes Bild: 10^7 km^3·3·10^9 t/km^3 = 3·10^{16} t auswaschbare Erdbodenmasse. 3 ppm davon sind etwa 100 Gt Uran, also ungefähr das 20-fache des Meergehalts an Uran.

Aus den 300.000 Jahren beim Vollszenarios werden dann 6 Millionen Jahre Zeitreichweite an Uranverfügbarkeit.

Neben Uran ist auch Thorium ein Kernreaktorbrennstoff. Die Thoriumkonzentration im Meerwasser ist allerdings um Größenordnungen geringer als die von Uran, eine Förderung somit in jedem Falle unwirtschaftlich. In der Erdkruste hingegen ist die Konzentration mit 10 ppm vier mal höher als die von Uran. Nimmt man eine Wirtschaftlichkeitsgrenze für die Förderkosten von einigen 1000 US$/kg an, so lohnt sich der Abbau von Thorium bis in Tiefen von 2 km. Auf die weitere Abschätzung soll nun verzichtet werden, sie hängt davon ab, wie weit die zukünftige Menschheit in einigen 1000 Jahren auch unter dem Meeresboden oder gar dem Mond und erreichbaren Asteroiden Thorium abbauen kann. Die Erhöhung der Reichweite kann der näher interessierte Leser je nach angenommenen Szenario leicht selber abschätzen. Das Ergebnis:
Eine Reichweite der Brennstoffe Uran und Thorium für die (bereits seit längerem existierende) Technik von Brutreaktoren, welche fast schon in

die Größenordnung von einer Milliarde Jahren hineinreicht, ist keineswegs unrealistisch.
Nach dieser Zeit wird die Erde wegen der bereits einsetzenden Zunahme der solaren Strahlungsleistung unbewohnbar sein.

3.3 Ein Spaziergang im „Energie-Garten"

Wir wollen uns in diesem Rundgang einen allgemeinen Überblick über Energie und insbesondere die Nutzung des elektrischen Stroms mit Hilfe von einfachen Abschätzungen verschaffen, wie sie bereits im vorigen Abschnitt durchgeführt wurden Damit soll den vernachlässigten quantitativen Kriterien mehr Raum gegeben werden und der Leser ein Gefühl für die maßgebenden Größenordnungen bekommen. Im Rundgang werden aber auch noch weitere Themen angesprochen, die Leser sicher interessieren, so der Autoverkehr und insbesondere das Elektroauto.

Alle von uns genutzte Energie stammt von der Sonne und vom radioaktiven Zerfall instabiler Isotope der Elemente Kalium, Uran und Thorium. Die von der Sonne in die Photosynthese eingebrachte Energie wurde in Erdöl, Kohle und Erdgas gespeichert und wird bei deren Verbrennung wieder freigesetzt. Wir heizen daher mit „alter" Sonnenenergie. Etwa 70% der Erdwärme stammt aus radioaktivem Zerfall [94]. Wenn wir Erdöl, Gas oder Kohle verbrennen, geben wir der Atmosphäre wieder das CO_2 zurück, das die Verrottung von Pflanzen und deren endgültige Ablagerung als fossile Brennstoffe der früheren Atmosphäre entnahm (vergl. hierzu auch Bild 4.8 unter 4.8). Bei diesem Anlass muss an Schulwissen erinnert werden: Die Photosynthese, der alle Lebewesen dieser Erde ihre Existenz verdanken, wird von den beiden Hauptagenten *Sonnenenergie* und dem zu Unrecht geschmähten CO_2 betrieben [212].

CO_2 ist kein „Schmutzgas", sondern ein lebenswichtiges Naturgas. Ohne Photosynthese mit ihrem wichtigsten Bestandteil CO_2 gäbe es weder Pflanze, noch Tier, noch uns Menschen.

Die Sonne treibt indirekt mit ihrer Energiezufuhr die Winde an, so dass auch Windturbinen letztlich von der Sonne abhängen. Bei der Gezeitennutzung entnimmt man dagegen dem System Sonne-Erde-Mond

3 Energie

kinetische Energie, die dem Sonnensystem bei dessen Entstehung mitgegeben wurde. Demnach kann festgestellt werden: die Sonne ist für alle von uns bezogene Energie verantwortlich, ausgenommen die Kernenergie, die Geothermie und die Gezeitenenergie.

Für Puristen zwei Anmerkungen: Zum einen stammt auch die uns von der Sonne zugesandte Strahlungsenergie aus einem *Kernreaktor* - diesmal vom Fusionstyp. Die Sonne ist nämlich ein Kernfusionsofen [247]. Zum zweiten muss man gedanklich das „Kraftwerk" Sonne-Erde um die „Kühltürme", das ist hier der kalte Weltraum, erweitern. Nur zwischen einer Wärmequelle *Sonne* und einer Wärmesenke *Weltall* kann die *„Wärmemaschine Erde"* betrieben werden – so verlangt es der zweite Hauptsatz der Thermodynamik.

Im Folgenden werden Energiegrundlagen beschrieben. Auch den hieran nicht interessierten Lesern, ausgenommen denen mit einschlägigen Fachkenntnissen, wird dennoch empfohlen, diesen kleinen Teil nicht zu übergehen. Ohne ihn kann vieles im Kapitel „Energie" nicht ausreichend verständlich sein. Dies liegt in der Natur der Sache. Allen Lesern, die dennoch zu „technisch Trockenes" befürchten, zur Beruhigung: Sie werden ihre Stromrechnung danach besser nachvollziehen können, und es wird gelegentlich sogar amüsant.

Energie kann weder erzeugt noch vernichtet, nur umgewandelt werden. Der Begriff „regenerative" Energien ist falsch. Konsequenterweise gibt es auch keine prinzipielle Unterscheidung der verschiedenen Energieformen bei den Energie-Mengenangaben. Je nach praktischen Bedürfnissen sind unterschiedliche Maßeinheiten gebräuchlich, diese sind aber prinzipiell gleichwertig. Wir bevorzugen hier, weil es vorwiegend um elektrische Energie geht, die Energieeinheit kWh. Die etwas umständlich erscheinende Kilowattstunde rührt daher, dass man in der Elektrotechnik nicht elektrische Energie, sondern elektrische Leistung (*Leistung = Energie pro Zeit*) in Watt [W] als Grundgröße ansieht. Wegen des Zusammenhangs *„Energie = Leistung · Zeit"* ist daher die Wattsekunde [Ws] = Joule [J] eine Maßeinheit für Energie. Das Joule ist den meisten Lesern aus Lebensmittelverpackungen oder Fitnessgeräten vertraut. An Stelle dieser sehr kleinen Größe ist schließlich die handlichere Einheit der Kilowattstunde [kWh] üblicher. Ein Kilowatt sind 1000 Watt, eine Stunde zählt 3600 Sekunden, somit haben wir 1 Ws = $1/(3{,}6 \cdot 10^6)$ kWh

3.3 Ein Spaziergang im „Energie-Garten"

oder umgekehrt 1 kWh = 3.6 · 10^6 Ws. Bevor es jetzt tatsächlich droht, etwas zu trocken zu werden, einige aussagekräftige Zahlen und Zusammenhänge, damit man ein Gefühl für die Größen von täglich benötigten elektrischen Energiemengen bekommt:

Auf Ihrem Haarföhn finden Sie vielleicht die Leistungsangabe 1600 W = 1,6 kW. Wenn Sie 1/4 Stunde lang föhnen, haben Sie die Energie 1,6 kW · (1/4) h = 0,4 kWh verbraucht und zahlen (noch) bei einem Tarif von ∼30 Cents pro kWh für das Föhnvergnügen 12 Cents. Wenn Sie die gleiche Energie nicht aus der Steckdose, sondern lieber durch eigene körperliche Betätigung – etwa Strampeln auf einem Fahrrad mit angeschlossenem elektrischen Generator bei 100 W = 0,1 kW körperlicher Dauerleistung – erbringen möchten, müssten Sie dazu immerhin bereits 4 Stunden in die Pedale treten, denn 0,1 kW · 4 h = 0,4 kWh. Sie wissen nun, wie man es rechnet. Daher ist es amüsant, selber einmal zu ermitteln, wie viele Monate bzw. Jahre man in die Pedalen mit konstanten 0,1 kW Leistung treten müsste, um den Jahresstrom für die eigene Wohnung oder das eigene Haus zusammen zu bringen. Wir gehen dazu von dem Grobwert 4000 kWh pro Jahr für einen Haushalt aus. Bitte nicht über das Ergebnis erschrecken! Das, was wir tagtäglich aus der Steckdose an Energie beziehen, hat es wirklich „in sich".

Sie sind nun zumindest in der Lage, die von Tageszeitungen oftmals falsch geschilderten Zusammenhänge über grüne Energien zuverlässig zu erkennen. So berichtete etwa die Leipziger Volkszeitung vom 25.5.2012: *„Mit einer Nennleistung von 5,1 MW = 5100 kW der neuen Photovoltaikanlage in Sandersdorf-Brehna werden zukünftig 11.000 Haushalte mit Strom versorgt".*

Rechnen wir einmal nach! Bei grob 4000 kWh Jahresenergie für jeden Haushalt brauchen 11.000 Haushalte 44 · 10^6 kWh übers Jahr. Die Photovoltaikanlage muss demnach 44 · 10^6 kWh/5100 kW = 8627 Stunden mit Nennleistung laufen, also praktisch Tag und Nacht das ganze Jahr über (das Jahr hat 8760 Stunden). Dies ist natürlich unrealistisch, denn die Sonne scheint nicht immer, zumindest niemals bei Nacht. Bei dieser Meldung wurde als weiterer Irrtum auch noch die installierte Nennleistung mit der tatsächlich von der Anlage erbrachten Leistung gleichgesetzt.

In der Realität kann allerdings überhaupt kein Haushalt mit Solar-

3 Energie

strom versorgt werden. Haushalte brauchen Energie bei Bedarf, nicht nur dann, wenn die Sonne scheint und zudem im Zenit steht. Vielleicht sollten Sie der Redaktion einen freundlichen Leserbrief schreiben, um ähnlich unzutreffende Angaben Ihrer Tageszeitung zukünftig zu verhindern. Tatsächlich scheint sich die Berichterstattung inzwischen etwas zu bessern, obwohl immer noch nicht deutlich genug darauf hingewiesen wird, dass mit Wind und Sonne keine *Grundlast* abgedeckt werden kann.

Wie wäre es nun korrekt, wenn wir von der weitgehenden Unbrauchbarkeit des Sonnenstroms wegen seines fluktuierenden Aufkommens absehen wollen? Hierzu ist nur die Kenntnis der installierten Solarzellenfläche in [m^2] erforderlich. Die in Deutschland mit den heutigen Solarzellen erzielbare *Solarstromleistung* sind zeit- und ortsgemittelte 10 W pro m^2 Solarfläche. Im Flächenmittel scheint nämlich hierzulande nur in 18% der Zeit die Sonne. Der Leser behalte diese 10 W/m^2 als Daumenregel für Photovoltaik im Gedächtnis! Man multipliziere die Gesamtfläche der Solarmodule in m^2 mit 10 W/m^2, dies ergibt die mittlere Jahresleistung der Anlage in Watt.

Im Jahresmittel kann aus Photovoltaik im sonnenarmen Deutschland mit diesen genannten 0,01 kW/m^2 aus einem Quadratmeter 0,01 kWh· 8760 h $\approx$ 90 kWh elektrische Energie geerntet werden. Die Nennleistung bezeichnet dagegen die Leistung unter Testbedingungen, wie sie etwa der maximalen Sonneneinstrahlung in Deutschland entspricht. Sie ist für die Abschätzung des Energieertrags einer Solaranlage kaum aussagekräftig. Um die von der Photovoltaikanlage in Sandersdorf-Brehna gelieferte Jahresenergie in kWh zu ermitteln braucht man nur die hier leider nicht von der Zeitung angegebene Gesamtfläche der Photovoltaikzellen mit 90 kWh/m^2 zu multiplizieren.

An dieser Stelle kann jeder Leser bereits leicht ermessen, oder besser „erfühlen", dass die hierzulande ankommende Sonnenenergie für den Zweck der Stromerzeugung keine sinnvolle Option ist. Anderenfalls würde man nämlich ein Sonnenbad auf der Schwimmbadwiese nicht überleben. Die Sonne, die zudem nicht immer scheint, ist für unsere elektrische Stromversorgung in Deutschland völlig unzureichend. Nur in Wüsten mit hoher Insolation (Sonneneinstrahlung) verhält es sich anders. Aber auch dort ist, wie es die Negev-Wüste Israels zeigt, eine landeswei-

3.3 Ein Spaziergang im „Energie-Garten"

te Stromerzeugung offensichtlich nicht vorteilhaft. Israel beherrscht die wirtschaftlichen und technischen Grundrechenarten besser als wir.

Wollte man nun den jährlichen Gesamtstromverbrauch der Bundesrepublik des Jahres 2013 von rund 630 TWh mit Photovoltaik bestreiten, wären hierzu 7000 km^2 Solarzellen erforderlich. Diese Fläche übersteigt die des Saarlandes von 2570 km^2 um mehr als das Doppelte. Dieser Strom wäre zudem fluktuierend, also unbrauchbar. Für Wind benötigt man für die gleiche Aufgabe (aller Strom aus Wind) bereits die Fläche ganz Bayerns, für Energie-Mais die ganz Deutschlands (s. Anhang 6.1).

Bild 3.5 veranschaulicht, warum insbesondere Windkraftanlagen (WKA) extrem viel Fläche benötigen, Anrainer mit Infraschall gesundheitlich schädigen [237] sowie Fledermäuse und Greifvögel jedes Jahr zu Millionen zerschreddern [32]. In der späteren Tabelle 3.4 unter 3.4.2 werden die wichtigsten Kenndaten von WKA aufgeführt. Bei den Kostenangaben für Strom aus WKA und Photovoltaik lässt man in aller Regel die Kosten für den Fluktuationsausgleich salopp unter den Tisch fallen (s. unter 3.3.5), damit es nicht ganz so schlimm aussieht.

Weitere Zahlen, die viele Leser vielleicht überraschen werden: Nur 100 g Steinkohle enthalten einen Energieinhalt (Heizwert) von rund 0,8 kWh. Hiervon ist grundsätzlich grob die Hälfte, also 0,4 kWh, in elektrische Energie oder in mechanische Arbeit umwandelbar, der Rest geht prinzipiell und unvermeidbar verloren – der Grund dafür wird weiter unten beschrieben. Aus dem Verbrennen von 100 g Steinkohle kann man ein Auto von 1,5 t Gewicht 100 m hochheben und man kann ebenso, wie oben bereits geschildert, einen Föhn von 1600 W eine 1/4 Stunde lang betreiben. Das Beispiel zeigt den Vorzug von Verbrennungsenergie vor mechanischer Energie aus Wasserkraft oder gar Wind. In Tabelle 3.1 sind die Heizwerte von jeweils einer Tonne der wichtigsten Energieträger aufgeführt. Diese Zusammenstellung erlaubt aber noch keinen direkten Vergleich mit Strom aus Wind oder Sonne. Hierzu ist die Leistung [W] pro Fläche [m^2], also die Leistungsdichte besser geeignet. Auf diese wichtige Größe wird unter 3.3.1 eingegangen.

Wie viel Energie wird eigentlich von einer Überlandhochspannungsleitung transportiert? Man kann bei feuchtem Wetter gelegentlich das von vielen kleinen, lokal begrenzten Entladungen herrührende Knistern hören, wenn man unter ihr spazieren geht. Daher vermutet man, dass

3 Energie

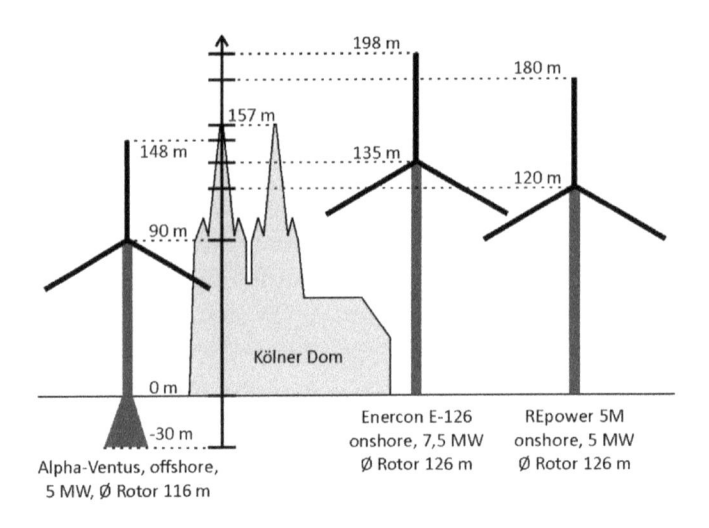

Bild 3.5: Abmessungen moderner Windkraftanlagen (WKA), Bildquelle: Prof. M. Beckmann, TU Dresden.

hier gewaltige Energiemengen fließen. Dies trifft zu. Eine 380 kV Hochspannungsleitung überträgt eine Leistung von etwa 400 MW, das ist soviel, wie ein großer Jumbo-Passagier-Jet beim Start benötigt. Auf der anderen Seite erreicht aber auch in einer sehr langen Überlandleitung die zu einem bestimmten Zeitpunkt enthaltene elektrische Energie noch nicht einmal den Wert eines kleinen Weinglases mit Benzin [155]. Dies vermittelt ein Gefühl dafür, dass elektrische Energie in großem Maßstab **nicht**, allenfalls nur über extrem kostspielige Umwege, speicherbar ist.

Mit Blick auf die überzogenen Erwartungen, die an Elektroautos geknüpft werden, ist ein nüchterner Blick auf die Energieverhältnisse angebracht. Er ist bereits mit unserem bisher dargelegten Rüstzeug möglich. Für einen modernen Lithium-Ionen-Akku werden 311 kg bei 50 kWh nutzbare Energie genannt [288]. Tabelle 3.1 gibt etwa 9 kWh Heizenergie in einem Liter Benzin an. Ein Automotor hat einen Wirkungsgrad von 35%, Stromantrieb dagegen von 95%. Damit sind 1 Liter Benzin nur noch $9 \cdot 0{,}35/0{,}95 \approx 3{,}3$ kWh mechanische Antriebsenergie „wert". Dies entspricht $3{,}3 \cdot 311/50 \approx 20$ kg Lithium-Ionen-Akkugewicht für 1

3.3 Ein Spaziergang im „Energie-Garten"

Energieträger	Heizwert pro Tonne in kWh
Steinkohle	8140
Braunkohle	2500
Holzpellets	4600
Natur-Uran mit 0,7% des spaltbaren ^{235}U angereichert	$1{,}6 \cdot 10^8$
Mit 4,3% ^{235}U angereicherte Brennelemente	$1{,}2 \cdot 10^9$
Benzin	12000 (d.s. etwa 8800 kWh/m^3)
Erdgas	9000 bis 12600

Tabelle 3.1: Heizwerte von Energieträgern [8].

Liter Benzin. Ein Akkugewicht von 200 kg in einem Elektroauto dürfte realistisch sein, somit hat das Elektroauto 200/20 = 10 Liter Benzin im „Akkutank". Kein Wunder, dass man damit nicht weit kommt! Unmaßgebliche Details wurden bei dieser Abschätzung übergangen. So ist es für das Elektroauto ungünstig, dass bei Kälte die Batterie für die Heizung sorgen muss, die vom Benzinmotor als „freie" Abwärme geliefert wird. Andererseits ist günstig, dass der Akku durch Rückspeisung der Bremsenergie jedesmal wieder ein wenig aufgeladen werden kann. Benzin steht bis zum letzten Tropfen zur Verfügung, die Leistung einer Batterie hängt dagegen in recht verwickelter Weise auch der Stromentnahme, der Restkapazität der Batterie und ihrem Alter ab. Der Leistungsabfall mit zunehmendem Alter der Batterie ist jedem Laptopbesitzer bestens bekannt. Und wenn wir schon am Rechnen sind: Wie groß ist der Leistungsanschluss jeder E-Tankstelle?

Man muss von mehreren Megawatt bei 1000 Autos pro Tag ausgehen. Das ist wegen der unzureichenden Leitungsquerschnitte unseres 220-Volt-Netzes nicht zu bewerkstelligen, daher wären separate Hochspannungsleitungen zu jeder E-Tankstelle erforderlich. Hier müsste man ein eigenes Leitungsnetz für E-Tankstellen aufbauen. Da die Batterien nicht mit Hochspannung geladen werden können, muss jede E-Tankstelle auch noch eine Transformatorstation einrichten. Die Abwärme wird enorm,

3 Energie

aktive Wärmetauscher werden erforderlich. Aus der vorgenommenen Abschätzung und den noch anschließenden Betrachtungen kann der potentielle „Nutzen" von Elektroautos abgeschätzt werden. Mehr als zu einem Nischenprodukt für den innerstädtischen Kleinverkehr, ähnlich wie es die elektrisch angetriebenen Golfcarts sind, wird es das Elektroauto grundsätzlich nicht bringen können. Im Gegensatz zum Elektroauto ist freilich das Elektrofahrrad, das pedalierende Mithilfe benötigt, eine sehr sinnvolle Entwicklung. Die erforderlichen Batterien liefern ausreichend lange Strom (leben aber bei weitem nicht so lange, wie es sich viele Käufer vermutlich wünschen), und das Rad ist vor allem bei Bedarf auch ohne Elektroantrieb fahrtüchtig.

Völlig absurd ist die gelegentlich zu hörende Idee, mit Elektroautos die Fluktuationen von Wind- und Sonnenstrom abzupuffern. Schätzen wir einmal ab, wobei wir von folgenden Annahmen ausgehen wollen: 1 Million Elektroautos mit voll aufgeladener Batterie – d.s. großzügig 50 kWh Stromenergie pro Fahrzeug –, aller Strom wird nur aus Wind erzeugt, und es tritt Stromausfall infolge bundesweit ausbleibenden Windes ein. Unter diesen Voraussetzungen sollen nun alle Elektroautos ans Stromnetz gehen und ihre vollen Akkus entladen, um totale Windstille auszugleichen. Wie lange reicht dies, nur rechnerisch natürlich, denn praktisch ist es ohnehin unmöglich? Die Antwort, als kleine Abschätzungsübung dem Leser empfohlen, ist nicht schwer: Es kann noch nicht einmal eine Stunde Totalstromausfall der BRD mit ihrem jährlichen Strombedarf von 630 TWh = $630 \cdot 10^{12}$ Wh (Jahr 2013) überbrückt werden. Ideen dieser Art sind aus technisch-physikalischen Gründen völlig unrealistisch.

Zurück zu den Problemen der Elektroautos! Die Entwicklung von neuen Batterietypen entspricht der Suche nach immer exotischeren Metallverbindungen und lässt keinen Platz für Optimismus. Der weiteren Leistungsverbesserung von Batterien sind aus grundsätzlichen physikalischen Gründen allerengste Grenzen von wenigen Prozentpunkten gesetzt. Die Entsorgung riesiger Mengen von Batterien, wie sie der Masseneinsatz von Elektrofahrzeugen mit sich bringen würde, hätte eine ebenso riesige Umweltbelastung mit hochgiftigen Metallverbindungen zur Folge. Allen „grünen Träume" zum Trotz geht kein Weg an der jedem Fachmann geläufigen Erkenntnis vorbei, dass die chemische Speicherung von Energie für den Autoantrieb in Form von Kohlenwasserstoffen (Benzin

3.3 Ein Spaziergang im „Energie-Garten"

etc.) die technisch-wirtschaftlich-umweltgemäß optimale Lösung ist und naturgesetzlich auch in aller Zukunft bleiben wird. Um vom Erdöl wegzukommen, wird es in weiterer Zukunft wirtschaftlich wieder interessant werden, mit Hilfe von Kernkraftwerken Benzin zuerst aus Kohle und später aus allen erreichbaren Substanzen, die Kohlenstoff enthalten – z.B. auch aus CO_2 –, zu synthetisieren. In [155] wird sogar von einer zukünftigen Kohlenstoffwirtschaft gesprochen. Eine Synthese aus dem Grundstoff Kohle erfolgte übrigens schon einmal im zweiten Weltkrieg mit dem Fischer-Tropsch-Verfahren, das sich technisch bewährt hatte [80]. Eine Unbekannte verbleibt allerdings noch, die Brennstoffzelle. Bei ihr ist nicht absehbar, ob sich in der Zukunft Entscheidendes tun wird. Die Brennstoffzelle ist zumindest ein Hoffnungsträger.

3.3.1 Eine entscheidende Größe – die Leistungsdichte S

Ein Energierundgang darf nicht beendet werden, ohne die wirtschaftlich wichtige *Leistungsdichte* $S = P / A$ kennengelernt zu haben, mit der Leistung P [W], der Fläche A [m^2] und S [W/m^2]. Bei der Windturbine ist mit S die Leistung des Windes, geteilt durch die vom Propeller überstrichene Fläche bei senkrecht auftreffendem Wind gemeint. Bei der Photozelle ist es die Leistung der Sonne, geteilt durch die Solarzellenfläche bei senkrechtem Sonneneinfall. Um es möglichst einfach zu machen, werden wir die Leistungsdichte S bzw. die Leistung P stets auf den jeweils erzeugten elektrischen Strom beziehen, denn unterschiedliche Stromerzeugungsmethoden wandeln die genutzte Primärleistung (mechanische Windleistung bei WKA oder Wärmeleistung aus Verbrennung in fossilen Kraftwerken) unterschiedlich wirksam in Stromleistung um. Nur auf den elektrischen Strom kommt es uns schließlich an (Tabelle 3.2 zeigt Beispiele von Kraftwerks-Leistungsdichten).

Die Bedeutung einer hohen Leistungsdichte S wird aus $A \cdot S = P$ deutlich. Ist S klein, muss man die Fläche A groß machen, damit das gewünschte Endprodukt Leistung P ausreichend hoch ausfällt. Dies erklärt, warum Windradpropeller so riesig sind. Weil Wind nur eine extrem kleine Leistungsdichte aufweist, ist eine – ebenso extrem – große, vom Propeller überstrichene Fläche bereitzustellen. Will man es anschaulich ausdrücken, so ist ein riesiges Netz aufzuspannen, um damit den

3 Energie

Stromerzeugungs-Methode	~ Leistungsdichte [W/m²] bezogen auf erzeugten Strom (Wirkungsgrad berücksichtigt)	~ Faktor bezogen auf Hessenwind
Erdwärme	0,03	0,001
Sonne (Photovoltaik)	10	0,2
Wind (Hessen)	44	1
Wind (Nordsee)	115	2,5
Wasser von 6 m/s	100 000	2500
Kohle (Brennkessel)	250 000	6000
Kernkraftwerk (Hüllrohr)	300 000	7000

Tabelle 3.2: *Leistungsdichten von Kraftwerksmethoden.*

Wind einzufangen und seine Energie schließlich in den kleinen Querschnitt einer elektrischen Leitung zu komprimieren. Bei der Photozelle ist die Platte groß genug zu machen. „High-Tech" wird oft auch über die Leistungsdichte definiert. In diesem Sinne sind Wind- und Solarkraftwerke eindeutig „Low-Tech". Ein Kohlekraftwerk hat eine 2000-fach höhere Stromleistungsdichte als ein WKA-Ungetüm in der windstarken Nordsee und sogar eine 25.000-fach höhere als die Solarplatten auf dem Hausdach Ihres Nachbarn.

Aus den Vergleichen wird anschaulich, dass Wind und Sonne grundsätzlich extrem teurer sind als Kohle oder Uran, denn wir können die Leistungsdichten von Wind oder Sonne mit keiner Maßnahme erhöhen. Der Buchautor hatte im Anschluss an einen Vortrags das Vergnügen, den hierzu passenden Einwurf eines Jura-Studenten zu beantworten. Dieser meinte: *„Ihren Ausführungen zur Photovoltaik und Windenergie muss ich widersprechen. Über Jahre hat sich die Leistung meines Computers mehr als vertausendfacht. Ähnliches ist selbstverständlich auch von den alternativen Energien zu erwarten".* Es dauerte nicht lange, bis der freundliche junge Mann begriff, dass man aus einer Kuh auch mit einer „atomgetriebenen" Melkmaschine nicht mehr herausholen kann, als das, was sie im Euter hat.

3.3 Ein Spaziergang im „Energie-Garten"

Die von uns nicht beeinflussbaren Leistungsdichten von Wind und Sonne stellen Hürden dar, die keine Ingenieurskunst überspringen kann. Mit der Aufstellung von WKA zur Stromerzeugung bei gleichzeitiger Abschaffung von Kern- oder gar Kohlekraftwerken (Energiewende) wurde die Physik durch Politik ersetzt. Das kann niemals gutgehen.

Wind hat keine hohe Leistungsdichte, weil man sich noch einigermaßen gut gegen einen Sturm stemmen kann, ohne umzufallen. In schnell fließendem Wasser mit seinem tausendfach höheren spezifischen Gewicht ist solch eine Art „Widerstand" unmöglich. Jeder Paddler, der schon einmal in moderatem Wildwasser mit seinem Boot gekentert ist, weiß von der Kraft schnell fließenden Wassers ein Lied zu singen. Die geringen Leistungsdichten, mit denen uns die Sonne auf deutschen Schwimmbadwiesen verwöhnt, fanden schon Erwähnung. Ein Sonnenbad hierzulande ist nicht mit der Gefährlichkeit zu vergleichen, seine Hand in einen Ofen zu stecken, in dem Kohle mit ihrer hohen Leistungsdichte verbrennt.

Ein stellvertretendes Zahlenbeispiel, das die aus einer geringen Leistungsdichte folgenden Kostenaufwendungen veranschaulicht, soll die Betrachtung abschließen. Heidelberg musste für einen Beschluss seines Gemeinderats zu einem „Solardach" finanziell aufkommen. Die Parameter dieser Anlage: 2500 qm Photovoltaikfläche, grob 30 kW Leistung im Jahresmittel und weit über 1 Millionen Euro Kosten. Nüchtern betrachtet, wurde für diesen Preis ein Kleinwagenmotor erworben, über dessen Betrieb die Natur entscheidet. Die Spritpreise werden wohl noch etwas ansteigen müssen, damit sich dieser Kauf irgendwann einmal lohnt.

Der minimale Energieertrag und, als Folge davon, die extrem hohen Kosten der Photovoltaik sind mit der Begeisterung der Bevölkerung für diese Methode der Stromerzeugung nicht vereinbar. Heutzutage wird jedes mit Solarstromzellen versehene Schuldach von Schülern, Eltern und Lehrern gleichermaßen als die Rettung des Klimas und als ultimative Lösung unserer Stromversorgung begrüßt. Diese emotionale Einschätzung ist oft vom Slogan „die Sonne schickt uns keine Rechnung" begleitet. Dieser Optimismus ist angesichts der nüchternen technischen und wirtschaftlichen Fakten völlig unbegründet.

3.3.2 Grundkriterien und eine erste Bilanz

Maßgebend für die Frage *„Welche Methode der elektrischen Stromerzeugung ist sachgerecht?"* sind vier Grundkriterien. Sie bilden ein „magisches Quadrat", das Bild 3.6 zeigt. Das wichtigste Kriterium, die *Kostengerechtheit*, wurde schon behandelt. Kosten sind immer und überall primär! Nur totalitäre Regime oder sehr wohlhabende Nationen können das Kostengesetz vorübergehend außer Kraft setzen. Die globale Vernetzung und der Wettbewerb aller Nationen beseitigen solche Verwerfungen aber schnell und zuverlässig, die „Bestrafung" erfolgt mit Sicherheit. Eine „Revision", wenn das betreffende Land aus der ersten Weltliga des wirtschaftlichen Wettbewerbs herausgefallen ist, gibt es nicht.

Das zweite Kriterium ist die *Bedarfsgerechtheit*. In jeder von Elektrizität abhängigen Industrienation muss sich der verfügbare Strom grundsätzlich immer dem Bedarf der industriellen und privaten Verbraucher anpassen. Windräder und Photovoltaikanlagen können dieses Kriterium naturgesetzlich nicht erfüllen. Da Strom in größerem Maßstab nicht gespeichert werden kann, sind nur extrem kostspielige Umwege mit hohen Energieverlusten möglich, die wiederum das Kriterium der Kostengerechtheit verletzen.

Das dritte Kriterium ist die *Skalierbarkeit*. Leistung und Flächenbedarf des Kraftwerks müssen den Bedürfnissen der Raum-, Netz- und Bedarfsplanung eines Landes flexibel und problemlos anpassbar sein. Kernkraftwerke, Kohlekraftwerke und Gaskraftwerke (m.E.) erfüllen dieses Kriterium, sie können praktisch beliebig groß wie klein gebaut, sowie in einer dem Bedarf angepassten Anzahl überall installiert werden. Ihre Brennstoffe, russisches Erdgas ausgenommen, kommen aus politisch stabilen Ländern. Braunkohle ist in Deutschland verfügbar. Insbesondere für Kernkraftwerke ist der Öffentlichkeit unbekannt, dass diese fast beliebig klein gebaut werden können, die Kernreaktoren in U-Booten belegen es. Die neue Generation von modularen Kleinstkraftwerken, wie sie gerade in den USA und Japan entwickelt werden, sind bis zu wenigen 10 MW herunter skalierbar. Damit ist gerade eine dezentrale Versorgung gut möglich, wenn man es will. Ein typisches Gegenbeispiel von „skalierbar" stellt dagegen die Windradnutzung dar, die bereits die Kriterien der Kosten- und Bedarfsgerechtheit verfehlt. Windräder erfordern extreme

3.3 Ein Spaziergang im „Energie-Garten"

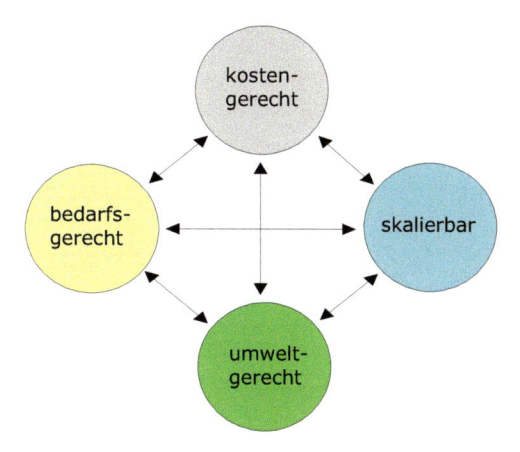

Bild 3.6: Magisches Quadrat derjenigen Kriterien (Gerechtheiten), welche die Methoden zur elektrischen Stromerzeugung unabdingbar aufweisen müssen.

Größen, eine hohe Anzahl und vor allem Gegenden, wo ausreichend der Wind bläst. Sie erreichen heute die Höhe des Ulmer Münsters, liefern in Relation zu ihrem Flächenbedarf dennoch zu wenig Energie und müssen daher in extren hoher Anzahl aufgestellt werden. Mit der Stromerzeugung aus Faulgasanlagen verhält es sich noch ungünstiger, wenn diese nicht ausschließlich mit landwirtschaftlichem Abfall (Gülle) betrieben werden, sondern hierfür Energie-Mais angebaut wird. Der Verbrauch landwirtschaftlicher Flächen wird damit inakzeptabel hoch (s. unter 3.4.5). Kraftwerke, die mit russischem Gas betrieben werden, nehmen eine Sonderstellung ein. Sie unterliegen der unabdingbaren Bereitstellung langer Pipelines und erfüllen „skalierbar" daher nur teilweise. Bei der deutschen Photovoltaik ist es schließlich die unzureichende Insolation, die zu ihrer Unskalierbarkeit führt. Die Insolation in Deutschland entspricht grob der von Alaska. Dennoch stehen hierzulande 50% aller weltweit installierten Photovoltaikanlagen. Dies ist nicht sinnvoll, denn der zu vernünftigen Leistungsgrößen erforderliche Flächenverbrauch der Photovoltaik ist hierzulande indiskutabel groß (s. Anhang 6.1).

Das vierte Kriterium ist die selbstverständliche **Umweltverträglich-**

keit. Alle modernen Kraftwerke, die fossile Brennstoffe nutzen, lassen infolge modernster Filtertechnik keine Umweltwünsche mehr offen. Die Anwendung wirkungsvollster Filterung von Schadstoffen wie Staubpartikeln und Aerosolen ist nur noch eine Frage der (hier nicht mehr maßgebenden) Kosten, nicht mehr der Technik. Kernkraftwerke sind ohnehin emissionsfrei.

Der am häufigsten vorkommende Irrtum, dem glühende Verfechter „alternativer" Stromerzeugungsverfahren unterliegen, besteht darin, die Verhältnisse anderer Länder salopp und bar jeden Sachverstands auf Deutschland zu übertragen. Als Beispiel betrachten wir Länder mit ausreichenden Flächen in sonnenintensiven Wüsten und vertretbaren Entfernungen zu den Verbraucherzentren. Dies ist auf der arabischen Halbinsel, aber auch in den USA mit der Wüste zwischen Los Angeles und Las Vegas gegeben. Solarkraftwerke mit ausreichenden Wärmespeichern für die Nächte können für solche Regionen daher eine sinnvolle Option sein [155]. Diese Kraftwerke verwenden keine Photozellen, deren Nachteile darin bestehen, dass ihre Oberflächen regelmäßig gereinigt werden müssen, bei Sandstürmen beschädigt werden und zudem ihr ohnehin schon geringer Wirkungsgrad bei stärkerer Erwärmung durch die Sonne dramatisch in den Keller geht. Die beschriebene Nutzung ist dennoch nicht problemlos, wie es die gut rechnenden Ingenieure Israels beweisen. Von gelegentlichen Projekten und Anlagen abgesehen, wird die Wüste Negev nicht zur großräumigen Stromerzeugung Israels genutzt, und auch Kalifornien wird nicht mit großräumig mit Wüstenstrom „betrieben".

Nur selten ermöglicht die Natur Verfahren, die alle Kriterien des magischen Quadrats erfüllen. Ein Beispiel hierfür ist die Vulkaninsel Island. Heißes Wasser ist hier bereits in geringen Tiefen verfügbar. Die Geothermie kann daher für rund 85% des Heizungsbedarfs genutzt werden. Island verfügt zudem noch über ausreichende Wasserkraft. Im Jahre 2009 deckte Island 73% seines Strombedarfs aus Wasserkraft und zu 27% aus Geothermie [130]. Öl macht nur noch etwa 20% des Primärenergiebedarfs aus und treibt hauptsächlich den Autoverkehr an. Island ist ein Musterbeispiel für die Anwendung zweier Verfahren, die bei uns aus topographischen und geophysikalischen Gründen leider nicht in Frage kommen. So ist hierzulande ohne hohe Berge die Wasserkraft mit etwa 3% der Stromerzeugung bereits ausgereizt, und die Geothermie stellt

3.3 Ein Spaziergang im „Energie-Garten"

nur eine Marginalie an wenigen „Hot Spots" unter dem Boden der Bundesrepublik dar.

Viele Leser mag es beim Blick ins Inhaltsverzeichnis des Buchs verwundern, nichts über Gezeitenkraftwerke, Geothermie und weitere exotischen Kraftwerkstypen aufzufinden. Technisch sind alle diese Verfahren interessant. Sie sind aber zumindest in Deutschland nicht mit den Kriterien des magischen Quadrats (Bild 3.6) vereinbar. Daher geht das Buch auf sie nicht näher ein. Die vier Grundkriterien des magischen Quadrats müssen unabdingbar erfüllt sein. Nunmehr kann eine erste sachbezogene Bilanz gezogen werden:

> *Nur Kraftwerke, welche die in Bild 3.6 gezeigten Grundkriterien erfüllen, sind für die elektrische Stromerzeugung der modernen Industrienation Deutschland sachgerecht. Windkraft (selbst Offshore) und Bioenergie sind ungeeignet, Photovoltaik nur für Spezialzwecke, wie batteriegepufferte Beleuchtung oder ähnliche Nischenanwendungen, brauchbar. Die Kernenergie stellt eine sichere und zugleich die wirtschaftlichste und umweltschonendste Option dar. Ihre Verbannung aus Deutschland ist daher nicht sachgerecht. Die vorübergehende Abkehr von der Kernkraft kann höchstens als eine politisch erzwungene Brückenlösung bis zur Verfügbarkeit von inhärent sicheren Kernkraftwerken mit verschwindendem Abfall gelten (s. unter 3.7.2). In den Jahrzehnten bis dahin müssen ohnehin wieder moderne Kohlekraftwerke oder mit Schiefergas betriebene Gaskraftwerke gebaut werden. Strom aus mit russischem Erdgas betriebenen Gaskraftwerken ist für die Grundlastversorgung zu teuer.*

Damit ist bereits ein erster Abschluss auf der Basis relativ einfacher Betrachtungen erreicht. Es ist nun zielstellend etwas weiter in die technischen Details zu gehen, um die Gründe für die Unzulänglichkeiten von Windrädern, Photovoltaik und Faulgasanlegen offenzulegen.

Für ein weitergehendes Verständnis ist jetzt nämlich noch die Kenntnis von *Wirkungsgrad, Erntefaktor, Grundlastfähigkeit* und *Regelfähigkeit* erforderlich. Diese Begriffe werden nachfolgend kurz und anschaulich erläutert. Der Leser braucht daher nicht zu befürchten, an ein Fachbuch zur elektrischen Energietechnik geraten zu sein. Zur sachgerechten Ein-

3 Energie

ordnung der hierzulande ergriffenen Maßnahme „Energiewende" können sie aber nicht übergangen werden. Erst mit ihrem Verständnis ist es möglich, die politisch propagierten alternativen Methoden der Elektrizitätserzeugung sachgerecht und zuverlässig zu beurteilen.

3.3.3 Wirkungsgrade von Kraftwerken

Unter „Kraftwerken" wollen wir alle Verfahren verstehen, mit denen in großem Maßstab elektrischer Strom erzeugt wird. In diesem Sinne sind auch Windräder und Photovoltaikplatten „Kraftwerke". Dies widerspricht dem üblichen Sprachgebrauch, der unter Kraftwerk gewöhnlich nur die Methode der thermischen Stromerzeugung mit Hilfe von Dampfturbinen versteht. Thermische Kraftwerke sind die mit Kohle, Gas oder Uran betriebenen Kraftwerke. Sie unterscheiden sich in der Natur ihrer Brennstoffe, nicht aber grundsätzlich in der konventionellen Umwandlung der vom Primärbrennstoff erzeugten Wärme in elektrische Energie.

Bemerkenswerterweise sind die unterschiedlichen Energieformen, wie mechanische Energie, elektrische Energie, chemische Energie usw. zwar prinzipiell gleich, aber nicht gleichwertig. Dies stellt sich heraus, wenn man sie ineinander umwandeln möchte. Chemische Energie, beispielsweise in Dynamit gespeichert, wandelt sich bei Explosion in mechanische Energie der Druckwelle um, die umgekehrte Umwandlung ist nicht praktizierbar. Der Endzustand aller Energieumwandlungen ist stets Wärme. Sie ist unter technisch-wirtschaftlichen Kriterien daher die für technische Nutzung am *wenigsten wertvolle* Energieform. Auf Grund dieser Eigenschaft stellt sie uns eine Rechnung bei ihrer Verwandlung in mechanische oder elektrische Energie aus. Möchte man Wärme, z.B. aus dem Verbrennen von Kohle oder Benzin, in elektrische Energie (Kraftwerk) oder in mechanische Energie (Auto) umwandeln, muss man naturgesetzlich unvermeidbare Verluste hinnehmen [37]. Man spricht vom *thermodynamischen Wirkungsgrad*, dem Faktor, mit dem der Energieinhalt des Ausgangssystems, hier Kohle oder Benzin, zu multiplizieren ist, um die gewünschte Energie zu erhalten. Er ist stets kleiner als 1 und wird oft in % ausgedrückt (1 entspricht 100%).

In den thermodynamischen Wirkungsgrad η eines Kraftwerks oder Automotors, $\eta = 1 - T_2/T_1$, gehen die Verbrennungstemperatur T_1 und

3.3 Ein Spaziergang im „Energie-Garten"

die Temperatur am Ausgang des Prozesses T_2 ein – Kühlturm beim Kraftwerk oder Auspuff beim Auto. Sie sind in Grad Kelvin [K] an Stelle der gewohnten [°C] einzusetzen. Die einfache Umrechnung ist °C + 273 = K. Je größer T_1 und/oder je kleiner T_2 ist, umso größer ist der thermodynamische Wirkungsgrad η. Hinzu kommen noch Wärme- und Reibungsverluste, so dass der Gesamtwirkungsgrad stets etwas kleiner als η ausfällt. Sehr grob liegen die Gesamtwirkungsgrade von modernen Kohlekraftwerken um die 50%. Die Umwandlung von mechanischer Energie in elektrische Energie, oder auch umgekehrt, erfolgt dagegen, von kleineren Verlusten abgesehen, ohne naturgesetzliche Abzüge.

Nun wird verständlich, warum für eine effiziente Stromerzeugung hohe Verbrennungstemperaturen T_1 unabdingbar sind. Zum Beispiel ist die Stromerzeugung aus dem Verbrennen von Müll vergleichsweise unwirtschaftlich, weil ohne Zusatzfeuerung nicht ausreichend hohe Temperaturen erzielbar sind. Thermische Kraftwerke sind gemäß der vorgenannten Wirkungsgradbeziehung umso effizienter, je kälter das Kühlwasser (T_2) ist, das meist aus einem Fluss bezogen wird. Dies ist gewöhnlich im Winter der Fall. In der *Kraft-Wärmekoppelung* nutzt man die Wirkungsgradbeziehung geschickt aus. Man erhöht die Kühltemperatur T_2 so weit, dass sie für Heizungszwecke, meist eine Fernheizung, brauchbar wird. Damit nimmt man zwar eine geringfügige Verschlechterung des thermodynamischen Wirkungsgrades η in Kauf, gewinnt aber dafür den Vorteil einer zusätzlichen Heizung. Insgesamt wird mit der Kraft-Wärmekoppelung der Brennstoff besser genutzt. Leider sind ihrer Verwendung durch hohe Kosten Grenzen gesetzt, denn Fernheizungen erfordern hohe Investitionen.

Bei der Energieumwandlung in einem Kraftwerk entsteht immer Wärme. Diese Wärme muss abgeführt werden, man sieht es an den großen Kühltürmen, die charakteristisch für Kohle und Kernkraftwerke sind. Aus ihnen entweicht nur zu weißen Tröpfchen kondensierter Wasserdampf, sie haben mit Schornsteinen nichts zu tun. Neben- und Abfallprodukte von Kohlekraftwerken (Kernkraftwerke haben keine während ihres Betriebs), die durch Schornsteine gehen, können Staub- und Schwefelteilchen sein. Moderne Filtertechniken entfernen diese Schadstoffe praktisch *vollständig*. Dies ist keine Frage der Technik, sondern nur noch der Kosten. Was übrig bleibt, ist das unsichtbare Naturgas CO_2. Der

3 Energie

Leser sollte es bedenken, wenn in den Medien wieder einmal rauchende Schlote oder Wolken aus kondensiertem Wasserdampf aus Kühltürmen gezeigt werden und dabei vom anthropogenen CO_2 die Rede ist. Ob anthropogenes CO_2 tatsächlich klimaschädlich ist, wird sich im zweiten Teil des Buchs zeigen, der sich mit dem Einfluss von Treibhausgasen auf Erdtemperaturen befasst. Die Wirkungsgrade moderner Kohlekraftwerke von sehr grob 50% wurden bereits genannt. Weitere Wirkungsgrade in Grobzahlen sind: Gaskraftwerke 60%, Kernkraftwerke 35%, Photovoltaik 10-15%, Windräder 40% [153]. Für Puristen sei angemerkt, dass es natürlich nicht korrekt ist, den Wirkungsgradbegriff von thermischen Kraftwerken mit dem von Photovoltaikzellen oder Windrädern gleich zu setzen, weil er bei letzteren eine etwas andere Bedeutung hat.

Der Wirkungsgrad von Kraftwerken ist zwar wichtig, und die technische Entwicklung besteht heute vorwiegend darin ihn zu verbessern, er ist aber dennoch nicht das allein maßgebende Kriterium für Wirtschaftlichkeit, sieht man von den sehr kleinen Wirkungsgraden der Photozellen einmal ab. Der im nächsten Abschnitt besprochene *Erntefaktor*, aber vor allem die von den Wind- und Sonnenlaunen der Natur als **unabhängig-frei** geforderte *Verfügbarkeit des Stroms* spielen die Hauptrollen.

3.3.4 Erntefaktoren von Kraftwerken

Der *Erntefaktor* ist wichtig, weil er nicht nur die Verhältnisse während des Kraftwerkbetriebes, sondern die Energiebilanz über die gesamte Lebensdauer des Kraftwerks abbildet. Beim Bau, während des Betriebs und beim Abbau des Kraftwerks muss Energie investiert werden. Hierzu zählt man auch den energetischen Aufwand der Brennstoffbereitstellung in Bergbau oder Aufbereitungsanlagen. Der kumulierte Energieaufwand dieser Investitionen, der hier als KEA bezeichnet wird, ist mit der vom Kraftwerk über seine gesamte Lebensdauer bereit gestellten Stromenergie E_S zu vergleichen. Die Definition des *Erntefaktors* EF ergibt sich somit aus dem Verhältnis von E_S zu KFA als $EF = E_S/KEA$. Der Erntefaktor soll größer als 1 sein, anderenfalls ist die Aufwand größer als der Ertrag. Je größer er ist, umso umweltfreundlicher, ressourcenschonender und wirtschaftlicher ist die Methode des Kraftwerks.

Die während der Lebensdauer eines Kraftwerks für den Verbraucher

3.3 Ein Spaziergang im „Energie-Garten"

bereit gestellte Stromenergie E_S ist das Produkt $E_S = P \cdot T_N \cdot T_K$ [kWh] von Nennleistung P [kW], Jahresnutzungsdauer T_N [h] und dem Bruchteil der normalen Lebenszeit des Kraftwerks T_K. Die Jahresnutzungsdauer gibt die Stunden im Jahr an, in denen das Kraftwerk seine Nennleistung bereitgestellt hat. Da die Reparaturen von Kraftwerken mit zunehmender Betriebsdauer kostspieliger werden, sind ihren Lebensdauern Grenzen gesetzt. Typische Werte für Kohlekraftwerke liegen um die 60 Jahre. Bei der Berechnung von Erntefaktoren herrscht in vielen Veröffentlichungen ein erhebliches Durcheinander. Während der Zähler E_S in der oben genannten Beziehung des Erntefaktors keine Probleme bereitet, ist der Wert des Nenners KEA naturgemäß sehr viel schwieriger zu ermitteln. Insbesondere Vertreter grüner Energien versuchen hier regelmäßig mit fragwürdigen Annahmen Wind- und Sonne „schön" und die Kernenergie „schlecht" zu rechnen. Das Vorgehen dabei ist, die beim Abbau eines grünen Kraftwerks anfallenden Materialien energetisch zu bewerten und vom Energiebedarf für den Bau der Anlage abzuziehen.

Eine einwandfreie und gründliche Zusammenstellung hat dagegen das Institut für Festkörper-Kernphysik (Berlin) in einer begutachteten Fachpublikation vorgelegt [61]. Es kommt zu den in Tabelle 3.3 gezeigten Ergebnissen. Schlussendlich darf erwähnt werden, dass umweltbewusste Zeitgenossen, die bei ihrem Stromanbieter „grünen" Strom einkaufen, ohne es zu ahnen, das genaue Gegenteil von dem tun, was sie eigentlich beabsichtigen. Um umweltbewusst zu handeln, müssten sie Strom aus Methoden mit den höchsten Erntefaktoren kaufen. Dies ist Strom aus Kernkraft, Kohle und Gas. Alternative Energien sind nicht umweltfreundlich!

3.3.5 Woher soll der Strom kommen?

Die Stromversorgung vor den Zeiten der Windräder und Photovoltaik erfolgte überwiegend mit Kohle- und Kernkraftwerken. Da diese Kraftwerke problemlos dem schwankenden Bedarf von Industrie und Privathaushalten anpassbar sind, werden sie als *grundlastfähig* bezeichnet. Die Energiewende hat dann diese, man möchte sagen, „paradiesischen" Verhältnisse gründlich aus der Bahn geworfen. Mit rechnerisch ausreichenden Strommengen aus Wind, Sonne, Biogas ist es nämlich nicht

3 Energie

Kraftwerk	Erntefaktor
Druckwasser-Kernreaktor	75
Kohle	30
Erdgas	28
Windrad gepuffert	4,5
Photoplatte gepuffert	1,7
Biogas	3,5

Tabelle 3.3: Erntefaktoren von unterschiedlichen Kraftwerktypen [61].

getan. Die *Nennleistungen* von Wind- und Sonnenkraftwerken sind lediglich gefällige Zahlen, denn sie stehen nur selten zur Verfügung. Jede hoch industrialisierte Nation benötigt indessen ihre elektrische Energie zu den Zeiten, die sich aus dem aktuellen Bedarf der Verbraucher, nicht aber aus den Launen der Natur ergeben. Vorwiegend sind es Zeiten, in denen die Produktion in stromintensiven Industrien auf Hochtouren läuft. Danach muss sich das Stromangebot richten.

Eine fluktuierende Stromeinspeisung ist „Gift" für die Stabilität der Stromnetze. Die Gefahr eines Black-Out nimmt mit damit zu. Bricht die Stromzufuhr bei einem Black-Out zusammen, bleiben die Produktionsmaschinen nicht nur einfach stehen. Moderne, computergesteuerte Produktionsanlagen sind hochkomplex, alles in ihnen ist präzise aufeinander abgestimmt. Hierzu ist die unterbrechungsfreie Versorgung mit elektrischer Energie unabdingbar. Eine in vollem Lauf infolge eines Black-Out unterbrochene Fertigungsanlage mit Robotern ist nach längerem Stromausfall nicht mehr einfach auf Knopfdruck wieder zu starten. Insbesondere ist eine zeitsensible Produktion gefährdet, bei der flüssige Metalle verarbeitet werden. Fällt hier der Strom über längere Zeit aus, kann ein großer Teil der gesamten Fertigungsstrecke nur noch verschrottet werden, weil das geschmolzene Flüssigmetall inzwischen abgekühlt und fest geworden ist. Trifft dies eine große Aluminium- oder Kupferhütte, bedeutet es unter Umständen den wirtschaftlichen Zusammenbruch des betroffenen Unternehmens und den Verlust vieler Arbeitsplätze.

3.3 Ein Spaziergang im „Energie-Garten"

Fast jeden von uns wird ein Black-Out treffen. Dabei ist längere Dunkelhaft in einem Fahrstuhl zusammen mit dicht aneinander gedrängten „Mitgefangenen" nicht einmal das Schlimmste. Nicht alle Notaufnahmestationen oder kleineren Krankenhäuser verfügen über schnell einspringende Notstromaggregate. Zu den Opfern eines landesweiten Black-Out über längere Zeit werden mit Sicherheit auch Menschenleben zählen. Eine ausführliche Zusammenstellung liegt in dem Bericht des Deutschen Bundestages, Drucksache 17/5672 vom Jahre 2011 vor [24]. Das Lesen dieses Dokuments ist nichts für schwache Nerven! Die deutsche Volkswirtschaft würde infolge eines landesweiten Black-Out durch extreme Kosten belastet, bis über 1 Milliarde Euro/Stunde werden geschätzt. Beunruhigend in diesem Zusammenhang ist, dass schon wenige Stunden Stromausfall in Hannover, als Folge der überstürzten KKW-Abschaltung nach Fukushima, zu Plünderungen geführt haben [215].

Um die Stromnetze stabil zu halten, muss zu jedem Zeitpunkt so viel Strom erzeugt werden, wie verbraucht wird. Dies verlangt die Physik. Der Strom muss zudem aus technischen Gründen sehr eng bemessene Werte von Spannung, Frequenz, Phasenkonstanz und Phasensynchronizität einhalten, anderenfalls bricht das Netz zusammen. Diese Forderungen sind nicht nur mit Strommangel, sondern auch mit *Stromüberschuss* unvereinbar. Infolge des starken Ausbaus von Windkraftanlagen nahm die Volatilität der Stromlieferung stetig zu. Wind- und Sonnenstrom muss bei Ausfall infolge von Windflauten oder starker Wolkenbedeckung aus anderen Kraftwerken ersetzt werden, die man als *Schattenkraftwerke* bezeichnet. Der in Umfang und Volatilität nur mit hohem technischen Aufwand erzeugbare Ersatzstrom wird als *Regelenergie* bezeichnet. Für ihre Bereitstellung sind die Übertragungsnetzbetreiber zuständig.

Die technische Realisierung erfolgt mit Hilfe von *regelfähigen* Kraftwerken, heute meist Gasturbinenkraftwerken, teilweise auch modernen Kohlestaubkraftwerken. Es ist weniger bekannt, dass alle deutschen Kernkraftwerke regelfähig ausgelegt waren. Die zulässigen Laständerungsgeschwindigkeiten wurden in ihrer Auslegung berücksichtigt: Zulässig waren eine sprungartige Änderung der Lastanforderung von 10% der Nennleistung und darüber hinaus eine Änderung von 10% pro Minute. Diese Werte konnten beim Siedewasserreaktor bis auf maximal 60% pro Minute angehoben werden. Ein solcher Einsatz wird bei einer Einspeisung

3 Energie

von Windkraft von 15% bis 25% unverzichtbar [298]. Zu den regelfähigen Kraftwerken kommen noch in sehr kleinem Umfang Pumpspeicherwerke hinzu. Sie wandeln die potentielle Energie des von einem tieferen in einen höheren See gepumpten Wassers bei Regelstrombedarf durch Zurückfließen im Turbinenbetrieb wieder in elektrischen Strom um. Ihre Verluste liegen bei 20%, die für den in Speicherpumpwerke eingespeisten „grünen" Strom verloren sind. Aus diesen Erläuterungen folgt:

Mit Windrad- oder Photovoltaikstrom kann grundsätzlich kein Gas-, Kohle- oder Kernkraftwerk ersetzt werden, denn dieser Strom muss bei Wegfall in vollem Umfang durch fossile Schattenkraftwerke abgedeckt werden.

Im Herbst des Jahres 2011 gab es bereits eine bundesweite Windflaute von etwa drei Wochen. Es trifft daher nicht zu, wie es gelegentlich zu hören ist, dass bei genügend großflächiger Aufstellung immer Wind- oder Sonnenstrom zur Verfügung stünde [81]. Ähnliche, Probleme ergeben sich bei Stromüberschuss, wenn Herbstwinde Windstrom erzeugen, der den Bedarf übersteigt. Wenn man die Windturbinen auf Grund von Stromabnahmeverpflichtungen nicht vom Netz nehmen kann, muss der Strom ins Ausland verschenkt werden, meist mit Kostenaufschlägen! Dies erfolgt in der Regel nach Österreich, das damit seine Speicherseen füllt. Die Schädigung der Stromnetze für die durchleitenden Länder Tschechei und Polen ist dabei so stark, dass diese inzwischen Phasenschieber einbauen, um die automatische Durchleitung zu unterbinden. Überschüssiger Wind- und Sonnenstrom wäre nur dann geeignet, wenn ausreichende Stromspeicher zur Verfügung stünden. Dies ist aber nicht der Fall. *Stromspeicher* unter vernünftigen Kostenkriterien sind ein unrealisierbarer *Wunschtraum*.

Bild 3.7 veranschaulicht das Problem der Regelenergie. Auch wenn die installierte Nennleistung aller vorhandenen Kraftwerke nicht nur rechnerisch ausreicht, sondern inzwischen den Bedarf sogar weit übersteigt, besteht grundsätzlich so lange die Gefahr von Strommangel, wie die Kapazität der Schattenkraftwerke kleiner ist als die aller fluktuierenden Stromerzeuger aus Wind und Sonne. Bild 3.7 zeigt links die Situation eines moderaten Anteils grünen Stroms, wie es vor der Energiewende

3.3 Ein Spaziergang im „Energie-Garten"

der Fall war. Rechts ist die Situation gezeigt, die der Vision der Bundesregierung entspricht. Für den volatilen, grünen Strom ist grundsätzlich die gleichgroße Leistung aus regelbaren klassischen Kraftwerken (gelb) bereit zu stellen, um landesweite Flauten zu überbrücken. Die gesamte installierte Leistung (schraffiert), die sich aus Grundlast, grüner Stromleistung und Regelleistung zusammensetzt, übersteigt daher immer den Bedarf. Bei einer Versorgung mit 100% grünem Strom steigt sie schließlich auf das Doppelte an.

Um 100% Versorgung mit „Erneuerbaren" zu erreichen, muss ein genauso leistungsstarkes fossiles Netz zum Fluktuationsausgleich vorhanden sein. **Man muss die Stromversorgung doppelt anlegen!** Natürlich entsteht hierbei die Frage, warum man nicht gleich beim fossilen System geblieben ist. Darauf gibt zwar die deutsche Politik gelegentlich (sachlich nicht nachvollziehbare) Antworten, nicht aber die technisch-wirtschaftliche Vernunft. Beide im Bild 3.7 gezeigten Szenarien sind volkswirtschaftlich fatal. Das zukünftige, von der derzeitigen Bundesregierung angestrebte Szenario ist dabei sogar als *katastrophal* zu bezeichnen. Die Gründe in 5 Punkten zusammengefasst:

1) Die installierte Gesamtleistung übersteigt bei 100% grünem Strom den Bedarf um das Doppelte. Dies bedeutet erst, dass man gelegentlich – nicht ständig! –, 100% Versorgung aus grünem Strom erreichen kann. Die Hälfte der installierten Gesamtleistung und damit hohe Investitionen würden bei ausschließlicher Versorgung mit Kohle, Gas und Uran entfallen.

2) Die vorzuhaltende Regelenergie wird aus den in der meisten Zeit auf niedrigem Niveau und damit schlechtem Wirkungsgrad (= hohe Kosten) laufenden Schattenkraftwerken, meist Gaskraftwerken, genommen, oder sie wird kostspielig im Ausland eingekauft. Im letztgenannten Fall ist die Lieferung nicht garantiert, wenn unsere Nachbarn sie selbst benötigen. Damit wird im Mittel ein maßgebender Anteil deutschen Stroms mit kostspieligen Methoden erzeugt, einmal mit Wind oder Sonne und zum zweiten mit Gaskraftwerken, die einen Großteil der Zeit im Stand-By-Betrieb laufen.

3) Die Abhängigkeit von russischem Gas gefährdet unsere strategische Versorgungssicherheit, die wir mit der heimischen Kohle und mit Uran

3 Energie

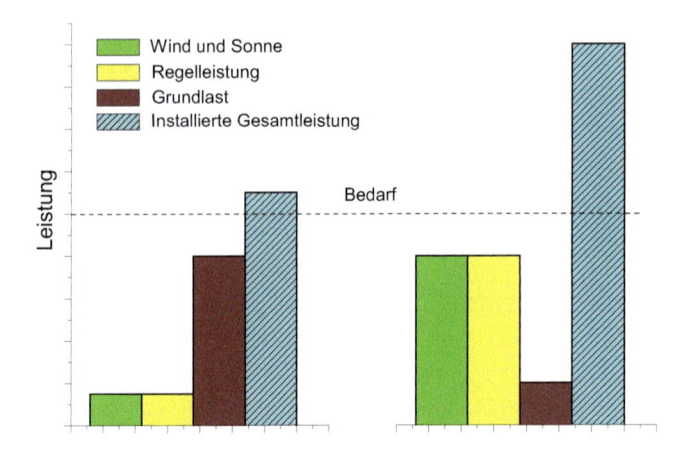

Bild 3.7: Zwei schematische Szenarien einer Stromversorgung mit Wind- und Sonnenanteil. „Installierte Gesamtleistung = Grundlastleistung + Wind/Sonne-Leistung + Regelleistung".

einmal besessen hatten.

4) *Bei dem unabdingbaren, schnellen Ausgleich des fluktuierenden grünen Stroms können die notwendigen Werte von Netzspannung, Phasensynchronizität und Phasenkonstanz nur schwer eingehalten werden, was die Gefahr von landesweiten Black-Out erhöht.*

5) *Windstrom aus der Nordsee muss in den Süden Deutschlands transportiert werden. Lange Überlandleitungen weisen Leitungsverluste auf, verursachen hohe Kosten und stoßen auf verständlichen und sachlich berechtigten Widerstand der Bevölkerung. Diese Überlandleitungen müssen zudem besonders dick sein, denn sie müssen die nur sporadisch auftretenden Spitzenströme transportieren können (Kupferverschwendung). Sie wären bei einer sachgerechten Energiepolitik überflüssig.*

Man darf daher den Slogan „*Wind und Sonne schicken keine Rechnung*", der von Befürwortern der Energiewende gerne in die Diskussion eingebracht wird, zutreffend mit „*.... wohl aber das Versorgungsunter-*

3.3 Ein Spaziergang im „Energie-Garten"

nehmen" ergänzen. Natürlich kann man ebenso entgegnen: *„Das Uran bzw. die Supernova, die es produziert hat"* schicken auch keine Rechnung. Bemerkenswerterweise wird die beim Betrachten des Bildes 3.7 ins Auge springende, unkorrekte Frage übergangen: *„Warum nicht Wind- und Sonnenstrom ganz aufgeben"?* Der einzige Nachteil, den man sich hiermit einhandeln würde, wäre ein höherer Verbrauch an Kohle und Gas. Der gerne angeführte geringere Ausstoß von CO_2 ist unmerklich und für die Kohlenstoffbilanz der Erde praktisch Null. Die endgültige Aufgabe der Kernenergie sei dabei hilfsweise als gegeben vorausgesetzt.

In einem nüchternen, sachlichen Vergleich werden die Vorteile des erneuten Ausstiegs, diesmal dem Ausstieg aus der Energiewende, die Nachteile zu einer Marginalie herabsinken lassen. Freilich sind die Medien und vor allem die Politik weit davon entfernt, über diese häretische Frage nachzudenken, geschweige denn sie auszusprechen. Den besser informierten Bürgern, den für die Energiewende verantwortlichen Politikern und den wissenschaftlichen Advokaten der Energiewende dämmert es allmählich, welcher Aktion sich Deutschland hier verschrieben hat. Hilf- und Ratlosigkeit sind nicht mehr zu übersehen: *„Wir müssen die Energiewende schnellstens zu Ende bringen, weil wir es so gewollt haben"* [142]. Diese öffentlich geäußerte Absurdität zeigt es. Inzwischen, wenn auch sehr spät und nicht so mutig wie es wünschenswert gewesen wäre, hat auch die Fachwelt begonnen zu reagieren [15], so dass sich heute niemand mehr herausreden kann, er sei nicht sachlich ausreichend informiert worden.

3.3.6 Verbrauchernahe oder verbraucherferne Stromversorgung?

Verbrauchernahe Kohle- und Gaskraftwerke haben das Problem des *Brennstofftransports*, verbraucherferne Kraftwerke (z.B. Windparks auf hoher See) dagegen das des *Stromtransports*. Braunkohlekraftwerke, die meist mit den Tagebaustätten eine Einheit bilden, sind vom Brennstofftransportproblem natürlich ausgenommen. Die vor der Energiewende bevorzugte verbrauchernahe Versorgung hatte sich bekanntlich bestens bewährt. Mit ihnen waren die vorhandenen Energiespeicher völlig ausreichend, weil diese nicht eine stark fluktuierende Stromlieferung (Wetter), sondern lediglich die geringfügigen täglichen Spitzenlasten auszugleichen hatten. Der politisch erzwungene Ausbau von Windenergie, insbesondere in der Nordsee, ist nunmehr eine extrem aufwendige, verbraucherferne Methode, für die die vorhandenen Stromnetze nicht bemessen sind. Der notwendige Ausbau und die Ertüchtigung der Netze stellt eine technisch-finanzielle Herausforderung dar, die praktisch kaum zu bewältigen ist. Es ist eine hunderte km lange Stromschiene von Nord nach Süd erforderlich, denn Windstrom wird Off-Shore geerntet und im Süden Deutschlands benötigt. Inzwischen schießen Bürgerinitiativen gegen diesen Wahnsinn aus dem Boden, welche die Landschaftschädigung nicht hinnehmen.

Dabei ist noch nicht berücksichtigt, dass jeder neue, dezentrale Erzeuger (Windrad oder große Solaranlage) über eine kostspielige Erdleitung in die bestehenden Regionalnetze einzubinden ist. Die hierzu erforderlichen Leitungslängen addieren sich zu Hunderttausenden zusätzlicher Kilometer an neuen Stromleitungen auf. Die dafür notwendigen Kosten wird der Stromverbraucher und der Steuerzahler aufzubringen haben. Das Konzept des Nordseewindstroms ist bereits ausreichend fragwürdig. Damit ist aber noch keineswegs das Ende erreicht.

Die Visionen, norwegische Wasserkraft für deutsche Strombedürfnisse „anzuzapfen" oder gar in nordafrikanischen Wüsten fündig zu werden (Desertec) belegen es. Desertec ist übrigens eine weitere Vision des Club of Rome. Dass solche Visionen hierzulande tatsächlich *ernst genommen* werden, zeigt auf, wie weit die technische Intelligenz Deutschlands inzwischen ihre Deutungshoheit an Ökoideologen abgegeben hat. In einschlägigen Branchen tröstet man sich offenbar damit, wenigstens noch gut an solchen Visionen verdienen zu können. Dass dies nur auf dem Rücken wehrloser Verbraucher und unserer industriellen Basis erfolgen kann, wird nicht weiter bedacht. So „träumt" etwa Desertec davon, Ökostrom aus Sonnenkraftwerken in den Wüsten Nordafrikas quer durch Südeuropa bis nach Deutschland zu bringen [46]. Dieses Konzept geht von der durchaus korrekten Rechnung aus, dass Insolation und die notwendigen Flächen in den vorgesehenen Wüstengegenden ausreichen, um sogar (rechnerisch) den Strombedarf der gesamten Menschheit zu decken. Dennoch ist Desertec unrealistisch. Die Gründe:

1) Die politischen Risiken sind zu hoch. Was tun, wenn in der chro-

3.3 Ein Spaziergang im „Energie-Garten"

nisch instabilen Region Nordafrikas ein neuer Potentat die Stromleitung nach Europa kappt, oder von uns höhere Strompreise erpresst? Die mit Desertec eingegangene, totale Abhängigkeit wäre noch nicht einmal gegenüber einer nahe benachbarten, stabilen Demokratie ratsam.

2) Das technische Problem der kontinuierlichen Versorgung, also nachts oder bei Staubstürmen, ist mit Desertec nicht gelöst. Ohne Spiegelputzen, sonstige Wartung und ohne europaweite Stromnetze, die bei fehlendem Desertec-Strom einspringen, geht nichts. Ein richtiger Sandsturm und die Lichter gehen bis zum Austausch aller beschädigten Module für sehr lange Zeit aus.

3) Der Kostenaufwand und die Stromverluste der zum Transport erforderlichen Hochspannungs-Gleichstromleitungen sind zu hoch. Auch hier würde zudem von einer einzigen, gegen Terroranschläge nicht abzusichernden Fernleitung die Stromversorgung Deutschlands abhängen.

Die weitere, oft genannte „Vision", nämlich norwegische Speicherseen als Puffer für deutschen Windstrom einzusetzen, ist leider auch nicht sinnvoller als Desertec. Immerhin entfällt hier das Problem der politischen Instabilität. Ob Norwegen mit der Umgestaltung seiner Bergtäler einverstanden ist? Ausnahmslos alle derartigen Visionen weisen so hohe Kosten und so große technische oder strategische Nachteile auf, dass sie indiskutabel sind. Wie schon so oft, braucht aber auch das „Energierad" nicht neu erfunden zu werden. Unsere ehemaligen Kohle- und Kernkraftwerke waren ausreichend zahlreich, um bei Ausfällen oder Stillegungen zum Zweck von längeren Reparaturen keine Versorgungsprobleme entstehen zu lassen. Weiterhin wurden diese Erzeuger meist nahe genug an Industriezentren und Großstädten errichtet, so dass sich der Bedarf an Überlandleitungen in Grenzen hielt. Eine strategische Abhängigkeit von unsicheren Erzeugern bestand mit Kohle und Uran nicht. Lediglich das Erdgas aus Russland, das früher nur in sehr geringem Umfang für die Stromerzeugung genutzt wurde und meist der Hausheizung diente, kann unter versorgungsstrategischen Kriterien als kritisch angesehen werden. Eine auch nur im Ansatz *überzeugende* technische oder volkswirtschaftliche Begründung des Abgehens von dem vor der grünen Stromerzeugung bestens bewährten Konzept ist dem Buchautor nicht bekannt. Die Energiewende hat keine rationale Basis.

3 Energie

3.4 Alternative Energien in Deutschland

Non cogitant, ergo non sunt.
(Georg Christoph Lichtenberg)

Wir wollen uns nun die derzeit von Politik und (noch) den meisten Medien propagierten Methoden der elektrischen Energieversorgung mit Hilfe von Wind, Sonne und Biomasse näher ansehen. Zur ersten Orientierung ist in Bild 3.8 der Strommix Deutschlands des Jahres 2013 mit einem Gesamtstromverbrauch von 633,6 TWh gezeigt. Hier fällt bereits der relativ geringe Anteil grüner Energien auf. Die Gründe hierfür werden in den weiteren Abschnitten beschrieben. Die wichtigsten Forderungen an alle Kraftwerksmethoden wurden mit dem magischen Quadrat bereits genannt (Bild 3.6 unter 3.3.2). Methoden, die die Forderungen des magischen Quadrats nicht erfüllen, werden zwangsläufig hohe Kosten für den privaten Verbraucher und die Industrie nach sich ziehen. Als weitere Folge gehen Arbeitsplätze verloren, und die Volkswirtschaft wird geschädigt.

3.4.1 Die Vorhaben der Bundesregierung

Zu Risiken und Nebenwirkungen lesen Sie die Packungsbeilage und fragen Sie Ihren Arzt oder Apotheker (aus der Pharmawerbung).

Im Jahre 1990 wurde von der damaligen Regierung Kohl das Stromeinspeisungsgesetz verabschiedet, das als Vorgänger des EEG angesehen werden kann. Es verstand sich als Maßnahme, die Einspeisung von grün erzeugtem Strom zu fördern. Das nachfolgende Erneuerbare Energien Gesetz (EEG) [54], das zahlreiche Novellierungen erfuhr, hat sich nunmehr zu einem Monster an deutscher Gründlichkeit und deutschem Regulierungswahn entwickelt. Die EEG-Umlage in 2011 hatte mit über 10 Milliarden Euro bereits das Niveau des gesamten Bundesforschungshaushalts überschritten - Tendenz weiter stark steigend. Es setzt inzwischen durch seine planwirtschaftlich erzeugten Verwerfungen den politischen Frieden aufs Spiel und hat hierzulande zu den europaweit höchsten Strompreisen – mit weiter ungebremst ansteigendem Verlauf – geführt.

3.4 Alternative Energien in Deutschland

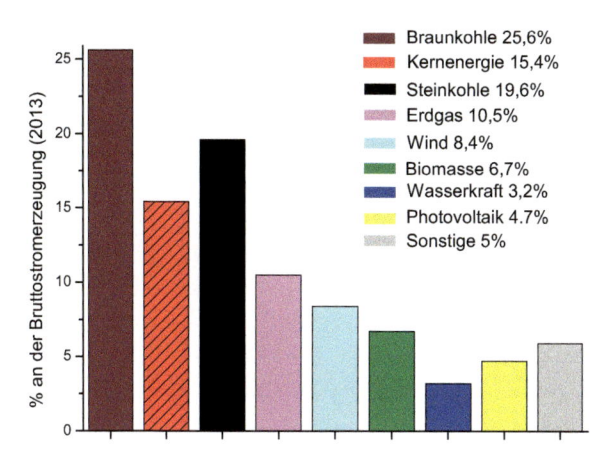

Bild 3.8: Prozentualer Anteil der Stromquellen am Strommix Deutschlands im Jahr 2013 bei einem Gesamtstromverbrauch von 633,6 TWh [292].

Da es längere Zeit nur auf den Stromsektor fokussiert war, wurde es zwischenzeitlich durch das Gesetz zur Förderung erneuerbarer Energien im Wärmebereich ergänzt. Das EEG ist pure Planwirtschaft - mit all den damit verbundenen, sich verlässlich einstellenden Folgen: Absurd hohe Vergeudung von Steuermitteln und immer höherer Aufwand bei der Beseitigung der durch das EEG verursachten Defizite. Die Voraussetzungen für die Anwendung des EEG wurden in der Hektik des Ausstiegs aus der Kernenergie nicht einmal ansatzweise bedacht, geschweige denn sauber durchgerechnet. Stellvertretend zu nennen sind fehlende Netzkapazitäten, fehlende Speicher und fehlende Back-Up-Kraftwerke zum Ausgleich von fluktuierendem oder gänzlich ausbleibendem Wind- und Sonnenstrom, ein Alptraum für jeden rechnenden Betriebswirt.

Die Details der durch das EEG erzeugten Verwerfungen und Defizite brauchen hier nicht geschildert werden, es gibt inzwischen viele Zusammenstellungen und Bücher hierzu, eine kleine Auswahl in [140]. Bei den „Folgeschäden" des EEG handelt es sich um die bekannten, regelmäßig auftretenden Nachteile, die unvermeidbar entstehen, wenn die Politik den Wettbewerb des Marktes in Verfolgung ideologischer Ziele (Musterbeispiel DDR) zu stark begrenzt oder ausschaltet. Und auch die Folgen sind stets die gleichen: Steigende Preise für wehrlose Verbraucher, steigende Gewinne für Profiteure, die sich neuen Gesetzeslagen stets am schnellsten anpassen und sich auf Kosten der Allgemeinheit bereichern, ansteigende Einnahmen für den Staat und extrem hohe volkswirtschaftliche Schäden. Dass mit dem EEG auch noch die Umwelt massiv geschädigt wird (WKA und Energiemais), überrascht dann kaum noch.

Die aktuelle (Winter 2014) Reaktion der Politik besteht inzwischen aus purem Chaos, denn die automatisch aufgetretenen Verwerfungen und Schäden sind nicht mehr zu beheben. Insbesondere beim Monster EEG ist die Lage hoffnungslos. Es sollte komplett abgeschafft werden. Damit ist das Problem aber nicht vollständig gelöst, denn die Einspeisevergütungen von grünem Strom sind auf viele Jahre angelegt und können ohne Schadensersatzklagen nicht zurückgenommen werden. Hier bietet sich der Vorschlag von Arnold Vaatz an (Bundestagsabgeordneter der CDU, ehemaliger Umweltminister Sachsens und Vorwortverfasser des Buchs), eine *bedarfsgerechte* Einspeisung gesetzlich festzulegen. Damit würde die gesamte EEG-Problematik mit allen langjährigen Vergütungsgarantien über Nacht verschwinden. Wie es weiter geht, weiß niemand, nur eines steht fest: Der Verbraucher wird die Zeche zahlen müssen. Die großen Stromversorger sind inzwischen durch das EEG praktisch am Ende und beginnen sich zu zerlegen (s. die Umstrukturierung von E.ON in 2014). Im Gegenzug wird die Stromversorgung in Deutschland nicht besser, sondern immer teurer und unsicherer.

In den folgenden Abschnitten soll nach den bisher mehr allgemein gehaltenen Ausführungen zum Thema „Energie" nun etwas näher auf Details „grüner" Stromerzeugungsmethoden eingegangen werden.

3.4.2 Windkraftanlagen (WKA)

Die Nutzung der Windenergie ist seit fast 4000 Jahren belegt [295]. Moderne WKA sind zwar Meisterwerke der Ingenieurskunst, ihr Arbeitsprinzip ist aber mittelalterlich [296]. Kenngrößen einer modernen WKA-Anlage sind: Höhe 150-200 m, Nennleistung 3-6 MW, Baukosten 5-11 Mio. Euro, 50% davon fallen innerhalb von 20 Jahren an Reparatur und Wartung an, 5% sind an Rückbaukosten nach Betriebsschluss vorzusehen. WKA sind weder in Leistung noch Frequenz regelbar! Dies

3.4 Alternative Energien in Deutschland

macht sie zu purem „Gift" für die Stromeinspeisung in Netze. Nur mit einem extremen, bei großräumiger Windradnutzung unter allen vernünftigen Kriterien unvertretbaren Aufwand (s. hierzu Bild 3.7) können diese beiden Mängel ausgeglichen werden. Die wichtigsten WWKA-Zahlen in Abhängigkeit vom Standort zeigt Tabelle 3.4. Um es für den Leser am einfachsten nachvollziehbar zu machen, wurde für Tabelle 3.4 eine gängige WKA zugrunde gelegt, die „Enercon, E 115" mit 3 MW Nennleistung (Leistung bei maximaler Windgeschwindigkeit), 115 m Rotordurchmesser und $\sim$10400 m^2 überstrichener Rotorfläche. Von dieser Wahl sind nur die Jahresenergie sowie die mittlere Leistung der WKA betroffen, alle anderen Tabellenspalten sind unabhängig vom WKA-Typ. Da Windgeschwindigkeiten stark fluktuieren, gibt man vereinfacht die Jahresstundenzahl bei hypothetischer Nennleistung einer WKA an, die der tatsächlich geernteten Stromenergie unter optimalen Windbedingungen entspricht (2-te Spalte). Die anschaulichste Größe ist die aus Wind mit WKA zu erntende, jahresgemittelte Stromleistung pro Quadratmeter (letzte Spalte). Aus ihr lässt sich am schnellsten und einfachsten ein zutreffendes Gefühl für die Wirtschaftlichkeit von WKA gewinnen. 60 W sind die Leistung einer klassischen Glühfaden-Birne.

Ein WKA-Ungetüm wie die E 115, die allein für das Fundament mehr als 1000 m^3 Beton und für ihren Schaft mehr als 100 t Stahl frisst, liefert im windreichen Niedersachsen gemäß Tabelle 3.4 die jahresgemittelte Leistung von 10.400 Glühbirnen. Auf jedem größeren Rummelplatz waren mehr Glühbirnen dieser Leistung installiert. Man erkennt aus solchen Vergleichen ohne großes Nachrechnen, dass insbesondere in unseren südlichen Bundesländern das großskalige Aufstellen von WKA allein schon der geringen Wind-Leistungsdichte wegen als grober technischer Unfug zu bezeichnen ist.

Um WKA-Investoren vor möglichen Enttäuschungen zu bewahren, ist zu betonen, dass die angegebenen Tabellenwerte nur Anhaltspunkte sind, weil sich die realen Verteilungen von Windgeschwindigkeiten an unterschiedlichen Standorten im allgemeinen unterscheiden – oft sogar für nahe benachbarte Standorte (Tal, Berg etc.). Mittelwerte von Windgeschwindigkeiten und insbesondere der deutsche Windatlas sind im allgemeinen **unbrauchbar**. Das weiter unten beschriebene v^3-Gesetz von WKA „bevorzugt" überproportional v-Verteilungen mit höherem Anteil

3 Energie

Standort	Vollast [h]	Vollast [h/a]	Jahres-Energie [MWh]	mittlere Leistung [kW]	Leistung pro Fläche [W/m^2]
Nordsee	3500	0,4	10500	1199	115
Schleswig-Holstein	2300	0,26	6900	788	76
Niedersachsen	1800	0,21	5400	616	59
Hessen	1350	0,15	4050	462	44
Rheinland-Pfalz	1300	0,14	3900	445	43
Bayern	900	0,1	2700	308	30

Tabelle 3.4: Leistungszahlen von Strom aus Wind [45]. Spalte 1: WKA Standort; Spalte 2: Volllaststunden im Jahr (1 Jahr hat 8760 Stunden); Spalte 3: = 2-te Spalte / 8760 Stunden ; Spalte 4: = 2-te Spalte · 3 Megawatt (3 MW ist die Nennleistung einer Enercon E 115); Spalte 5: = 1000 · 4-te Spalte / 8760 Stunden; Spalte 6: = 1000 · 5-te Spalte / 10400 Quadratmeter überstrichene Propellerfläche.

an großen v-Werten, auch wenn der v-Mittelwert zweier Standorte identisch sein sollte. Wenn man seinen Profit unbedingt landschaftszerstörerisch als WKA Investor erzielen möchte, ist eine übers Jahr vorgenommene Langzeitmessung der v-Verteilung ratsam. Erst damit erhält man eine verlässliche Schätzung der Stromernte, dies aber immer noch unter der nicht sicheren Prämisse, dass das Messjahr auch repräsentativ für die zukünftigen Jahre ist [136].

Da die Luft hinter einer WKA nicht vollständig abgebremst werden kann und wegen weiterer Reibungsverluste haben WKA Wirkungsgrade von etwa 40%, die kaum noch erhöht werden können. WKA sind für Windgeschwindigkeiten zwischen ∼4 m/s und ∼25 m/s ausgelegt. Bild 3.9 zeigt die drei maßgebenden Kennlinien einer WKA. Der Verstellmechanismus der Propeller regelt (der zu großen mechanischen Belastungen wegen) im Bereich ab etwa 12 m/s Windgeschwindigkeit auf ein

3.4 Alternative Energien in Deutschland

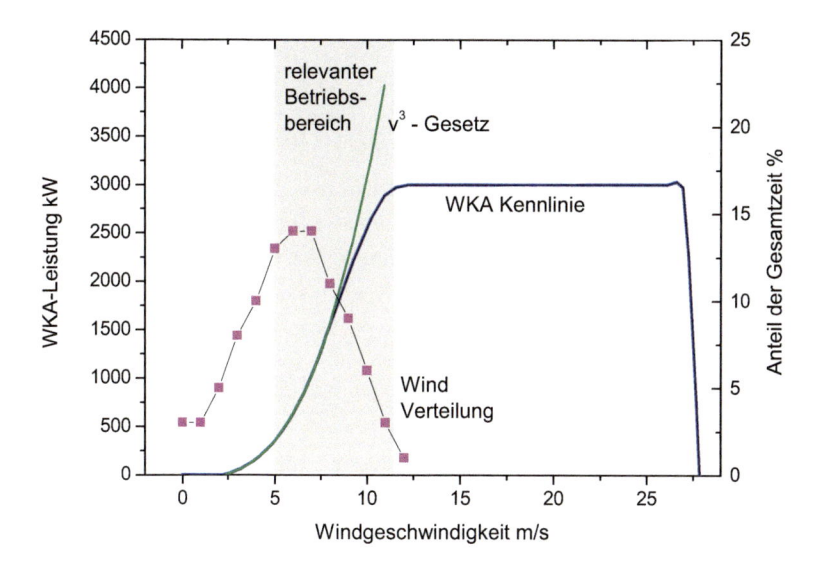

Bild 3.9: Blau: reale Kennlinie einer Enercon E 115, [1]; grün: v^3-Gesetz (beide Kennlinien linke y-Skala); rote Vierecke: gemessene Windgeschwindigkeiten an einem windstarken deutschen Binnenstandort (rechte y-Skala). grau schattiert: sinnvoller Betriebsbereich der WKA.

konstantes WKA-Leistungsniveau, wodurch der horizontale Verlauf der blauen Kennlinie in Bild 3.9 entsteht. Bei etwa 25 m/s werden WKA durch weitere Propellerverstellung ganz aus dem Wind genommen. Bemerkenswert ist die (rote) Kennlinie einer konkreten v-Verteilung im deutschen Binnenland. Man sieht unmittelbar, dass die Natur sie viel zu weit links plaziert hat (glücklicherweise für uns Binnenlandbewohner). Entsprechend zeigt der grau schattierte Bereich, dass WKA nicht ins deutsche Binnenland „passen"! Allenfalls in der Nordsee mit mittleren v-Werten von über 9 m/s sind sie etwas besser aufgehoben.

Für alle Strömungsmaschinen, d.h. Turbinen, Kreiselpumpen, Ventilatoren, bis hin zu WKA steigt die erbrachte Leistung mit der Strömungsmaschine nicht linear, sondern mit der dritten Potenz an. Dies ist das berühmte v^3-Gesetz von Strömungsmaschinen (s. Anhang 6.1). Somit ist in dem Bereich bis etwa 6 m/s Windgeschwindigkeit die abgegebene

3 Energie

WKA-Leistung ausgesprochen mickrig. Sich drehende WWKA-Propeller bedeuten also keineswegs eine vernünftige Leistungsabgabe. Der gesamte linke Geschwindigkeitsbereich der v-Verteilung in Bild 3.9 ist nämlich so gut wie verloren, weil er zu wenig Stromleistung liefert. Ideal wäre dagegen ein Standort, an dem das v-Maximum nicht bei 6 m/s sondern bei 15 m/s liegen würde. Diese Verhältnisse bietet aber noch nicht einmal die Nordsee. Bild 3.9 zeigt noch einen weiteren Nachteil. Die für die Stromnetze bereits extrem schädliche Fluktuation des Windes schlägt sich durch das v^3-Gesetz in einer noch stärkeren Fluktuation der von der WKA erbrachten elektrischen Leistung im wichtigen Bereich von v = 5 bis 12 m/s nieder. Ist die vom der WKA bei 12 m/s erbrachte Leistung 100%, sind es bei 5 m/s nur noch 10%. In diesem Windgeschwindigkeitsbereich schwankt die elektrische Leistung des Windrads um rund 90%! Bild 3.10 veranschaulicht diese ungünstigen Verhältnisse an Hand einer konkreten Messung.

Tabelle 3.4, Bild 3.9 und Bild 3.10 machen anschaulich deutlich, warum Windkraftanlagen in Deutschland nur etwa 16% ihrer installierten Nennleistung erbringen. Im Jahre 2013 gab es in Deutschland gemäß dem Windenergiereport des Fraunhofer-Instituts 34.1790 WKA, deren Nennleistung die der Summe aller Kernkraftwerke überstieg. Dennoch trug Wind mit 50 TWh nur zu etwa 8% zur deutschen Stromversorgung von 634 TWh bei, die verbleibenden Kernkraftwerke dagegen mit 97 TWh immer noch etwa das Doppelte. Der große Flächenverbrauch der Windnutzung spricht gegen diese Methode der Stromerzeugung in Deutschland. Es sind nämlich Mindestabstände zwischen Windrädern in einem Windradpark einzuhalten, die verhindern müssen, dass sie sich gegenseitig störend beeinflussen (Leistungsminderung durch den sog. Windparkeffekt).

Als Faustregel sollten für den Abstand in Windrichtung Mindestwerte des Fünf- bis Zehnfachen des Rotordurchmessers genommen werden, für den seitlichen Abstand reicht der drei- bis fünffache Rotordurchmesser aus. Hieraus ist der Flächenverbrauch intensiver Windradinstallationen ableitbar. So werden mehrere 100 km Windräder hintereinander erforderlich, um rechnerisch die Leistung eines einzigen Kernkraftwerks zu erbringen. Es wäre für den Leser eine leichte Fingerübung, dies selber abzuschätzen. Es ist nicht schwer, die benötigten Zahlen kann man un-

3.4 Alternative Energien in Deutschland

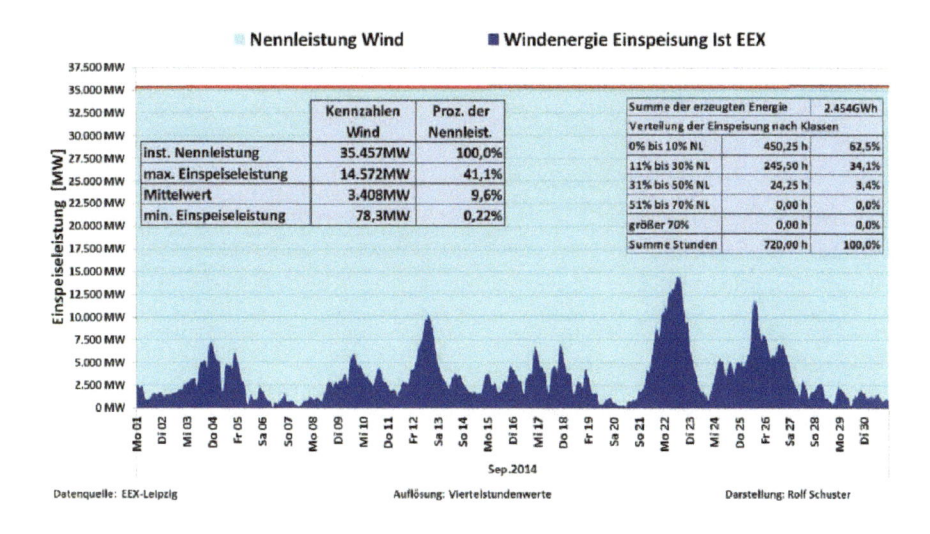

Bild 3.10: Stromfluktuation infolge volatilem Wind an Hand einer konkreten Messung im September 2014. Die rote Linie stellt die installierte Nennleistung dar, die der horizontalen Linie in Bild 3.9 entspricht. Der dunkelblaue Bereich zeigt die reale, stark fluktuierende Stromerzeugung weit unterhalb der Nennleistung (Bildquelle: Prof. Helmut Alt, FH Aachen)

schwer im Internet finden. Wenn Sie dazu keine Lust verspüren, schauen Sie im Anhang 6.1 nach, dort findet sich die Abschätzung. Sie zeigt natürlich nur einen der beiden Hauptnachteile von Windrädern, denn der Wind lässt es sich außerdem noch einfallen sehr oft zu fehlen. Kern-, Kohle- und Gaskraftwerke erbringen ihre Leistung dagegen kontinuierlich.

Ein weiteres Problem besteht darin, dass Windräder an weit vom Verbraucher gelegenen Orten aufgestellt werden müssen. Dies bringt hohe Kosten für neue Stromleitungen mit sich. Das Problem der Leitungen verschärft sich bei Off-Shore-Windanlagen. Hier ist verstärkt Korrosion am Windradaufbau zu erwarten, die die Lebensdauer der Offshore-Anlagen einschränkt. Vermehrte Wartungs- und Reparaturmaßnahmen auf hoher See verteuern den Betrieb, verglichen mit Anlagen auf dem

Festland [202]. Der immer wieder von Windradbefürwortern vorgebrachte Hinweis auf das „Stromnetz" als Puffer für den schwankenden Windstrom übersieht, dass auch ein europaweites Netz eine mögliche landesweite Windflaute ohne die schon erwähnten Gas- und Kernkraftwerke nicht ausgleichen kann. Mit zunehmendem Windstrom wächst die Gefahr von Netzzusammenbrüchen. Fluktuationsausgleich mit Gas- und Kernkraftwerken bedeutet ferner, dass Schattenkraftwerke infolge ihres Fluktuationsbetriebs bei wesentlich kleinerem Wirkungsgrad laufen, was die Stromerzeugungskosten weiter erhöht. Für die erheblichen Lastwechsel sind zumindest heute noch die im Einsatz befindlichen Schattenkraftwerke nicht ausgelegt, so dass ihr Verschleiß unerwartet schnell voranschreitet. Dadurch werden hohe Reparaturkosten fällig. Auf die Landschaftsschädigung durch Windräder (Bild 3.11) soll hier nicht weiter eingegangen werden. Zyniker sprechen von Vogelschreddern. Für WKA-Anrainer ist es bitterer Ernst, wie es die unzähligen gerichtlichen Klagen, Einsprüche und Bürgerinitiativen der durch WKA Geschädigten zeigen.

Nüchtern betrachtet sind WKA Nischenprodukte für interessante Sonderanwendungen in Ländern mit starkem, gleichmäßigem Windaufkommen an entlegenen Orten ohne elektrische Stromzufuhr, die zudem mit unstetem Strom zurecht kommen. Stark industrialisierte Länder mit hohen Bevölkerungsdichten gehören sicher nicht dazu. Windradanwendungen sind in dünn besiedelten Flächenstaaten angebracht, wie etwa für die Bewässerung von meeresnahen Landwirtschaftsflächen, weil hier auch ausreichend hohe Windgeschwindigkeiten zur Verfügung stehen. Eine wissenschaftliche Studie von Thomas Heinzow, Richard Tol und Burghard Brümmer in einer Kooperation der Universitäten Hamburg, Amsterdam und Pittsburg (USA) weist die wirtschaftlichen Nachteile einer großflächigen Nutzung der Windkraft in Deutschland nach [109]. Ferner berichten die Autoren, dass die zu erwartende Lebensdauer von Windrädern maximal 20 Jahre beträgt und die jährlichen Wartungs- und Reparaturkosten 6% bis 9% der Investitionssumme ausmachen.

Ob mit immer größeren Windrädern ihre Effizienz gesteigert werden kann, ist ungewiss. Man erreicht in größeren Höhen zwar höhere Windgeschwindigkeiten, auf der anderen Seite muss aber der Sockel überproportional größer gebaut werden. Genaue Studien liegen bislang nicht vor (ein Schelm, wer Böses angesichts dieses Mangels vermutet). Allerdings

3.4 Alternative Energien in Deutschland

Bild 3.11: So könnte es bald überall in Deutschland aussehen, wenn die Energiewende Realität werden sollte. Bildquelle: Dr. Joachim Musehold, 23816 Bebensee.

kann eines mit Sicherheit und definitiv zutreffend festgestellt werden:

- *In industriealisierten Ländern mit knappem Land, mäßigem, stark fluktuierendem Wind und hoher Bevölkerungsdichte sind Windräder nicht wirtschaftlich.*
- *Sie sind für die Stabilität der Stromnetze fatal.*
- *Sie schädigen Landschaften, Menschen und morden Flugtiere [32].*

3.4.3 Strom von der Sonne

Photovoltaik belegt einen vernachlässigbaren Anteil an der deutschen Elektrizitätserzeugung, im Jahre 2012 waren es grob 1 Prozent (s. Bild 3.8). Die Sonnenleistung beträgt bei senkrechtem Einfall außerhalb der Erdatmosphäre ca. 1360 W/m^2. Den Boden erreicht davon nur noch ein Bruchteil. Nachts fehlt sie vollständig und bei Wolkenbedeckung sowie in anderen Jahreszeiten als dem Hochsommer ist sie extrem reduziert. In Solarstromanlagen unseres Landes kommt im Winter und bei schlechtem Wetter so gut wie nichts mehr an. Dann reicht die Sonnenstrahlung gerade noch für das empfindliche menschliche Auge aus, um die Zeitung

3 Energie

zu lesen. Alle Zeiger in den Anlagen stehen auf Null. Die Insolation hierzulande entspricht etwa der von Alaska.

Die Fläche der Solarzellen muss im Idealfall durch Nachführung stets direkt auf die Sonne zeigen, bei anderen Winkeln sinkt der Wirkungsgrad schnell ab. Infolge des noch ungünstigeren Verhältnisses von Energieausbeute zu Erstellungsaufwand als bei der Windkraft gehört der Erntefaktor der Photovoltaik zu den geringsten aller verwendeten Methoden. Es ist aber ein Irrtum anzunehmen, mit immer modereren und kostengünstigeren Solarzellen, etwa auf der Basis von Kunststoff, an den ungünstigen Kostenverhältnissen der Photovoltaik Grundlegendes ändern zu können. Die Wirkungsgrade dieser Zellen sind noch kleiner als die der klassischen Siliziumzellen.

Den Normalverbraucher täuschen immer wieder Erfolgsmeldungen hoher Rekord-Wirkungsgrade. Diese basieren indes entweder auf exotischen Materialien (z.B. Indium), die für die Massenproduktion nicht in Frage kommen, oder auf aufwendigen, mehrschichtigen Zellen, die nicht wirtschaftlich sind. Übrig bleiben ausschließlich siliziumbasierte Solarzellen und, davon bevorzugt, die polykristallinen. Um überhaupt eine Chance zu haben, muss die Photovoltaik von der Bundesregierung am stärksten subventioniert werden. Inzwischen sind Solarstromzellen zwar preisgünstiger, der Erntefaktor (s. Tabelle 3.3 unter 3.3.4) ist damit aber nicht besser geworden. Der rechnerische Flächenverbrauch eines Szenarios vollständiger Stromversorgung Deutschlands mit unstetem Photostrom wurde bereits unter 3.3 angegeben. Er beträgt mehr als das Doppelte der Fläche des Saarlandes.

3.4.4 Solarthermie

Lesern mit Reiseerfahrung in Süditalien werden die „panele solare" bekannt sein, preiswerte Wasserdurchlauferhitzer auf vielen Dächern zur Erzeugung von Heißwasser. Diese oft im Eigenbau installierten Anlagen sind dort sinnvoll, wenn leider nicht immer zur rechten Zeit parat. Bei $40\,°C$ im Hochsommer duscht man gerne kalt, wenn es aber gegen Ende September auch in Süditalien kälter und regnerisch wird, bleibt das warme Wasser aus. Es muss elektrisch oder mit Gas nachgeheizt werden.

Auch hierzulande könnten Solar-Warmwassersysteme interessant sein,

3.4 Alternative Energien in Deutschland

wenn auf saubere Installation und gute Materialien geachtet wird, damit die ganze Geschichte nicht nach ein paar Jahren leckt. Vor allem wäre ihre Integration bis hin zu Wasch- und Spülmaschinen anzustreben. Ob sie hierzulande wirtschaftlich sein können, hängt von der Jahreszeit und den aktuellen Preisen von Gas und Strom ab und kann nicht allgemein beantwortet werden. Häusliche Warmwasserbereitung auf etwa nur 60 °C mit Hilfe der Sonne ist technisch sinnvoll, weil Gasverbrennung hierbei nutzlos hohe Temperaturen erzeugt.

Solarthermie spielt sich freilich nicht nur auf süditalienischen Hausdächern ab. Solaranlagen in Wüsten mit starker Insolation sind Solarthermiekraftwerke. Sie verwenden keine Photovoltaikzellen, die für Wüsten nicht geeignet sind – so sinkt beispielsweise der Wirkungsgrad von Photovoltaikzellen dramatisch, wenn sie durch sehr starke Sonneneinstrahlung erhitzt werden. Solarthermiekraftwerke erzeugen eine möglichst hohe Konzentration der Solarenergie mit Hilfe von Spiegelsystemen (CSP, concentrated solar power), um auf diese Weise einen hohen Wirkungsgrad zu erreichen. Dies lässt sich nur mit Hilfe großflächiger Spiegelanlagen realisieren. Das Problem ist indessen hierbei, dass die hohe Temperatur auch ein höhere „Wärmeleckrate" im Transportmedium zur Folge hat. Die Stromerzeugung steigt somit nicht linear mit der Sonneneinstrahlung an, mit der Konsequenz, dass der Einsatz solcher CSP-Anlagen bestenfalls in extrem sonnenstarken Regionen wirtschaftlich ist. Hierzulande kommen solche Systeme nicht in Frage.

3.4.5 Brot für die Welt oder Biosprit?

Bioenergie ist Energie in Form von Wärme und elektrischer Energie, gewonnen aus Biomasse. Die Hauptquellen von Biomasse sind Produkte der Landwirtschaft, wie Mais, Getreide, Gülle, Holzhäcksel und Stroh. Im Jahre 2011 waren in Deutschland bereits 7000 Biogasanlagen mit immer noch steigender Tendenz installiert. Primär ist grüner Mais für Biogasanlagen geeignet. Die Erzeugung von Biogas mit der Hauptkomponente des anaeroben Prozesses in der Anlage, Methan, ist ein relativ aufwendiger Prozess [20]. Die energetische Nutzung des Biogases erfolgt in der Regel über eine Kraft-Wärmekoppelung, deren Prinzip bereits unter 3.3.3 beschrieben wurde. Die Rückstände aus dem Verbrennungsprozess von Biogas dienen als Dünger. Für den Betrieb von Biogasanlagen sind pro 1 kW installierter elektrischer Jahresleistung etwa 0,5 ha Silomais bzw. 1 ha Grünland erforderlich [21].

Aus diesen Zahlen sowie der Funktionsweise von Biogasanlagen wird deutlich, dass Bioenergie zwar eingeschränkt (weil Ernteerträge und Preise für Bioenergiebrennstoffe fluktuieren) grundlastfähig, nicht aber skalierbar ist. Der Grund hierfür ist der zu hohe landwirtschaftliche Flächenbedarf. Die folgende Abschätzung kann dies belegen. Der Gesamtstrombedarf Deutschlands im Jahre 2013 betrug, wie bereits erwähnt, 630 TWh. Aus den oben genannten 0,5 ha Maisanbau, die 1 kW Jahresleistung an Strom erbringen, erbringt 1 ha die Jahresenergie an Elektrizität von 8760·2 = 17.520 kWh (1 Jahr hat 8760 Stunden). Um den gesamten Strombedarf Deutschlands zu decken, müssen demnach $6{,}3 \cdot 10^{11}/17520 \approx 3{,}6 \cdot 10^7$ ha = $3{,}6 \cdot 10^5$ km^2 mit grünem Mais bebaut werden. Das entspricht recht genau der Gesamtfläche Deutschlands. Biogasanlagen sind daher sinnvollerweise nur zur Verbrennung organischen landwirtschaftlichen Abfalls brauchbar. Sie sind nicht mehr „unschuldig", wenn an Stelle von Bioabfall, wie Holzhäcksel oder die energiearme Gülle Nahrungspflanzen für Mensch oder Tier ins Spiel kommen. Was sich geändert hat, sieht man nicht nur beim Betrachten von Anbauflächen vom Zug aus. Sogar Tierpflegeheime in ländlichen Gegenden klagen inzwischen darüber, kein Stroh mehr auftreiben zu können. Richtig bedenklich wird es beim Verdrängen von Nahrungspflanzen durch Energie-Mais.

Über die ökologischen Nachteile von Bio-Sprit ist bereits viel publiziert worden. Dieser Ersatz für fossilen Treibstoff ist unter Umweltgesichtspunkten hochgradig schädlich. Um einen 100-Liter-Tank mit Bioethanol zu füllen, braucht man soviel Getreide, wie ein Mensch lebenslang zur Nahrung benötigt. Gemäß einer US-Studie ist Bio-Treibstoff stark umweltschädlich, was nicht verwundert, wenn man allein den hohen landwirtschaftlichen Flächenverbrauch und das Verdrängen der Produktion von Nahrungspflanzen in Betracht zieht. Der brasilianische Regenwald wird abgeholzt, um für Soja und weitere Kulturpflanzen, aber auch für die Viehhaltung Platz zu schaffen. Diese werden wiederum von dem Zuckerrohranbau zum Zweck der Biotreibstoffgewinnung verdrängt. Zur Herstellung von einem Liter Bioethanol werden etwa 4500 Liter Wasser verbraucht. Immerhin haben sich die dunklen Seiten von Biosprit inzwischen soweit herumgesprochen, dass viele Autofahrer in Deutschland diesen Kraftstoff meiden. Ihr Boykott wird vom Buchautor engagiert begrüßt. Allerdings sollten die Autofahrer dabei die ethischen Probleme des Biosprits angesichts hungernder Menschen in der dritten Welt, die Verarmung deutscher Äcker durch Maismonokulturen und schließlich die Schädigung der Artenvielfalt auf landwirtschaftlich genutzten Flächen vor Augen haben, nicht aber die eventuellen Nachteile von Biokraftstoff für den Motor ihres geliebten Fahrzeugs. Inzwischen sind die großen Institutionen (UN und EU) endlich aufgewacht und empfehlen die starke Einschränkung von Energiepflanzen. In [22] wird eine kleine Zusammenstellung von Literaturquellen zur Bioenergie gegeben.

Es ist schlussendlich kaum in der Öffentlich bekannt, dass Biogasanlagen ein sehr *hohes Gefährdungspotential* aufweisen. Sie können zu einer ernst zu nehmenden Gefahr für die Umwelt werden [23].

3.4.6 Schiefergas

Schiefergas unter dem Kapitel „alternative Energien" in Deutschland? Tatsächlich ist Schiefergas, in Tongestein enthaltenes Methan, auf dem besten Wege, die Energieversorgung der Welt und vielleicht auch in Deutschland maßgebend zu verändern. Dafür gibt es zwei Gründe: zum ersten gibt es unzählige Länder, in denen in jüngster Zeit riesige Vorkommen von Schiefergas entdeckt wurden. Zum zweiten ist es gelungen, durch *hydraulic fracking* Schiefergas wirtschaftlich zu fördern. Das Verfahren gibt es schon lange Zeit. In Deutschland wird es seit den 60-er Jahren des vorigen Jahrhunderts erfolgreich und ohne bisher bekannte Störungen oder Umweltschäden eingesetzt. Die jüngsten Funde in Norddeutschland lassen eine Primärenergieversorgung mit Schiefergas von über 100 Jahren erwarten [276].

Der Energieträger „Gas" unterscheidet sich in zwei wichtigen Merkmalen von Erdöl und Kohle. Zum einen sind mit seinem Transport wesentlich höhere Kosten verbunden, was zur Folge hat, dass es keinen Weltmarktpreis für Gas gibt. Nur etwa ein Drittel alles weltweit geförderten Gases überquert Landesgrenzen. Beim Erdöl sind es zwei Drittel. Gaspreise sind infolgedessen länderspezifisch. Zum zweiten ist, neben der

3 Energie

bisher üblichen Nutzung von Gas als Heizungsbrennstoff und für die Beleuchtung, mit dem *Gas-und-Dampf-Kombikraftwerk* eine Stromerzeugungsmethode höchster Effizienz entstanden, die die Prinzipien eines Gasturbinenkraftwerkes und eines Dampfkraftwerkes kombiniert [90]. Mit dieser Methode werden die höchsten Wirkungsgrade aller konventionellen Kraftwerkstypen von etwa 60% erreicht. Kombikraftwerke können sehr flexibel eingesetzt werden. Sie zeichnen sich durch kurze Startzeiten und die Option schneller Laständerungen aus. Vorrangig werden diese Gas-Kraftwerke im Mittellastbereich und im Bereich des Spitzenstroms eingesetzt. Ihr Einsatz als Grundlast-Kraftwerke erfolgt in Deutschland bisher nicht, weil die russischen Gaspreise zu hoch sind. Technisch spricht aber nichts dagegen.

Wie wir inzwischen wissen, gibt es keinen „free lunch". Daher hat auch Schiefergas seine Schattenseite, das *hydraulic fracking*. Zur Gewinnung des Gases wird eine mit Lösungsstoffen und grobem Sand versetzte Flüssigkeit in die tiefen Tongesteinsschichten gepresst, die diese aufbrechen, offen halten und das Öl oder Gas lösen. Das Gas wird dann über die Bohrungsrohre an die Oberfläche geleitet, von wo es weiterbefördert werden kann. Die hier maßgebenden Tiefen liegen weit unter denen von Grundwasser. Sind die Bohrrohre daher dicht, ist keine Kontamination von Grundwasser zu befürchten. Bei nüchterner Betrachtung und den bisher gewonnenen Erfahrungen mit dieser Methode, die in den USA in großem Maßstab eingesetzt wird, erscheinen die Risiken und möglichen Umweltschäden durch dieses Verfahren vertretbar. Ausführliche Dokumentationen über Einsatz, Technik und Risiken des Fracking-Verfahrens zur Gewinnung von Schiefergas findet sich in [85]. Die mit dem „hydraulic fracking" verbundenen Risiken sind keinesfalls mit den verheerenden Eingriffen in Umwelt und Landschaften zu vergleichen, wie sie Windradparks, Maismonokulturen und Pumpspeicherwerke verursachen.

Wie es mit dem Schiefergas politisch weitergeht, steht in den Sternen. Schiefergas hat viele Gegner. An erster Stelle sind die bekannten ideologischen Gruppierungen zu nennen, die uns zwingen wollen, Energieverbrauch, Lebensführung und Ernährungsgewohnheiten grundlegend ökologisch umzugestalten. Aber auch die Kohle-, die Erdöl- und insbesondere die Kernkraft-Industrie heißen das Schiefergas nicht willkommen. In den USA hat Schiefergas inzwischen den ursprünglich geplanten Ausbau der Kernkraft zum Halten gebracht. Die USA sind vom Gasimporteur zum Exporteur geworden und werden von der arabischen Halbinsel energiepolitisch immer unabhängiger. In Frankreich mit seinem hohen Anteil an Kernkraft-Strom wurde dagegen das Fracking sogar gesetzlich verboten – ein Schelm, wer dabei an etwas anderes als an französische Umweltschutzbestrebungen denkt.

3.5 Speicherung von elektrischer Energie

Die direkte Speicherung von elektrischer Energie ist nur mit Kondensatoren oder supraleitenden Spulen möglich. Beide Methoden kommen für die hier interessierenden Anwendungen – speichern von überschüssigem Wind- und Sonnenstrom im Großmaßstab – nicht in Frage. Man muss daher elektrische Energie in eine andere Energieform umwandeln, die dann gespeichert und später wieder in elektrische Energie rückverwandelt wird. In beiden Schritten entstehen grundsätzliche Verluste, die bei den meisten Methoden indiskutabel hoch sind und damit das betreffende Verfahren wirtschaftlich uninteressant machen. Es würde den Rahmen des Buchs sprengen, auf alle denkbaren und vorgeschlagenen Speichermöglichkeiten einzugehen. Sämtliche Verfahren sind entweder nicht skalierbar und/oder zu teuer. Ein Paradebeispiel für völlig aus der Kontrolle geratene Speicher-Visionen sind die Vorschläge von städtegroßen Ringwallspeichern [225]. Man bräuchte fünf Stück von der Größe Berlins, um bei einer deutschen Vollversorgung mit Windenergie wenigstens 6 Tage Flaute zu überbrücken. Ein weiteres Beispiel ist die „Windgas-Speicherung" zu nennen, wobei eine solche Anlage sogar von Ministerpräsident Matthias Platzeck persönlich in Prenzlau eingeweiht wurde. Unter nüchternen, technisch-wirtschaftlichen Kriterien darf man diese Methode zutreffend als *Vernichtungsmethode von elektrischem Strom* bezeichnen [294].

Das einzige, zumindest im Prinzip geeignete Verfahren, ist die Speicherung von elektrischer Energie nach Umwandlung in potentielle mechanische Energie mit Hilfe von Pumpspeicherwerken. Die Energieverluste von Pumpspeicherwerken liegen bei grob 20%, sind also noch vertretbar. Ein Pumpspeicherwerk benötigt zwei Wasserspeicher, einen tiefer und einen höher gelegenen. Bei Stromüberschuss wird vom tieferen in den höheren Speichersee gepumpt, bei Strombedarf fließt umgekehrt das Wasser vom höher gelegenen Speicher über Turbinen, die wieder Strom erzeugen, in den tiefer gelegenen Speicher zurück. Pumpspeicherwerke sind grundsätzlich nur in Ländern möglich, die über geeignete topographische Voraussetzungen verfügen. Diese sind ausreichend viele, hoch gelegene Täler und ausreichende Verfügbarkeit von Wasser. In Deutschland ist diese Voraussetzungskombination leider nur extrem selten anzutreffen. Pumpspeicherwerke können daher hierzulande nur vereinzelt und dann meist nur in Naturschutzgebieten gebaut werden. In Deutschland ist keine Speicherung von überschüssiger elektrischer Energie in großem Maßstab und mit vertretbaren Kosten möglich. Gute Zusammenfassungen zum Stromspeicherproblem sind in den beiden Veröffentlichungen [7] zu finden.

3.6 Energiesparen

Kraft verzetteln für eine Zukunft, die man nie haben wird.
(Arno Schmidt)

Eine wichtige wirtschaftliche und volkswirtschaftliche Säule der Energiewirtschaft ist das Energiesparen. Die Technik, insbesondere in der Produktion, ist dabei aus Kostengründen längst auf dem richtigen Weg. Musterbeispiel ist die energieintensive chemische Industrie. Hier sind die Sparspielräume bereits ausgereizt. Im Gebäudesektor und der Beleuchtung, um zwei stellvertretende Beispiele zu nennen, steckt allerdings beim Energiesparen der Teufel im Detail. Die Fachliteratur ist voll von Warnungen, die mittlerweile gesetzlich vorgeschriebenen Wandisolierungen mit Kunststoffplatten ungesehen den Bauhandwerkern zu überlassen. Sie empfiehlt ferner bei gegebenen sachlichen Gründen, sich mit den zur Verfügung stehenden rechtlichen Mitteln dem „Dämmzwang" zu widersetzen. Dies ist immer dann erfolgreich, wenn der Nachweis erbracht werden kann, dass die Kosten der Dämmaßnahmen die eingesparten Energiekosten übersteigen. Dies ist fast immer der Fall.

In der Regel ist bei unsachgemäßer Dämmung der entstandene Scha-

3.6 Energiesparen

den durch Schimmel und Kondenswasser weit größer als der Energiesparnutzen. Kein Unglück, wie man meinen mag, sind beispielsweise kostengünstigere, nicht hermetisch abdichtende Fensterrahmen, weil sie den nötigen Luftaustausch automatisch herstellen, ohne dass regelmäßige Stoßlüftungen erforderlich sind. Die Fenster selber sollten dabei natürlich die wärmeisolierende Doppelverglasung aufweisen. Kurz: Mit unsachgemäßer Außenisolierung und hermetisch abdichtenden Fensterrahmen kann man sich eine ganze Reihe von Problemen einhandeln, die es früher nicht gab. Bauteilehersteller, Bauhandel und Handwerker hören dies natürlich nicht gerne. Ein näheres Eingehen auf Einzelheiten verbietet sich aus Platzgründen. Leser, die sich näher informieren möchten, werden auf die aufschlussreiche Webseite des Bauexperten Konrad Fischer [13] und das Buch von Prof. Claus Meier (TU Berlin) „Mythos Bauphysik" (expert Verlag) verwiesen.

Es klemmt aber auch an unvermuteten Stellen. Wenn man beispielsweise gezwungen ist, für Wartung und Reparatur einer „High-Tech"-Heizungsanlage mehr Geld aufzuwenden, als man an Brennstoffkosten einspart, ist der erwünschte Spareffekt verfehlt. Ein weiteres Paradebeispiel liefert das EU-Glühlampenverbot. Fairerweise sollte man sagen, dass die EU nicht explizit die Glühlampe verboten hat, sondern Grenzwerte für die Energieeffizienz eingeführt hat. Hersteller für Glühlampen hätten sich dem problemlos anpassen können, gab es doch früher Glühlampen mit viel höherer Lebensdauer, die man dann künstlich abgesenkt hat [98]. Halogenlampen sind im Übrigen auch Glühlampen, und die sind noch zugelassen. Sparmaßnahmen auf dem Beleuchtungssektor sind zwar im Prinzip interessant, weil weltweit knapp ein Fünftel der erzeugten elektrischen Energie für Beleuchtungszwecke verwendet wird. Dennoch zeigt die EU mustergültig, wie man es nicht machen sollte. Die zum Ersatz vorgesehenen Sparlampen sind durch ihre giftigen Inhaltsstoffe (Quecksilber) bei Bruch und Entsorgung hochgradig umweltschädigend und sollten ihrerseits umgehend verboten werden. Ihre Lebensdauern sowie ihre Spareffekte wurden von vielen Herstellern gemäß den technischen Überprüfungen einschlägiger TV-Verbrauchersendungen zudem weit übertrieben.

Ihr Nachteil ist außerdem eine für das menschliche Auge unangenehme Spektralverteilung, die nicht derjenigen der Glühlampe entspricht.

3 Energie

Die Gase in Sparlampen emittieren Linienspektren mit großen Frequenzlücken und können daher das kontinuierliche Sonnenspektrum grundsätzlich nicht nachbilden. Die neuen LED-Lampen weisen hier bereits die geforderten Eigenschaften auf, sie sind zur Zeit aber noch teuer. Nicht der geschilderten Nachteile wegen, sondern wohl auch aus Zorn auf Brüsseler Bürokraten, die vielen Mitbürgern ihrer Auffassung nach zu weit in die persönliche Sphäre hineinregieren, wurden zur Umgehung des EU-Verbots Glühlampen auf Jahre hinaus gehamstert. Der Spareffekt der Energiesparlampe ist für den Verbraucher verfehlt worden, die Preise für Wohnraumbeleuchtung haben sich vervielfacht.

Besondere Gesetze des Energiesparens herrschen beim Auto. Schlägt man das Thema „Auto" an, wird es irrational. Noch nie hat es ein deutscher Politiker gewagt, sensible althergebrachte Rechte des Bürgers an seinem liebsten Spielzeug anzutasten. Er hätte schlechte politische Überlebenschancen. Unsere Industrie lebt in hohem Maße von der Autoproduktion, so dass niemals das Tabuthema energiesparender Geschwindigkeitsbegrenzungen auf Autobahnen, wie sie in jedem anderen Land der Erde vorgeschrieben sind, ernsthaft aufgegriffen wurde. Wenigstens wurden sachgemäß inzwischen die Abgaswerte von Schwefeldioxid und Aerosolen bis an die Grenzen des technisch Möglichen reduziert. Ironischerweise werden in den modernen Autoabgas-Katalysatoren die giftigen Kohlenwasserstoffe, Kohlenmonoxid und Stickoxide in die ungiftigen Stoffe CO_2 und Wasser umgewandelt! Es handelt sich hier demnach sachgerecht um eine „staatlich verordnete" CO_2-Produktion.

Ein vernünftiges Verkehrskonzept allerdings, das gleichermaßen dem notwendigen Individualverkehr von Pendlern, einer wirkungsvollen Telematik zur Verkehrssteuerung und den öffentlichen Verkehrsmitteln gerecht wird, sucht man hierzulande vergebens. Stattdessen pflegen noch immer viele Städte die rote energiefressende anstatt die grüne Welle. Sportliche, oft überschwere Fahrzeuge stehen immer noch hoch im Kurs, weil viele Deutsche ihr Ego über den Wert ihres Fahrzeugs und nicht über die Qualität ihres Essens und Wohnens definieren.

Autoindustrie, Zulieferer und der Staat freuen sich, denn alle machen dabei einen guten Schnitt. Am einfachsten hat es der Staat, der von jedem Liter Benzin einen hohen Anteil einstreicht. Ob Energiesparen überhaupt gewünscht ist? Mit einem vernünftigen Verkehrskonzept und vor allem mit flächendeckend eingesetzter, intelligenter Telematik ließe sich das 3,x Liter Benzin verbrauchende Auto vermutlich realisieren, ohne dass wir Einbußen durch längere Auto-Fahrzeiten von A nach B hinnehmen müssten. Die Auto-Industrie hat inzwischen zum Glück vermehrt den Autokäufer im Auge, der es sicher, bequem, entspannend und preiswert, nicht sportlich haben möchte. Abstandwarner, Warngeber, wenn der Fahrer ermüdet und weitere sinnvolle Einrichtungen werden inzwischen zum Standard. Deutschland braucht vielleicht nicht einmal den Verlust eines seiner wichtigsten Produkte (Luxusautos) zu befürchten, wie es der große Exportanteil von Luxus- und Sportwagen in alle Länder dieser Erde zeigt, die inzwischen sämtlich Autobahn-Geschwindigkeitsbegrenzungen aufweisen.

3.7 Kernenergie

So wie die Furcht Götter gemacht hat, so macht ein Trieb
zur Sicherheit, der uns eingeprägt ist, Gespenster.
Leute, die nicht furchtsam, nicht abergläubisch
und nicht im Kopfe verrückt sind, sehen keine Geister.
(Georg Christoph Lichtenberg)

Heute in Deutschland über Kernenergie zu schreiben heißt vermintes Gebiet zu betreten. Medien und die Politik haben die Aufgabe der Kernenergie zum Faktum erklärt. Man spricht nicht mehr darüber. Sachliche Begründungen fehlen. In Deutschland gibt es keine Forschung an Reaktorkonzepten mehr – von seltenen Ausnahmen abgesehen [122]. Deutschland pflegt Abstinenz von der technischen Zukunft. Werden die Medien veranlasst, auf Grund von Ereignissen, die die Kernenergie betreffen, Experten in Sendestudios einzuladen, finden sie keine mehr. Diese sind längst ausgewandert oder im Altersruhestand. Damit schließt sich der Kreis von über 40-jährigen grünen „Erziehung" gegen die Kernkraft, unterstützt von ausnahmslos allen deutschen Medien, bis hin zu ihrer kompletten Aufgabe. Es steht zu befürchten, dass weitere 40 Jahre vergehen müssen, bis dieser folgenschwere Irrtum wieder beseitigt ist.

Fest steht, dass die wenigen, noch verbleibenden Diskussionen über

3 Energie

die Nutzung der Kernkraft hierzulande im Gegensatz zu vielen unserer europäischen Nachbarn irrational verlaufen. Paradox ist dabei, dass es in Deutschland noch nie einen Kernkraftwerks-Störfall gab, der auch nur annähernd eine ernst zu nehmende Gefahr darstellte. Die Sicherheit unserer Kernkraftwerke ist weltweit einzigartig. Dagegen wird aktuell in den am meisten von Kernkraftunfällen betroffenen Ländern, Japan und der Ukraine, die Kernenergie weiterhin genutzt, von einem endgültigen Ausstieg kann keine Rede sein.

Natürlich denken die Ablehner der Kernenergie an die zwei großen Havarien in Tschernobyl und Fukushima. Zu diesen Ereignissen ist anzumerken, dass die *Gebrauchsanweisungen* zum Betrieb von Kernkraftwerken hier sträflich missachtet wurden. Für jede komplexe und risikobehaftete technische Anlage gibt es Gebrauchsanweisungen. Niemand wundert sich über Unfälle, wenn diese Anweisungen nicht beachtet werden. Beispiele hierfür liefern Unglücksfälle von Verkehrsflugzeugen infolge Pilotenfehlern. Man gibt deswegen nicht das Fliegen auf. Nur bei der Kernenergienutzung ist es hierzulande anders. Es wird verlangt, dass Sicherheit auch bei *bewusster Missachtung* der Gebrauchsanweisungen, wie sie sowohl in Tschernobyl als auch in Fukushima erfolgte, automatisch gegeben ist. Eine solche Forderung ist nur sehr schwer zu erfüllen. Ein solches Kernkraftwerk bezeichnet man als *inhärent sicher*. Gibt es so etwas überhaupt? Bevor auf diese Frage eingegangen wird, schauen wir uns zunächst Opferzahlen und Schäden der Kernkraftwerkshavarien von Tschernobyl und Fukushima näher an.

Wer sich von Emotionen löst und anschickt, zuverlässige Information über die Fakten der beiden Kernkraftwerkshavarien und deren Folgen zu verschaffen, ist verwundert. Die Fakten entsprechen nämlich keineswegs den in der Öffentlichkeit kursierenden Vorstellungen. So ist immer wieder in Stammtisch-Gesprächen von tausenden Toten und zehntausenden Krebsopfern in Tschernobyl zu hören. Laut der Umweltorganisation Greenpeace sind es sogar 6 Millionen weltweit. Dies wurde mit einem eigenen „Risikomodell" begründet, auf dessen sachliche Beurteilung hier getrost verzichtet werden kann. Auf Rückfragen, ob der Stammtisch-Gesprächspartner wissenschaftlich abgesicherte Informationen kennen würde, gibt es keine Antwort oder die angesichts der Ignoranz des Nachfragenden erstaunte Bemerkung *„das steht doch so in jeder Zeitung"*.

3.7 Kernenergie

Fragt man nach einem einschlägigen Fachartikel oder weist man gar auf die offiziellen Quellen der UN-Weltorganisationen hin, wie IAEO und das United Nations Scientific Committee on the Effects of Atomic Radiation UNSCEAR [17], wird auf eine fiktive Kernkraftlobby verwiesen, die alle Angaben fälschen würde. Gegen faktenresistenten Glauben angehen zu wollen erweist sich als sinnlos.

Da es sich bei der zivilen Nutzung der Kernenergie unstrittig um ein in aller Welt verbreitetes technisches Verfahren handelt und weil wir von Kernkraftwerken unserer Nachbarländer umgeben sind, ist eine rationale, technische Argumentation notwendig. Für eine nüchterne Einschätzung der Chancen, Risiken und schließlich der Mythen über Kernenergie ist es zielstellend, alle Fakten erst einmal zu sichten und gegenüberzustellen. Erst danach ist eine sachgerechte Beurteilung und vernünftige politische Willensbildung möglich.

Das Arbeitsprinzip von Kernreaktoren ist in unzähligen Veröffentlichungen und auf jedem Verständnisniveau erhältlich [144], so dass hierauf nicht weiter eingegangen werden soll. Beginnen wir daher gleich mit dem Risikopotential der friedlichen Kernenergienutzung! Dazu erinnern wir uns daran, dass in Deutschland jedes Jahr viele tausend Todesopfer durch das „technische Verfahren" des Autos zu beklagen sind, dagegen seit Bestehen von deutschen Kernkraftwerken noch kein Bewohner Deutschlands durch einen Kernkraftunfall zu Schaden kam. Solch eine Gegenüberstellung ist provokativ und statistisch auch keineswegs korrekt. Sie kann aber dennoch eine grobe Vorstellung von den Risikoverhältnissen unterschiedlicher technischer Anwendungen geben. Statistisch korrekt ist dagegen die in Tabelle 3.5 gezeigte Gegenüberstellung, die die Todesopfer aus verschiedenen Arten der Energiegewinnung je Terawattstunde enthält. Bei den genannten Zahlen handelt es sich um unmittelbare Todesfälle. Darüber hinaus gibt es Folgeopfer und Folge- oder Spätschäden aus Unfällen.

Will man das Risiko der Kernenergie korrekt bewerten, muss sorgfältig nicht nur zwischen den unterschiedlichen Kernkraftwerkstypen, sondern auch noch zwischen unterschiedlichen Sicherheitsstandards und ihrer realen Umsetzung unterschieden werden. So kann der in Deutschland zur kommerziellen Stromerzeugung ausschließlich eingesetzte Leichtwasserreaktor [144] grundsätzlich nicht explodieren, wie es oftmals von Laien

3 Energie

Energieträger	Tote pro TWh	Anteil
Kohle	161	25% Weltenergie, 50% Strom
Erdöl	36	36% Weltenergie
Erdgas	4	21% Weltenergie
Bioöl/Biogas	12	
Torf	12	
Solardächer	0,44	< 0,1% Weltenergie
Wind	0,15	< 0,1% Weltenergie
Wasserkraft	0,1	Europa, 2,2% Weltenergie
Kernenergie	0,04	6% Weltenergie

Tabelle 3.5: Energieopfer aufgeschlüsselt nach Primärenergieträgern [60]

befürchtet wird. Die in der Kettenreaktion im Reaktor erzeugten Neutronen weisen zu hohe Geschwindigkeiten auf, um weitere Atomkerne zu spalten. Die beim Spaltprozess erzeugten Neutronen müssen daher künstlich verlangsamt (moderiert) werden. Im Leichtwasserreaktor erfolgt dies mit natürlichem Wasser als Moderator. Läuft der Leichtwasserreaktor wegen eines schweren Defekts in den unzulässigen Bereich der Überhitzung und entweicht oder verdampft das Wasser, fehlt der Moderator. Die Kettenreaktion bricht von selbst ab, weil die Neutronen zu schnell werden, um weitere Kerne zu spalten. Dennoch verbleibt ein Sicherheitsproblem bei diesem Reaktortyp. Es ist die Nachzerfallswärme nach einer Havarie [224]. Wird sie nicht durch Fremdkühlung abgeführt, kann es zur Kernschmelze kommen. Dies erfolgte in Fukushima, weil die Kühlsysteme durch einen Tsunami zerstört wurden. Bei deutschen Reaktoren ist ein Unfall dieser Art ausgeschlossen. Die Wahrscheinlichkeit eines Kühlmittelverlustes (das ist keine Kernschmelze!) z.B. von Biblis-B ist einmal in 33.000 Jahren – beim EPR-Reaktortyp strebte man sogar einmal in 1 Mio. Jahren an –, die eines Radioaktivitätsaustritts z.B. bei Biblis-B einmal in 100 Millionen Jahren [25]. Die Notkühlsysteme deutscher Kernreaktoren sind doppelt und unabhängig von der externen Stromversorgung ausgelegt, wobei sogar Typ und Hersteller von Pumpen und Armaturen nicht identisch sein dürfen. Einzige denkbare Ursachen eines Unglücks durch nicht abgeführte Nachzerfallswärme infolge einer Havarie wäre daher nur ein Terroranschlag oder der Absturz eines Großraumflugzeugs direkt auf das Reaktorcontainment. Statistisch muss ein deutsches Kernkraftwerk alle 1,6 Millionen Jahre mit einem Treffer durch ein Verkehrsflugzeug rechnen. Selbst für die sieben älteren Reaktortypen, die nicht explizit gegen Flugzeugabstürze gesichert sind, führt dies nur mit einer Wahrscheinlichkeit von 15% zum Durchschlagen der äußeren Hüllen.

Die neueren Reaktoren haben deutlich dickere Außenwände, der EPR, den Deutschland maßgeblich mitentwickelte, aber nun nicht mehr haben will, sogar eine Doppelwand. Das Kernkraftwerk Grohnde weist eine Stahlbetonkuppel von 1,8 m Dicke auf [100] – stärker als die Wände von bombensicheren Bunkern im zweiten Weltkrieg. Und selbst wenn das Flugzeug ein Loch reißt und es innen zu Bränden und Kühlmittelverlust käme, ist eine Kernschmelze extrem schwierig zu bewerkstelligen, da die Sicherheitsvorrichtungen überall verteilt sind. Die mehrere Meter dicke innere Barriere (biologischer Schild und Reaktordruckbehälter) schirmt den schmelzenden Kern ab, über einen separaten Kamin kann gefiltert entlastet werden – die Folgen für die Bevölkerung wären dieselben wie beim Reaktorunfall 1979 in Harrisburg, nämlich, außer einer kurzen (unnötigen) Evakuierung, keine. Panzerbrechende Geschosse scheitern zwangsläufig an den viel zu dicken inneren Barrieren. Bei dem Kostenvorteil der Kernenergienutzung ist es freilich *nicht nachvollziehbar*, warum Kernreaktoren nicht unterirdisch installiert werden – dies zur Beruhigung der Bevölkerung, sachlich ist es völlig unnötig.

Um Reaktorunfälle beurteilen und einschätzen zu können, wurde eine internationale Bewertungsskala geschaffen – die INES Skala [121]. Sie erstreckt sich von 0 bis 7, mit 7 als dem größten anzunehmenden Unfall (GAU). Bei allen Diskussionen werden stets die beiden bisher schwersten Unglücksfälle, Tschernobyl und Fukushima, mit jeweils den höchsten INES-Werten von 7, genannt. Daher ist vorab die Kenntnis ihrer Unglücksursachen von Interesse. Der zweifellos gravierendste Unfall erfolgte in *Tschernobyl* mit insgesamt 28 gesicherten Todesfällen, die

3 Energie

an den Direktfolgen der Strahlung gestorben sind. 19 später „normal" verstorbene Kraftwerksangestellte wurden dieser Zahl unzulässigerweise noch hinzugefügt, so berichten es UNSCEAR und sogar die unverdächtige ZEIT [264]. Weitaus schwieriger ist die Ermittlung der Folgeschäden, die teilweise erst Jahre nach der Strahlenexponierung auftreten können. Unter 3.7.3 wird auf den heutigen Kenntnis- und Forschungsstand über die Folgen von Strahlenschäden eingegangen.

Der Reaktor von Tschernobyl diente vorwiegend militärischen Belangen, hier der Produktion von waffenfähigem Plutonium. Mit ihm wurde aber auch Prozesswärme für die zivile elektrische Stromversorgung erzeugt. Als Moderator kam Graphit zum Einsatz, das bekanntlich leicht brennbar ist. Schlussendlich war das Regelungsverhalten des Reaktors inhärent instabil. Damit ist gemeint, dass sich eine Abweichung von sicheren Betriebszuständen wie in einer positiven Rückkoppelungsschleife auswirken und zur völligen Unbeherrschbarkeit des Regelungssystems des Reaktors führen konnte. Dies geschah dann auch, wobei zusätzliche Bedienungsfehler eine Rolle spielten. Den Reaktortyp von Tschernobyl gab es nur in der ehemaligen Sowjetunion. In westlichen Ländern, auch solchen mit laxeren Sicherheitsmaßstäben als bei uns, ist dieser Typ niemals genehmigt worden.

Da die Reaktorkatastrophe von *Fukushima* zeitlich näher liegt, sind die meisten Leser über die Ursachen und den Ablauf vermutlich besser informiert [88]. Die Konstruktion und die Sicherheitsauslegung der Reaktoren entsprach zwar nicht den strengen deutschen Anforderungen, maßgebende Mängel lagen aber nicht vor. Entscheidend war, dass die Betreiberfirma Tepco eine Flutwellenhöhe, wie sie nach dem schweren Erdbeben vom 11. März 2011 auftrat, völlig ausschloss. Dies widersprach jeglicher Sicherheitsverantwortung, denn die Möglichkeit einer derartigen Flutwelle war bestens bekannt und dokumentiert. Tepco verließ sich ausschließlich auf unzureichend hohe Flutwellenmauern und sah keinen weiteren Schutz gegen einen massiven Wassereinbruch vor. Beide Unglücksfälle, Tschernobyl und Fukushima, gehören daher von der angewandten „Sicherheitsphilosophie" her in die Kategorie eines Busfahrers, der bestens Bescheid weiß, dass sein Fahrzeug keine Bremsen besitzt, aber trotzdem vollbeladen mit Passagieren über die Alpenpässe fährt.

Es mag paradox klingen, aber nüchtern und objektiv betrachtet, war das Unglück in Fukushima der beste Beweis für die Sicherheit der heutigen Kernkraftwerke. Trotz zu niedriger Schutzmauern, falscher Entscheidungen beim Management der Havarie und fehlendem Auffangbecken der Kernschmelze (dem sog. core-catcher, der heute in allen KKW-Neubauten installiert wird) waren keine Toten zu beklagen. Verantwortungslosigkeit, Schlamperei und menschliche Dummheit waren Ursache bei diesen beiden gravierendsten Unfällen. In Ländern, wie der Schweiz, Schweden, Finnland und Deutschland – um stellvertretende Beispiele zu nennen – ist dies undenkbar. Daher sollte jeder emotionale Gegner der Kernkraft versuchen sich ehrlich selber zu fragen, ob massiver Wohlstandsverlust infolge Verzicht auf Kernenergie das geringe Restrisiko gemäß Tabelle 3.5 aufwiegt. Ferner leben wir in Deutschland nicht allein auf der Welt und sind von Ländern, die Kernkraftwerke betreiben, umgeben.

Dennoch stellt sich natürlich die Frage nach einem inhärent sicheren Kernkraftwerkskonzept. „Inhärent sicher" ist ein Kernreaktortyp, der unter absolut *keinen* Umständen, auch bei mutwilliger Fehlbedienung oder versuchter Sabotage gefährlich werden kann. Tatsächlich gibt es heute längst Reaktortypen, die von unmaßgeblichen Störungen abgesehen, inhärent sicher sind. In Deutschland war es der Thorium-Kugelhaufenreaktor THTR-300 [260] – weitere Typen werden im separaten Abschnitt 3.7.2 besprochen. Thorium als Kernbrennstoff ist nicht waffenfähig und kommt wesentlich häufiger im Boden vor als Uran. Der Kugelhaufenreaktor wurde 1956 im Kernforschungszentrum Jülich entwickelt, ein Prototyp wurde gebaut. Der Reaktor, der mit Helium gekühlt wurde, litt unter zahlreichen technischen Problemen und lief im Betrieb nur von 1985 - 1989. Auf Grund der damaligen politischen Situation in Deutschland wurde dem Konzept des THTR-300 keine Chance mehr eingeräumt, seine Wirksamkeit nach Beseitigung der üblichen Kinderkrankheiten unter Beweis zu stellen. Inzwischen werden dem THTR-300 entsprechende Konfigurationen in Südafrika, Indien und China weiter verfolgt.

Für eine endgültige Beurteilung ist es noch zu früh. Neben technischen Problemen ist vor allem entscheidend, ob der Thorium-Kugelhaufenreaktor so kostengünstig gebaut werden kann, dass er gegenüber den klassischen Energieträgern Kohle und Gas, aber auch den weiterentwickelten Leichtwasser-Reaktoren und den Typen der IV. Generation von Kern-

3 Energie

reaktoren konkurrenzfähig ist. Immerhin taucht der THTR-300 offiziell in der Generation IV als VHTR auf. Insofern wird er weiterhin als Zukunftskonzept angesehen (s. unter 3.7.2). Damit ist auch schon das entscheidende Kriterium angesprochen, das es bei nüchterner Betrachtung der Kernenergie im Zeitraum der nächsten Jahrzehnte primär zu beachten gilt. Bleiben die bisherigen Kostenvorteile der Kernenergie noch interessant? Hierbei darf nicht übersehen werden, dass die stetig erhöhten Sicherheitsanforderungen zunehmend am bisherigen Kostenvorteil nagen. Aber auch die Kernreaktortechnik selber setzt Grenzen. Der am häufigsten verwendete Leichtwasser-Kernreaktor nutzt den Brennstoff nur zu grob einem Prozent aus, geht zu verschwenderisch mit Uran um und verursacht zu viel Abfall. Die oben gemachte Einschränkung „im Zeitraum der nächsten Jahrzehnte" ist für Deutschland maßgebend. Momentan sieht es so aus, als ob steigende Kosten infolge immer höherer Sicherheitsanforderungen, bleibende Verfügbarkeit von Kohle und neue Verfügbarkeit von Schiefergas einen Kernkraftwerksneubau wirtschaftlich nicht mehr interessant machen. Dies wäre für unsere Volkswirtschaft nicht einmal nachteilig, falls man die folgenden Maßnahmen ergreift:

Erstens sind die Restlaufzeiten der bestehenden Kernkraftanlagen so weit zu verlängern, wie es unsere strengen Sicherheitskriterien erlauben. Zweitens muss man frühzeitig neue Kohlekraftwerke bauen. Drittens ist mit der Ausbeutung von Schiefergas zu beginnen, und viertens muss Deutschland wieder bei der Weiterentwicklung von inhärent sicheren Kernkraftwerksprototypen der kommenden Generationen, die kaum noch Abfall verursachen, mit dabei sein.

Gehen einmal die fossilen Brennstoffe zur Neige oder werden sie infolgedessen zu teuer, wird ohnehin umgesteuert werden müssen. Dann kommt die Kernenergie als einziges technisch und wirtschaftlich interessantes Verfahren, das konkret zur Verfügung steht, wieder zum Zuge. Hieran wird kein Weg vorbeiführen. Eine moderne, hoch industrialisierte Volkswirtschaft kann grundsätzlich niemals mit Wind- oder Sonnenstrom betrieben werden. Der Kostenzwang, der irgendwann in der Zukunft die fossilen Brennstoffe zurückdrängt, wird die Kernkraft mit Brütertechnik zum Maß aller Dinge machen.

Beim Brüten wird herkömmlicher Brennstoff ^{238}U, der zum Normalbetrieb in Leichtwasser-Reaktoren zu 3% bis 4% mit dem spaltbaren ^{235}U angereichert sein muss, mit Hilfe von schnellen Neutronen (daher die Bezeichnung „schneller" Brüter) in spaltbares Plutonium umgewandelt. Eine andere Technik geht vom bereits erwähnten Thorium-Reaktor aus und erzeugt ^{233}U [29]. Heute betreiben nur Japan, Kasachstan, Indien, Frankreich und China Brutreaktoren. Der Grund für dieses seltene Vorkommen von Brütern ist einfach: Die heutigen Brutverfahren sind technisch schwierig, und sie verfügen grundsätzlich nicht einmal über die Sicherheit eines Leichtwasser-Reaktors. Da das mit den gegenwärtigen (nicht den neuen) Brutreaktortypen verbundene Risiko grundsätzlich nicht beseitigt werden kann, wird in [155] die interessante Vermutung geäußert, dass diese Reaktoren später einmal nur in entlegenen Gebieten der Erde betrieben werden, um dort den Kernbrennstoff für die Reaktoren in dicht besiedelten Gebieten zu liefern. Wir werden aber unter 3.7.2 sehen, dass die technische Entwicklung bereits viel weiter ist. Man wird auf exotische Methoden der „Verbannung" gefährlicher Reaktoren beruhigt verzichten können, weil die zukünftigen Brutreaktoren inhärent sicher sind.

Dies alles betrifft die weitere Zukunft nach vielleicht 5 bis 8 Jahrzehnten. Die Weichen sind aber schon heute zu stellen. Die Entwicklung wird unabdingbar in die vorgezeichnete Richtung gehen. Wenn die Menschheit auf die 10 Milliardengrenze zugeht und die Kernfusion bis dahin nicht entscheidende Fortschritte gemacht haben sollte (was leider durchaus möglich ist), wird die Energie aus Kernspaltung als einzige sinnvolle Quelle zur Erzeugung von Elektrizität und auch von Heiz- und Prozesswärme übrig bleiben. Die Menschheit wird auf diese Quelle nicht verzichten und mit den Risiken, die mit ihr verbunden sind, zu leben lernen. Die Physik, die Kosten und Mutter Natur haben der Nutzung alternativer Energiequellen nach dem Zeitalter der fossilen Brennstoffe unabdingbare Grenzen gesetzt. Die Gefahr der Proliferation mit waffenfähigem Material wird man bis dahin lösen müssen. Diese Gefahr ist bei Brutreaktoren nicht größer als bei den heutigen Reaktoren. Man kann Proliferation bei Brutreaktoren schon durch die Bauweise gut verhindern, indem man die Extraktion waffenfähigen Materials extrem verteuert. Völlig ohne Reaktor Uran für Kernwaffen anzureichern, ist ohne-

3 Energie

hin heute die billigste Methode. Dies erfolgt vermittels Zentrifugentechnik (so macht es gegenwärtig der Iran) und wird in Zukunft vermittels LASER-Anreicherung leider noch wesentlich billiger werden [244].

Zum Abschluss noch ein Wort zur Energiegewinnung aus der bereits erwähnten Kernfusion. Beide Arten der Energiegewinnung, die Kernspaltung und die Kernfusion beruhen auf dem Phänomen, dass die Bindung der Kernbausteine (Nukleonen) mit einem kleinen Massenverlust verbunden ist. Die Bindungsenergie ist die Energiemenge, die aufzuwenden ist, um einen Atomkern in seine Nukleonen zu zerlegen. Umgekehrt wird die gleichgroße Energie frei, wenn sich die freien Nukleonen in einem Kern vereinigen. Die Bindung wird durch die anziehende Kraft der starken Wechselwirkung zwischen den Nukleonen bewirkt. Sie wird durch die gegenseitige Abstoßung der elektrisch positiv geladenen Protonen im Kern geschwächt. Die mittlere Bindungsenergie steigt, beginnend mit den leichtesten Atomkernen, steil an, erreicht für Eisen etwa ihr Maximum und fällt danach bis hin zu Uran wieder ab [19]. Infolgedessen wird Energie frei, wenn man zwei sehr leichte Atomkerne miteinander zu einem schwereren Kern verschmilzt, oder einen sehr schweren Atomkern durch Neutronenbeschuss spaltet, wobei zwei leichtere Kerne aus diesem Vorgang resultieren. Man erreicht dabei jeweils Atomkerne geringerer Gesamtmassen bzw. höherer mittlerer Bindungsenergien als sie die Ausgangs-Atomkerne aufweisen und gewinnt gemäß der berühmten Formel von Einstein $E=m \cdot c^2$ viel Energie, die überwiegend als kinetische Energie der Ausgangsprodukte zur Verfügung steht.

Der Weg der Spaltung von schweren Atomkernen (Uran, Thorium) mit Hilfe von elektrisch neutralen Nukleonen (Neutronen) ist technisch relativ problemlos. Auf diesem Prinzip basieren aktuelle Kernkraftwerke. Die Fusion leichter Kerne ist dagegen ungleich schwieriger. Hier ist die elektrische Abstoßung gleich (positiv) geladener Atomkerne zu überwinden. Dafür sind extrem hohe Drücke und Temperaturen erforderlich [131]. Die zivile Nutzung der Fusion ist daher technisch noch ungelöst. Hier wird Plasma aus Wasserstoffisotopen in einem Torus eingeschlossen, durch extrem starke Magnetfelder am Entweichen zu den Behälterwänden gehindert, durch elektrischen Strom weiter komprimiert und extrem erhitzt. Erst beim Überschreiten eines kritischen Zustandspunktes, dem *Lawson-Kriterium*, setzt Fusion ein [156]. Entsprechende

Projekte, z.B. der ITER, sollen den Durchbruch bringen [131]. Ob er kommt, ist unsicher. Die zivile Nutzung der Kernfusion wäre freilich inhärent sicher und würde nur unwesentliche radioaktive Restmengen aufweisen, die sich auf die verstrahlten Reaktorwände beschränken.

Zum Abschluss des Abschnitts „Kernenergie" soll auf eine sachlich fundierte Replik des gemeinnützigen Vereins „Kritikalität" aufmerksam gemacht werden, die unter wissenschaftlicher Mithilfe des Berliner Instituts für Festkörper-Kernphysik erstellt wurde. Sie widerlegt die unter Kernkraftgegnern bekannten „100 gute Gründe gegen Atomkraft" Punkt für Punkt [3]. Nebenbei: Die Bezeichnung „Atomkraft" ist physikalisch falsch, „Kernkraft" ist richtig. Wer sich mit der Replik nicht ehrlich auseinandersetzt, urteilt nicht mehr sachbezogen.

3.7.1 Transmutation des abgebrannten Kernbrennstoffs

Für diesen Abschnitt ist zunächst der Begriff der *Halbwertszeit* eines radioaktiven Strahlers erforderlich. Es ist die Zeit, in welcher eine beliebige Anfangsmenge des Strahlers, von jeder beliebigen Anfangszeit an gerechnet, zur Hälfte zerfallen sein wird. Die Halbwertszeit hängt somit nicht vom Alter oder der Menge der strahlenden Substanz ab. Die Maßeinheit für die Intensität von Radioaktivität ist dabei das *Becquerel* (Bq). Ein 1 Bq ist die Anzahl von Atomkernen, die pro Sekunde einer gesondert definierten Menge radioaktiver Substanz (z.B. mg oder kg) zerfallen.

Betrachten wir zwei fiktive Rechenbeispiele! Wir gehen von einer radioaktiven Substanz mit einer gefährlich hohen Strahlungsintensität aus, die erst bei einem Hundertstel ihrer Anfangsaktivität als unbedenklich anzusehen sei. Im ersten Fall möge die Substanz eine Halbwertszeit von 2 Tagen, im zweiten Fall von 2 Jahren und im dritten Fall von 2000 Jahren aufweisen. In dem Produkt $(1/2) \cdot (1/2)...$ ist bei sieben Faktoren $(1/2)$ die 1% Schwelle unterschritten. Im ersten Fall ist der radioaktive Strahler also nach 7 x 2 = 14 Tagen, im zweiten Fall nach 14 Jahren und im dritten Fall erst nach 14.000 Jahren unbedenklich geworden.

Mit den Beispielen soll verdeutlicht werden, dass Intensität und Halbwertszeit einer radioaktiven Substanz immer zusammen betrachtet werden müssen. Starke Strahler weisen generell kurze und schwache Strah-

3 Energie

ler lange Halbwertszeiten auf. So ist beispielsweise ^{131}I (Jod) mit einer Halbwertszeit von nur 8 Tagen ein extrem starker Strahler mit 4,6·10^{12} Bq/mg, dagegen ^{238}U (Uran) mit einer Halbwertszeit von 4,468·10^6 Jahren ein sehr schwacher Strahler mit nur 12 Bq/mg. Den hoch aktiv strahlenden Abfall von Kernkraftwerken verbringt man in Abklingbecken, er ist seiner kurzen Halbwertszeit wegen bereits nach wenigen Jahrzehnten in den technisch problemlosen Bereich gewandert. Das „hochradioaktiv über Millionen Jahre" ist ein Mythos, der immer wieder zu hören ist und die bekannten Ängste vor der Kernkraft erzeugt. Daher nochmals als leicht einprägsame Faustregel:

Stark radioaktiv = kurze Halbwertszeit.
Schwach radioaktiv = lange Halbwertszeit

Schwach strahlender Abfall kann, falls er nicht toxisch ist, unbedenklich vergraben werden. Seine Strahlung geht in der natürlichen Radioaktivität unserer Umgebung unter. Probleme bereiten im Grunde nur die Abfallprodukte mittelstarker Strahlung und mittlerer Halbwertszeiten. Diese radioaktiven Produkte sind freilich oft zu wertvoll, um in Endlagerstätten unwiederbringlich vergraben zu werden. Eine Wiederverwendung, beispielsweise für medizinische Zwecke, wäre sinnvoller.

Um sich eine Vorstellung von Menge und Risiko des Abfalls von zukünftigen Kernkraftwerken zu machen (die bereits existieren), wollen wir von dem Szenario ausgehen, dass jeder Mensch seinen Strom ausschließlich aus Kernkraft bezieht [229]. Ferner nehmen wir an, dass sinnvollerweise der Brutprozess genutzt wird, also das Plutonium, das 99,99% der Langzeitradiotoxität ausmacht, im Kernreaktor so lange verbleibt, bis es verbrannt ist. Es bleiben nur die abgebrannten Spaltprodukte übrig, die ein paar hundert Jahre lang gelagert werden müssen. **Diese betragen gerade einmal aufsummierte 100 g in der gesamten Lebenszeit eines Menschen.** Diese Menge bereitet keine Probleme der Endlagerung. Die hierzu gehörende kleine Rechnung wird im Anhang 6.2 unter *„Abfall bei 100% Kernkraft aus Brutreaktoren"* durchgeführt.

Eine neuere Entwicklung ist die Transmutation des Kern-Abfalls [263]. Bei der Transmutation wird längerlebiger Abfall in geeigneter Weise bestrahlt, so dass die entstehenden Isotope zwar wesentlich stärker radioaktiv sind, umgekehrt aber auch wesentlich kürzere Halbwertszeiten aufweisen. Das Problem zu langer Halbwertszeiten ist damit umgangen, und nach Lagerung von wenigen Jahrzehnten ist der transmutierte Abfall strahlungstechnisch unbedenklich geworden. In der EU sind zahlreiche Universitäten, Forschungszentren und Unternehmen in „Eurotrans" zusammengeschlossen. Das Ziel ist, ein fortgeschrittenes Design einer ADS-Demonstrationsanlage (XT-ADS) und ein generisches Design einer modularen, bleigekühlten *Transmutationsanlage* (EFIT) zu erstellen [65]. Bereits im Jahre 1998 wurden im belgischen Kernforschungszentrum SCK-EN Studien für ein vollständiges ADS begonnen. Das Projekt hat die Bezeichnung MYRRHA (Multi purpose hybrid research reactor for high-tech application) [245]. Die Sustainable Nuclear Energy Technology Platform (SNETP) der EU klassifizierte MYRRHA/XT-ADS als einen Eckpfeiler der zukünftigen europäischen Forschungsvorhaben [18]. Das gesicherte Gesamtbudget beträgt rd. 1 Milliarde Euro. In der Planung beginnen Ausschreibungen und Lieferverträge in 2015. Der Bau der Gesamtanlage erfolgt in 2019, danach schließt sich eine dreijährige Testphase mit einem weiteren Jahr zur graduellen Leistungssteigerung an. Ab 2024 soll der Experimentierbetrieb mit den nominellen Kennwerten stattfinden. Das Transmutationsverfahren selber ist unter *„Transmutation"* in [66] ausführlich beschrieben.

3.7.2 Kernkraftwerke der Zukunft

Dieser Abschnitt ist ein Gastbeitrag der Physiker Dr. Armin Huke und Dr. Götz Ruprecht vom Institut für Festkörper-Kernphysik [122], der dem Autor für das Buch freundlicherweise zur Verfügung gestellt wurde. Auf Grund der recht technischen Natur des Themas, das längere erklärende Ausführungen erfordert und den Umfang des Buchs zu sehr strapazieren würde, wird nachfolgend nur die Einführung gegeben. Der vollständige Beitrag kann unter *„Kernkraftwerke der Zukunft"* abgegriffen werden [66].

Alle heute verwendeten Kernkraftwerksreaktoren und die meisten der für die „Generation IV" vorgesehenen Typen sind das Resultat von Entscheidungen aus der Frühphase der Kernenergie-Nutzung (1940er und

3 Energie

50er Jahre), die sich fast ausschließlich an den Bedürfnissen des Militärs orientierten. Kernreaktoren wurden nach und nach für zivile Anwendungen ausgebaut, ohne jemals grundsätzlich neu konzipiert zu werden. Dieses Verfahren entspricht dem allmählichen Umbau eines Panzers in ein Familienauto – mit all den damit verbundenen technischen Nachteilen. Heutige Kernreaktoren zur zivilen Nutzung sind zwar sicher, dies aber zu einem extrem hohen Preis. Trotz des millionenfach höheren Energiegehalts von Kernbrennstoffen gegenüber fossilen Brennstoffen ist der Erntefaktor, d.h. das Verhältnis von nutzbar gemachter Energie zur hineingesteckten Energie (s. unter 3.3.4), nur um einen Faktor 2 bis 4 höher als der von klassischen Verbrennungskraftwerken. Dies macht Kernenergie zwar immer noch zur mit Abstand effektivsten Form der Stromproduktion. Es stellt aber, gemessen an den heute konkret zur Verfügung stehenden Möglichkeiten, letztlich eine permanente Verschwendung volkswirtschaftlichen Vermögens dar. Allein die Anreicherung des Kernbrennstoffs verbraucht aktuell etwa 40% des Einsatzes an hineingesteckter Energie. Für die Kraftwerkshersteller machen die Kosten des Brennelementekreislaufs fast die Hälfte ihres Gesamtumsatzes aus.

Somit liegen drei Probleme bei der heutigen Nutzung der Kernenergie vor, *Sicherheit, ungenügende Ausnutzung des Kernbrennstoffs* und *Unterbringung des Abfalls*. Wie es schon unter 3.2.2 anklang, besteht die Lösung in den sog. schnellen Brütern. Allerdings sind damit nicht die aktuell laufenden Anlagen gemeint, die dem wohl wichtigsten Punkt *Sicherheit* heute noch nicht genügen. Es ist dagegen öffentlich kaum bekannt, dass aktuell Brüterkonzepte im Pilotstadium stehen, die allen vorgenannten Forderungen genügen. Da zur Neuentwicklung installierbarer Kernkraftwerke ein hoher Investitionsaufwand erforderlich ist und die bestehenden Reaktorkonzepte nicht einfach kurzfristig über Bord geworfen werden können, wird der bis zur Serienreife führende Entwicklungsprozess der neuen Brütertypen noch mehrere Jahrzehnte andauern. Im Jahre 2001 wurde von neun (jetzt 13) Staaten unter der Federführung der USA das Generation-IV-Forum (GIF) gegründet mit dem Ziel, die Entwicklungen zukünftiger Reaktortypen abseits der heute üblichen Typen zu koordinieren (*IV. Generation von Kernkraftwerken*) [93]. Deutschland, einst führend in Reaktortechnologie und immer noch ein Hochtechnologie-Land, ist in diesem Forum nicht vertreten. Dieser Zustand wird auf Dauer kaum zu halten sein.

3.7.3 Risiko radioaktive Strahlung

Man sollte die Tatsachen kennen, erst dann kann man sie nach Belieben verdrehen.
(Mark Twain)

Es ist kaum ein Sachverhalt vorstellbar, über den beim uninformierten Laien größere Missverständnisse und Irrtümer bestehen als beim Risiko der radioaktiven Strahlung. Die öffentliche Wahrnehmung ist von Schlagworten bestimmt, wie *Verstrahlung, Kinderleukämie, Atombombe, nukleare Verseuchung, Mutationen, Evakuierung, Endlager, Tschernobyl-Katastrophe, Hiroshima u. Nagasaki, radioaktiver Abfall, Krebs, Kernschmelze, Strahlentod und Super-GAU*. T. Spahl schreibt zum Thema irrationaler Strahlenverunsicherung [248]: „Wenn wir uns fragen, woran wir nicht erkranken wollen, fällt den meisten von uns zuerst Krebs ein. So scheint die Kombination der beiden Hauptassoziationen Bombe und Krebs die Strahlenangst zur Königin der Ängste zu machen. Verdient hat sie diese Sonderstellung indes nicht. Denn sowohl in ihrer unmittelbaren Zerstörungswirkung, als auch in ihrem Potential, Krebs zu erzeugen, bleiben Atomunfälle, bis hin zum so genannten Super-GAU, weit hinter ihrem Ruf zurück." Wir wollen uns jetzt angesichts dieser allgemeinen Verunsicherung den Fakten nähern und dürfen erst einmal nüchtern konstatieren [228]:

– Radioaktivität kann sehr gefährlich sein
– Radioaktivität kann ungefährlich sein
– Radioaktivität kann gesund sein
– Radioaktivität kann Krebs verursachen
– Radioaktivität kann Krebs vorbeugen
– Radioaktivität kann von Krebs heilen
– Radioaktivität ist ständig vorhanden, im eigenen Körper und außerhalb

3 Energie

Radioaktive Strahlung kann man nicht sehen, hören, riechen oder schmecken. Es gibt aber nichts, was man genauer messen kann. Über die Natur der radioaktiven Strahlung und ihre Herkunft gibt es im Internet eine Fülle von Informationen [216]. Für unsere Zwecke reicht dagegen die Kenntnis der drei Haupttypen, α-, β- und γ-Strahlung, aus.

α-Strahlung besteht aus Heliumkernen und wird bereits mit einem Blatt Papier abgeschirmt. Sie ist daher völlig ungefährlich, vorausgesetzt, sie gerät nicht mit der Atemluft oder der Nahrungsaufnahme in unseren Körper. Dann allerdings wird sie hochgefährlich, weil sie ohne Abschirmung direkt mit dem sensiblen Körpergewebe (Blutzellen) in Berührung kommt. β-Strahlung besteht aus Elektronen, sie kann mit Metallblechen von wenigen mm Dicke abgeschirmt werden. γ-Strahlung ist extrem kurzwellige elektromagnetische Strahlung, wie sie bei Röntgenuntersuchungen verwendet wird. Sie unterscheidet sich nur in ihrer Frequenz bzw. Energie von den uns bestens bekannten Funkwellen oder von Licht. Zu ihrer ausreichenden Abschirmung sind dicke Schichten aus Materialien hoher Dichte (meist Beton oder gar Blei) geeignet. Die drei Strahlungstypen α-, β- und γ sind in natürlicher Radioaktivität und in künstlich hergestellten strahlenden Isotopen identisch. Leider muss dies explizit gesagt werden, denn selbst dieses Faktum ist oftmals unbekannt und wird dann durch die absurdesten Vorstellungen ersetzt.

Zur Messung der Wirkung von radioaktiver Strahlung auf den menschlichen Organismus ist das bereits unter 3.7.1 beschriebene *Becquerel* nicht gut brauchbar. Für die Strahlenbelastung biologischer Organismen wird vielmehr der maßgebende Energieeintrag mit der Einheit 1 J = 1 Ws in 1 kg Gewebe durch radioaktive Strahlung verwendet. Man bezeichnet ihn als 1 *Gray*. Multipliziert mit einem dimensionslosen Gewichtungsfaktor, wird aus dem Gray dann die sog. Äquivalenzdosis, das *Sievert* (Sv). Der in Gesetzen und Verordnungen festgelegte Gewichtungsfaktor berücksichtigt die Einwirkung unterschiedlicher Strahlungsarten und Energien auf menschliches Gewebe. Somit kann bei bekannter Strahlungsart und Energie die an das Körpergewebe abgegebene Energie berechnet werden. Die primäre Bedeutung der vom Körper tatsächlich absorbierten Strahlungsenergie geht bereits aus den Verhältnissen bei der Röntgenbestrahlung hervor. Sehr energiereiche „harte" Röntgenstrahlung beeinflusst menschliches Gewebe wesentlich geringer als die

3.7 Kernenergie

energieärmere „weiche" Röntgenstrahlung. Letztere gibt mehr Energie ans Gewebe ab und belastet es somit auch stärker.

Um die Größenordnungen zu erkennen, einige Zahlenwerte: die offiziell unbedenkliche Dosisleistung über die Gesamtdauer eines Jahres beträgt 1 mSv. 100 mSv pro Jahr werden dagegen schon als Eingreifsrichtwert für langfristige Umsiedlung der betroffenen Bevölkerung angesehen. Eine Röntgenuntersuchung ist mit einer Strahlenbelastung von 0,02 bis 18 mSv verbunden, eine Computertomographie kommt schließlich auf 25 mSv [26]. Der Schwankungsbereich natürlicher Radioaktivität unserer Umgebung liegt weltweit bei Jahresdosen zwischen 1 - 20 mSv. Es gibt aber auch Gegenden in Indien, Brasilien und dem Iran, in welchen die natürlichen Jahresdosen Werte von weit über 200 mSv erreichen. Der polnische Forscher Prof. Zbigniew Jaworowski nennt sogar bis zu 800 mSv Radioaktivität natürlicher Umgebung in Fig. 1 seiner Publikation [113]. Dies wäre nach offiziellen Kriterien bereits höchster Anlass, die Bewohner der betreffenden Gegenden zu evakuieren. Tatsächlich treten 800 mSv/Jahr an den Monazit-Stränden von Guarapari in Brasilien auf. Sie sind auch von UNSCEAR dokumentiert. Die Stadt trägt bezeichnenderweise den Beinamen „cidade saude" = „Stadt der Gesundheit" [274]. Die World Nuclear Association zeigt auf der letzten Seite ihrer Veröffentlichung „Naturally-Occurring Radioactive Materials (Norm)" vom Jahre 2014 eine Karte von Europa mit den natürlichen Jahres-Srahlungsbelastungen in mSv [297]. Man staunt nicht schlecht, denn Werte zwischen 3-5 mSv sind die Regel, über 10 mSv kommen in weiten Zonen von Spanien, Frankreich und Finnland vor.

Unbeschadet auch der höchsten natürlichen Umgebungsdosen gibt es in den betreffenden Gebieten keine signifikanten Abweichungen der mittleren Lebenserwartung oder mittleren Krebsrate [293]. Da offenbar auch eine extrem hohe natürliche Umgebungsstrahlung zu keinen erhöhten Sterbe- oder Erkrankungsraten führt, stimmt vermutlich etwas nicht an unserer gängigen Vorstellung über die Wirkung der radioaktiven Strahlung auf Lebewesen. Bevor auf diesen interessanten Punkt näher eingegangen wird, sollen zunächst kurz die epidemiologischen Studien betrachtet werden, die die Ereignisse von Hiroshima, Nagasaki, Tschernobyl und schließlich Fukushima zum Gegenstand hatten.

Keine geringeren Institutionen als das deutsche Bundesamt für Strahlenschutz und das United Nations Committee on the Effects of Atomic Radiation (UNSCEAR) veröffentlichen ihre Untersuchungen im Internet [17]. Sie könnten und sollten eigentlich hierzulande die sachliche Grundlage der Kernenergiediskussion bilden. Leider ist dies nicht der Fall, selbst bei naturwissenschaftlich Gebildeten grassieren z.Teil absurde Vorstellungen. Die zuverlässigste Datenbasis boten die Untersuchung der gesundheitlichen Folgeschäden von Hiroshima und Nagasaki, dies allein schon auf Grund der hohen Anzahl der von den Atombombenexplosionen betroffenen Menschen. So wurden für diese beiden Ereignisse bis Ende 1998 bei 105.000 Überlebenden rund 850 *zusätzliche* (über das natürliche Vorkommen hinaus) solide Tumore und 85 Leukämietodesfälle gezählt. Somit waren weniger als 1% der Personen, die der extrem starken Strahlung nach den beiden Explosionen ausgesetzt waren, durch zusätzlichen Krebs betroffen.

Es konnten ferner keine genetischen Spätschäden oder Verkrüppelungen an Neugeborenen nachgewiesen werden. Solche Bilder wären der Welt mit Sicherheit nicht vorenthalten worden. Das Fehlen von genetischen Schäden erstaunt, denn man erwartet zu Recht, dass der komplexe Mechanismus vom Keim bis zum Fötus besonders leicht zu schädigen sei. Der Buchautor holte sich Rat bei einem Bekannten, dem Biophysiker Prof. Christoph Kremer (Univ. Heidelberg). Dessen Erläuterung: Jede Strahlenschädigung des komplexen Keimprozesses führt zu seinem Abbruch. Daher entstehen keine Verkrüppelungen. Es handelt sich vielmehr um unbemerkte, durch unzulässig hohe radioaktive Strahlung erzwungene und extrem frühe Unterbrechungen des Keimprozesses, wie sie aus vielen anderen Gründen auch auf natürliche Weise immer wieder vorkommen. Statistisch sind sie nicht erfassbar und stellen mehr ein ethisches als ein medizinisches Problem dar.

Die bisherigen Erkenntnisse zu Tschernobyl und Fukushima sind der geringen Anzahl von aufgefundenen Fällen wegen sehr unsicher. So berichtet Prof. Wolfgang-Ullrich Müller vom Universitätsklinikum Essen, dass es für Tschernobyl keine handfesten Daten gibt [186]. Man könne nur an Hand der Erfahrungswerte für Hiroshima/Nagasaki hochrechnen und käme auf insgesamt 3 zusätzliche Sterbefälle durch Leukämie sowie 78 Fälle durch weitere Krebserkrankungen. In Fukushima schließlich ist so gut wie nichts passiert. Nach bisheriger Kenntnislage haben 124 Ar-

3.7 Kernenergie

beiter eine Dosis von mehr als 100 mSV und 9 davon mehr als 250 mSv erhalten. Die letztgenannten 9 Fälle haben demnach das Äquivalent von 10 Computertomographien abbekommen. In den deutschen Medien werden diese Fakten konsequent totgeschwiegen. Im Ausland ist dies anders, hier berichtete sogar die renommierte Fachzeitschrift *nature* völlig korrekt über die Folgen von „Fukushima" [191].

Tatsächlich ist es schwierig, auf Grund der extrem geringen Schädigungsraten durch radioaktive Strahlung zu belastbaren Ergebnissen zu gelangen. Das vergleichsweise schwache Signal von tatsächlichen Schädigungen durch hohe Strahlenbelastung geht im Rauschen der sehr viel zahlreicheren, natürlichen Krankheitsfälle unter. Daher stellen bis heute die Ereignisse von Hiroshima und Nagasaki mit ihren vergleichsweise hohen Zahlen an geschädigten Personen immer noch die einzige verlässliche Datenbasis dar. Sie sind einziger Maßstab, an dem sich die wissenschaftliche Epidemiologie von der radioaktiven Strahlenschädigung orientiert.

Auf welcher Modellgrundlage werden dann schließlich die Grenzwerte für radioaktive Strahlung festgelegt? Verwendet wird die Linear-No-Threshold-Hypothesis (LNT-Hypothese). Im Klartext: Man geht hier davon aus, dass grundsätzlich *jede* radioaktive Strahlung schädigt. Es gibt keinen unbedenklichen Grenzwert nach unten (threshhold), und die Schädigung steigt linear mit der Dosis an. Gemäß allen bisherigen Erkenntnissen kann dies aber nicht zutreffen [115]. Schon Paracelsus wusste *„Die Dosis macht das Gift"*. Wir alle benötigen zum Beispiel Salz, um zu überleben. Essen wir aber auf einen Schlag mehr als 100 g davon, ist dies tödlich. Vieles deutet darauf hin, dass es sich mit der radioaktiven Strahlung wie mit dem „Salz" verhält. Alle Lebewesen waren und sind seit Beginn der biologischen Evolution mehr oder weniger hohen Dosen natürlicher radioaktiver Strahlung ausgesetzt. Sogar das Bundesamt für Strahlenschutz schreibt aus diesem Grunde [33]:

Ob kleine Dosen ionisierender Strahlung möglicherweise biopositive Reaktionen in biologischen Systemen auslösen können, wird kontrovers diskutiert. Das Erscheinungsbild dieser biopositiven Effekte, die häufig unter dem Begriff „Hormesis" zusammengefasst werden, wird als vielfältig beschrieben. .... Diese Effekte werden typischerweise im Dosisbereich unterhalb von 200 mSv beobachtet.

Hormesis nennt man die positive biologische Reaktion auf geringe Dosen einer toxischen Substanz [114]. Hierzu passt ein Vorkommnis in Taiwan, über das in zwei wissenschaftlichen, begutachteten Publikationen berichtet wird und bis heute auf eine schlüssige medizinische Erklärung wartet [39]. Etwa zehntausend, völlig ahnungslose Hausbewohner waren über 20 Jahre lang unbeabsichtigt der starken radioaktiven Strahlung aus recyceltem Baustahl ausgesetzt. Der Stahl war versehentlich und unbemerkt mit Kobalt 60 kontaminiert worden und wurde dann beim Bau ihrer 180 Wohngebäude verwendet. Kobalt 60 ist eine gängige, sehr starke γ-Strahlenquelle für Materialuntersuchungen und hat eine Halbwertszeit von 5,3 Jahren. Die empfangenen Strahlungsdosen von zwischen 120 bis 4000 mSv in 20 Jahren, d.s. 6 bis 200 mSv pro Jahr, liegen für den höheren Bereich weit über dem als gängig angesehenen Durchschnitt von 1 - 20 mSV pro Jahr. Bei der exponierten Personengruppe in Taiwan wurde überraschenderweise eine signifikante *Abnahme* der Krebshäufigkeit festgestellt, was Befürworter der Hormesis-Hypothese als Stützung ihrer Auffassung ansehen. Es wäre verwunderlich, wenn die genannten Veröffentlichungen nicht in konträrer Diskussion stünden. Daher hierzu noch genauer: In der ersten Publikation von Chen et al. wurde eine starke Abnahme der Krebsfälle festgestellt, allerdings wurde angeblich eine unpassende Vergleichsgruppe gewählt. In der zweiten Studie von Hwang et al. wird immerhin noch eine 40-prozentige Abnahme konstatiert, bis auf Leukämie bei Männern und Schilddrüsenkrebs bei Frauen.

3.8 Wohin geht die Energiereise Deutschlands?

Ingenieure suchen Wahrheiten, Politiker suchen Mehrheiten.

Maßgebend sind immer und überall die Kosten. Es ist unvorstellbar, dass sich Deutschland auf Dauer ein doppeltes elektrisches Stromversorgungs-System aus „Erneuerbaren" und fossilen Regelkraftwerken leistet, das teuer, unsicher und umweltschädigend ist. Irgendwann wird die dahinter stehende Ökoideologie auch dem naivsten Bürger sichtbar. Anderes

3.8 Wohin geht die Energiereise Deutschlands?

wäre allenfalls unter politischen Verhältnissen möglich, wie sie heute noch in Nordkorea oder Kuba herrschen. Momentan wirkt freilich noch die Jahrzehnte lange ökoideologische Erziehung und mediale Propaganda, so dass der weit überwiegende Teil der deutschen Bevölkerung die Energiewende sogar für eine sinnvolle, für unser Land vorteilhafte Maßnahme hält.

Die Frage lautet, wie die *Wende der Energiewende* aussehen wird. Nach der Fahrt gegen die sprichwörtliche Wand wird man, wie nach einer heftig durchzechten Nacht, mit brummendem Schädel aufwachen und wieder anfangen nüchtern zu rechnen. Man wird feststellen, dass Kohle und die Verlängerung der Restlaufzeiten der zwischenzeitlich stillgelegten Kernkraftwerke die preisgünstigste, umweltfreundlichste und sicherste Option ist. Man wird das EEG mit allen Besitzansprüchen sowie alle Subventionen für alternative Energien abschaffen. Und man wird Kraftwerken mit Stromgestehungskosten unter den Strombörsenpreisen Vorrang einräumen, vorausgesetzt, sie halten strengste Partikel- und Schadstofffilterung ein.

Das Risiko, im Krankenhaus ohne funktionierendes Notstromaggregat bei einem landesweiten Black-Out sein Leben zu lassen, die volkswirtschaftlichen Schäden des EEG, die Landschaftsschädigungen durch Windparks, die Nahrungsverknappung in Drittländern durch deutsche Biospritmonokulturen erfordern diese Optionen. **Es ist weder eine Notwendigkeit noch ein Vorteil der Energiewende zu erkennen**. Diese Erkenntnisse werden sich in einer intelligenten Nation früher oder später durchsetzen. Hoffentlich wird es dann nicht zu spät sein!

Die Länder um uns herum, die einen vernünftigeren Energieweg gehen als wir, werden als Vorzeigebeispiele ihr Übriges bewirken. Neue Kernkraftwerke werden in Deutschland in näherer Zukunft aber nicht gebaut. Dies ist nicht nötig. Die Überschreitungen der Planungskosten wie beim Bau des neuen finnischen Kernkraftwerks Olkiluoto, die zunehmende Verfügbarkeit von Schiefergas und der ungebrochene Vorteil der Kohle werden dafür sorgen. Die heutige Technik der Leichtwasserreaktoren ist veraltet und wandert auch der stetig steigenden Sicherheitsanforderungen aus dem Bereich der Wirtschaftlichkeit heraus. Deutschland wird sich aus dem Würgegriff der Ökologie lösen und wieder an technisch führender Position bei der Neuentwicklung der unter 3.7.2 beschriebe-

3 Energie

nen, inhärent sicheren Kernkraftwerke ohne Abfall mitmischen. *Einzige Alternative hierzu ist der Verlust seines Platzes unter den führenden Industrienationen und das Abgleiten in eine anfänglich demokratisch legitimierte Ökodiktatur.*

3.9 Résumé zur Energiepolitik Deutschlands

Man kann einige Leute die ganze Zeit lang täuschen,
man kann über eine bestimmte Zeit sogar alle Leute täuschen,
aber man kann nicht alle Leute die ganze Zeit lang täuschen.
(Abraham Lincoln)

Die deutsche Politik hat die *Energiewende* auf den Weg gebracht und dabei die elementaren technischen und volkswirtschaftlichen Kriterien sowie den Umweltschutz aus den Augen verloren. 8 Kernkraftwerke sind bereits abgeschaltet. Die in den nächsten Jahren weiter vom Netz zu nehmenden, grundlastfähigen Kernkraftwerke werden durch kostspielige Windradanlagen ersetzt, die den Strom nur dann liefern, wenn die Natur es will. Hierzu müssen Schattenkraftwerke bereit gestellt werden, welche die meiste Zeit im unwirtschaftlichen Stand-By-Betrieb laufen. Es sind neue Starkstromtrassen von Nord nach Süd zu bauen. Die alternativen Methoden der elektrischen Stromerzeugung aus Wind, Sonne und Biogas weisen die prinzipiellen Nachteile zu kleiner Leistungsdichten auf, welche hohen Flächen- und Materialaufwand nach sich ziehen. Kurz, **Physik wurde bei der Energiewende durch Politik ersetzt**. All dies führt **unvermeidbar** zu extremen Kosten und Schäden. Alternativen Strom auf der „Habenseite", der fossile Brennstoffe oder Uran in maßgebendem Umfang einspart, gibt es nicht. Bild 3.12 zeigt die aus diesen Verhältnissen resultierende Entwicklung des deutschen Strompreises. Es ist daher nochmals die Kernaussage des Energieteils dieses Buchs zu betonen:

Extreme Kostensteigerungen, abnehmende Versorgungssicherheit und Umweltschäden sind bei Anwendung unsachgemäßer Verfahren – hier in großem Maßstab Strom aus Wind, Sonne und Biomasse – NATURGESETZLICH unvermeidbar.

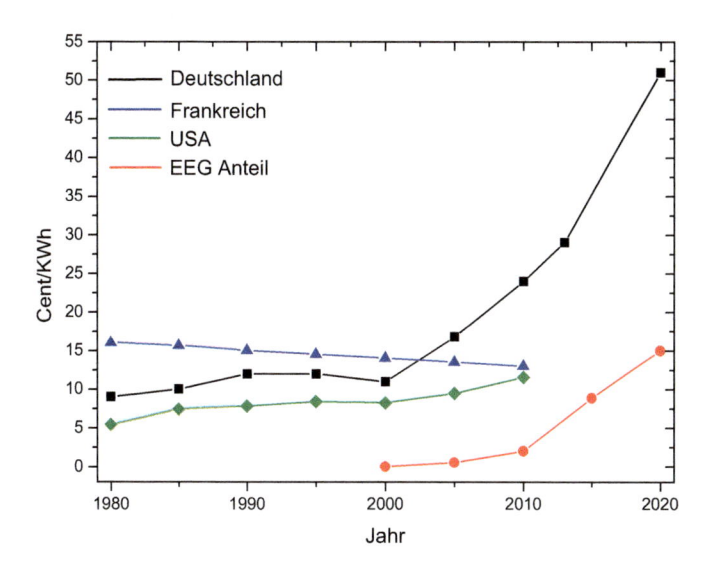

Bild 3.12: Deutsche Strompreise (Haushalte) im Vergleich mit Frankreich u. USA ($-Cent); Werte für 2015 und 2020 NAEB-Schätzungen. Datenquelle: Nationale Anti EEG-Bewegung (NAEB) und Eurostat [255].

Für weitergehende Informationen sind die Monitoringberichte der Bundesnetzagentur und des Kartellamts bestens geeignet, die im Gegensatz zu Veröffentlichungen der Bundesministerien objektiv sind [184], [141].

Mit der Energiewende sind alle Fehler gemacht worden, die möglich sind. Insbesondere auf den letzten muss jetzt schon hingewiesen werden. Man wird die Energiewende als den richtigen Weg betrachten, der nur durch unzureichende Ausführung scheiterte. Das ist falsch! Die Energiewende scheitert nicht an unzulänglicher Ausführung, sondern an den Naturgesetzen. Wasser kocht nun einmal unter Normaldruck bei 100 °C, kein politischer Wille wird es dazu bewegen, hier bei 60 °C zu kochen. Man meinte, Naturgesetze sowie die Regeln solider Technik und Wirtschaftlichkeit nicht beachten zu müssen und hat fachlich unhaltbare „Gutachten" von interessierten ökoideologischen oder profitierenden industriellen Gruppen blinden Glauben geschenkt. Neutrale Fachleute

3 Energie

wurden nicht mehr angehört. Nun zeigen sich die Folgen. Das Energieeinspeisungsgesetz (EEG) zerstört den freien Markt und hat eine ungebremste Kostenlawine ausgelöst. Die langfristig gesicherten Zwangsvergütungen für Wind- und Photovoltaik-Strom haben eine ungesunde Blase grünen Stroms entstehen lassen und Anbieter aus dem Ausland auf den Plan gerufen, wie etwa chinesische Solarfirmen. Die schädlichen Auswirkungen auf die deutsche Solar- und Windradindustrie sind bekannt. Mittlerweile gibt es – in der Regel zur unpassenden Zeit – so viel Wind- und Solarstrom, dass sich katastrophale Szenarien entwickelten [56]: Ein ehemals funktionierender Strommarkt ist heute eine *Non Profit Zone* kurz vor dem Zusammenbruch. Und dabei ist der Anteil alternativer Energien noch verhältnismäßig gering!

Am erstaunlichsten sind dabei die nicht mehr nachvollziehbaren Kenntnisdefizite und der pure Glaube in einer weiten Bevölkerungsmehrheit. Die Kaperung technischer Expertise durch ideologiegeschädigte Techniklaien hat bewirkt, dass selbst bei akademisch Gebildeten ein kindlich-naiver Glaube an die lockere Umsetzung von allem Vorstellbaren in konkret Machbares vorherrscht. Der verträgt dann in Diskussionen keinen Widerspruch mehr. Elektroautos als Speicher der elektrischen Energie eines ganzen Landes, Stromleitungen zur Vollversorgung Deutschlands von Nordafrika bis hin zu uns, neue Wunderbatterien, alle Energie aus „Erneuerbaren" und weitere Phantastereien über technische Wundertüten herrschen vor. Kostenproblematik, Energieverluste, Schädigung unserer industriellen Basis, Abwandern von Arbeitsplätzen in energieintensiven Industrien,...? Nie gehört! Das einzige, was paradoxerweise als unmöglich angesehen wird, ist eine sichere Kernenergie ohne Abfall, die es tatsächlich gibt. Es ist schon eine verrückte Welt, die sich heute dem nüchternen Beobachter Deutschlands zeigt. Ein ganzes Land ist „von Sinnen", wenn man sich die nachfolgenden Punkte vor Augen hält:

▷ An vielen Tagen herrscht ein destabilisierendes Stromüberangebot.

▷ Der Strompreis wird durch dieses Überangebot häufig sogar negativ. Deutschland muss dann Geld bezahlen, um Franzosen, Polen oder Österreichern seinen Strom schenken zu dürfen.

3.9 Résumé zur Energiepolitik Deutschlands

▷ Der Bau von konventionellen Kraftwerken rechnet sich auf Grund der Stillstandzeiten infolge des steigenden, fluktuierenden Wind- und Sonnenstroms nicht mehr. Niemand will sie bauen. Einfach aufgeben dürfen sie die Betreiber auf Grund gesetzlicher Vorgaben aber auch nicht. Daher verabschieden sie sich aus dem Markt, s. Fall E.ON.

▷ Man hat den Besitzern der EEG Anlagen überhöhte Preise für jede kWh ihres Stroms am Bedarf vorbei garantiert. Dies wird den Strompreis zukünftig weiter steigern.

Die Stromkonzerne wollen aus Rentabilitätsgründen keine Kraftwerke mehr bauen, obwohl es eine Stromlücke gibt. Die Politik behilft sich als Antwort auf soviel Marktverzerrung mit immer weiteren Verzerrungen. Nun soll der Bau von Gaskraftwerken subventioniert werden, denn der Strom fehlt vor allem im Süden von Deutschland. Leider sind aber die mit russischem Erdgas betriebenen Kraftwerke (nicht die mit Schiefergas betriebenen) die unrentabelsten konventionellen Kraftwerke. Sachgerecht nach Aufgabe der Kernkraftwerke wären moderne Braunkohlekraftwerke, die indes zu viel des politisch unerwünschten, aber, wie sich im Klimateil dieses Buchs zeigen wird, *unbedenklichen* CO_2 erzeugen. Zudem fehlen die Stromnetze, die niemand bauen möchte, weil die Bundesnetzagentur die Preise reguliert.

Das sporadische Angebot grüner Energien zieht sich durch die gesamte Energieinfrastruktur. Es produziert Überangebote, die den Markt zerstören. Auf der Nachfrageseite gibt es mittlerweile extreme Preisverzerrungen, denn der immer teurere Strom kann von der Industrie nicht mehr bezahlt werden. Die Politik reagiert mit Preisregulierung. Sie nimmt die Industrie von den Erhöhungen aus und legt diese auf die Verbraucher um. Wer wie viel zahlt, wird somit zu einer Frage des sozialen Standes und nicht von Angebot und Nachfrage. Durch das Abschalten der Kernkraftwerke verbleiben als Netzstabilisatoren immer mehr Gaskraftwerke. Das Gas kommt aus Russland. Wenn es einer zukünftigen russischen Regierung nicht gefällt, wird uns im Winter nicht nur das Gas zum Heizen sondern auch noch der Strom fehlen, womit ein doppeltes strategisches Risiko entstanden ist.

Die Verfügbarkeit von preiswerter Energie, insbesondere von preiswer-

3 Energie

tem Strom, ist die Überlebensbasis jeder modernen Volkswirtschaft. Nur unter dieser Voraussetzung kann unser Land im globalen Konkurrenzkampf weiter bestehen und sich seinen hohen Lebensstandard sichern. Die deutsche Regierung hat dagegen den sachlich unbegründbaren Ausstieg aus der Kernenergie zu ihrem Grundsatz gemacht, verweigert sich sogar der Neuentwicklung moderner, inhärent sicherer Kernkraftwerke und setzt nur noch auf Energie aus Wind und Sonne. Allmählich wachen die deutschen Medien und die ersten politischen Parteien [77] auf und fangen an, diese Agenda zutreffend für unser Land als katastrophal zu bezeichnen.

Die Konsequenzen der bisherigen Politik werden freilich schon in naher Zukunft so fatal werden, dass ein völliges Umsteuern nicht mehr zu umgehen sein wird: *Deutschland wird durch schieren Sachzwang schnellstmöglich zusätzliche Kohlekraftwerke bauen und - wenn gefährliche Verwerfungen in der Stromversorgung vermieden werden sollen – die Restlaufzeiten seiner modernen Kernkraftwerke nutzen müssen.* Alternative Methoden gehören auf den freien Markt, wo sie sich bewähren müssen oder untergehen dürfen. Das Stromeinspeisungsgesetz muss vorrangig auf die *Bedarfsgerechtheit* zugeschnitten werden und darf nicht als Unterstützungsmaßnahme zur bundesweiten Durchsetzung ungeeigneter alternativer Methoden verkommen. Alternative Methoden sind immer willkommen, wenn sie die Sicherheit der Energieversorgung verbessern, die Stromerzeugungskosten senken und dem Umweltschutz genügen, aber nicht, wenn sie alle diese Kriterien dramatisch verfehlen, wie es momentan mit Windstrom, Sonnenstrom (ausgenommen umweltschädlich) und Biostrom erfolgt. Hinzu kommt, dass sich infolge von Einsprüchen, Bürgerprotesten und Gerichtsurteilen hierzulande seit 2010 kein Neubau eines größeren Kohlekraftwerks mehr durchsetzen ließ. Eine Ausnahme davon war nur die Inbetriebnahme der Blöcke F und G des Kraftwerks Neurath im Jahre 2012.

Die in Tabelle 3.3 unter 3.3.4 gezeigten geringen Erntefaktoren der „Erneuerbaren" bedeuten einen hohen Aufwand der elektrischen Stromerzeugung und dementsprechend hohe CO_2-Emissionen. Mit alternativen Energien lässt sich daher, wenn überhaupt, nur unwesentlich CO_2 vermeiden. Betrachtet man in Bild 3.2 unter 2 den verschwindenden Anteil Deutschlands am anthropogenen Weltausstoß von CO_2, wird aus

3.9 Résumé zur Energiepolitik Deutschlands

dieser Einsparung praktisch ein Nulleffekt. Tatsächlich ist der Effekt sogar exakt gleich Null. Dies folgt zwangsweise aus dem EU-weiten Handel mit CO_2-Zertifikaten. Dieser Handel setzt dem Ausstoß an CO_2 aus der Stromerzeugung der EU eine automatische, administrative Grenze. Das System legt fest, wie viel CO_2 in der EU ausgestoßen wird. Keine innerdeutsche Maßnahme, und sei sie noch so aufwendig, kann daran etwas ändern. In Deutschland nicht genutzte CO_2-Zertifikate werden einfach woanders in der EU genutzt [249].

4 Klima

Klimawissenschaft hat etwas Faszinierendes: So eine geringe Investition an Fakten liefert so einen reichen Ertrag an Vorhersagen.
(frei nach Mark Twain)

Begriffe wie *Klimawandel*, *Klimaschutz* und *klimaschädliches CO_2* sind heute aus Sprachgebrauch und den Medien nicht mehr wegzudenken. Jedem naturwissenschaftlich Gebildeten ist freilich klar, dass die Dinge so einfach nicht liegen können. Die Menschheit lebt in unterschiedlichen Klimazonen der Erde, von tropisch, über gemäßigt, bis hin zu polar. Welches dieser Klimate soll geschützt werden? Ist Klimaschutz überhaupt ein sinnfälliger Begriff? Schließlich ist bekannt, dass es in Zeiten Hildegarts von Bingen deutlich wärmer war als heute. Man kennt die berühmten Winterbilder holländischer Genremaler, wie z.B. Pieter Breughels Heimkehr der Jäger in Schnee und Eiseskälte und vermutet zutreffend, dass diese Zeitperiode (kleine Eiszeit) wesentlich kälter als heute gewesen war. Dann stellt sich die Frage: War die relativ geringfügige globale Erwärmung des 20. Jahrhunderts natürlich, oder wurde sie durch menschgemachte (anthropogene) CO_2-Emissionen verursacht? Und falls man Letzteres annimmt, folgt: Ist es sinnvoll, dagegen etwas zu unternehmen? Schließlich waren die letzten 10 relativ warmen Jahre des 20. Jahrhunderts vielen von uns als klimatisch angenehm und nicht katastrophal in Erinnerung.

Antworten auf solche Fragen erscheinen angesichts der bekannten Komplexität des Klimas nicht einfach. Tatsächlich ist „Klima" hochkomplex. Es wird sich aber zeigen, dass zuverlässige Antworten dennoch möglich sind, sie dem heutigen Stand der Klimaforschung entsprechen und leicht verstanden und nachvollzogen werden können. Dies ist möglich, weil wir uns nur auf die folgenden drei Kernfragen der Klimaproblematik beschränken und sie später auch beantworten wollen:

4 Klima

▷ Liegen die gemessenen Temperaturen des 20. Jahrhunderts im natürlichen Bereich der Klimavergangenheit, oder zeigen sie eine ungewöhnliche Entwicklung seit Beginn der Industrialisierung an?
▷ Was sagt die Physik über die erwärmende Wirkung des anthropogenen CO_2 aus?
▷ Sind Klimamodelle für verlässliche Vorhersagen der Klimazukunft ernst zu nehmende Zeugen?

Unsere Antworten werden sich ausschließlich auf begutachtete wissenschaftliche Veröffentlichungen der Klimaphysik stützen, die fast ausnahmslos im Internet zugänglich sind. Die Quellen werden angegeben.

4.1 Klimakatastrophen?

Die Menschen können nicht sagen, wie sich eine Sache zugetragen, sondern nur, wie sie meinen, dass sie sich zugetragen hätte.
(Georg Christoph Lichtenberg)

Sieben Milliarden Menschen haben auf unserem Planeten endlose landwirtschaftliche Anbauflächen und ausufernde Städte zurückgelassen. Naturlandschaften mussten weichen. Bei klarem Himmel sind Kondensstreifen von Düsenjets erkennbar, aus Aerosolen entstandene Wolken, die den Durchgang des Sonnenlichts beeinflussen. Die Weltmeere verkommen zu Müllkippen und sind in großen Teilen leer gefischt. Der bei uns früher reichlich vorhandene Kabeljau ist zur Rarität geworden, im Mittelmeer steht der Thunfisch vor der Ausrottung. Schlussendlich wurde im 20. Jahrhundert eine Zunahme der globalen Mitteltemperatur beobachtet.

Bei alleiniger Beachtung des letztgenannten Ereignisses sind nur noch die Begriffe *Klimawandel* und *globale Erwärmung* zu vernehmen. Der dabei wohl wichtigste Punkt ist die Befürchtung einer durch anthropogenes CO_2 verursachten Zunahme von Extremwetterereignissen wie Hurrikanen, Starkregen, Überschwemmungen, Dürren und weiteren. Nichts davon ist als Zunahme nachweisbar. Bereits im IPCC-Bericht von 2001 (the scientific basis) wurde das Kapitel 2.7 mit der Überschrift *Has Climate Variability, or have Climate Extremes, Changed* (Hat sich die Kli-

4.1 Klimakatastrophen?

mavariabilität oder haben sich Klimaextreme verändert)? diesem Thema gewidmet, danach noch einmal im jüngsten Extremwetter-Report des IPCC vom Jahre 2012 [128]. Es ist bis heute nichts Ungewöhnliches über die natürliche Variabilität des Wetters bzw. des Klimas hinaus aufzufinden.

Die oft in den Medien geschilderten, von der Politik instrumentalisierten und dem Einfluss des industrialisierten Menschen zugeschriebenen unnatürlichen Wetterveränderungen sind bis heute nicht auffindbar.

Natürliche Extremwetterereignisse, die zu Sach- und Personenschäden führen und von den großen Versicherungen aus nachvollziehbaren Gründen gerne dem Einfluss des Menschen zugeschrieben werden, sind Teil der Natur. Den gegen Wetterunbilden scheinbar abgesicherten Zivilisationen ist eine grundlegende Erkenntnis abhanden gekommen: Der Natur sind wir gleichgültig, wir müssen uns – bei allem notwendigen Umweltschutz – vor ihr schützen. Das beginnt mit Impfungen gegen gefährliche Krankheiten und endet mit Schutzmaßnahmen tief gelegener Länder (Beispiel Holland) gegen Sturmfluten.

Von diesen Fakten unberührt hat die Politik massive *Klimaschutzmaßnahmen* auf den Weg gebracht, während die realen Umweltprobleme in Vergessenheit geraten. Der gebotene Schutz von Landschaften und Wildtieren wird durch 200 m hohe Windturbinen, riesige Bauschneisen und Unmengen von vergrabenem Beton in deutschen Naturschutzgebieten missachtet. Die Maßnahmen beabsichtigen, die Emissionen des für unser Klima als schädlich definierten Treibhausgases CO_2 unter Inkaufnahme hoher Kosten zu reduzieren. (Die für die Windradfundamente zuständige Zementherstellung gehört ironischerweise zu den höchsten CO_2-Erzeugern aller vergleichbaren industriellen Prozesse). Der deutsche Aktivismus in CO_2-*Vermeidung* lässt hierzulande die realen Gefahren, wie die Schädigung der Weltmeere, das Verschwinden der Regenwälder und insbesondere die weltweit sinkenden Grundwasserspiegel infolge zu starker industrieller und landwirtschaftlicher Entnahmen in den Hintergrund treten. Schlussendlich wird auch die Bedrohung des ungebremsten Bevölkerungswachstums in unterentwickelten Ländern, das

4 Klima

nicht nur für viele Umweltschäden verantwortlich ist, sondern sich mit zum Teil aggressiv-religiösen Ideologien verbindet, nicht thematisiert.

Ein stellvertretendes Beispiel: Pakistan mit heute knapp 200 Millionen Einwohnern, davon 40% unter 14 Jahren alt, wird in einer Generation mehr Einwohner als die USA aufweisen und ist im Besitz von Kernwaffen. Jederzeit droht eine Machtübernahme durch religiöse Fanatiker. In unserer Nähe (Nordafrika) brauen sich infolge hohen Bevölkerungsdrucks ähnliche Gefahren zusammen. Diese müssen nicht einmal kriegerischer Art sein. Schon heute stellt das Problem der Wirtschaftsflüchtlinge aus dem Maghreb und weiter entfernten Gebieten Afrikas die EU-Anrainerstaaten des Mittelmeers vor immer schwierigere Aufgaben. Diese Probleme werden sich bei zunehmender Bevölkerungszahl, die für die nächsten Jahrzehnte zahlenmäßig recht gut prognostiziert werden kann, dramatisch verstärken. Mittel- und Nordeuropa werden sich längerfristig auf die Integration von Millionen von Afrikanern einstellen müssen. Wie die betroffenen Länder die Aufnahme weniger und die Abweisung vieler Wirtschaftsflüchtlinge regeln und verkraften werden, ist ein offene Frage. Ohne schmerzhafte Verwerfungen wird es nicht abgehen. Deutschland und die EU machen dagegen in Klimaschutz und verbieten mit gesetzlichem Zwang die angenehm leuchtenden Glühlampen. Dabei sind folgende Fakten unstrittig:

Die einzigen maßgebenden Nationen weltweit, die CO_2-Vermeidungsmaßnahmen zum Zweck des Klimaschutzes betreiben, sind die EU und die Schweiz. Ihre Bemühungen sind für die globale CO_2-Bilanz vernachlässigbar, wenn man ihre CO_2-Einsparungen den ansteigenden Emissionen Indiens, Chinas und der USA gegenüberstellt. Jeder Euro, der für eine unwirksame Maßnahme aufgewendet wird, ist für den echten Umweltschutz verloren.

Die EU in ihrem politisch tölpelhaften Streben nach CO_2-Vermeidung schreckte beim Feldzug für eine „CO_2-ärmere Welt" nicht davor zurück, sich in einem internationalen Streit um den Emissionshandel für die Luftfahrt mit allen anderen Nationen weltweit zu überwerfen. So warnte der FOCUS vor der Gefahr eines drohenden Handelskrieges. Die Umweltkommissare der EU ließen nicht von ihren Forderungen ab, alle Welt

4.1 Klimakatastrophen?

müsse am europäischen Handelssystem für „Luftverschmutzungsrechte" (ETS) teilnehmen [83]. Isoliert musste die EU schließlich dem Druck der USA, Russlands, Chinas und Indiens weichen, die – sehr gut nachvollziehbar – einfach mit dem Entzug der Landungsrechte für EU-Flugzeuge drohten. Die grünen EU-Bürokraten haben ihr Projekt daher für ein Jahr auf Eis gelegt, im Klartext, das Projekt wurde unter diplomatischer Gesichtswahrung aufgegeben [64].

Durch die von Politik und Medien betriebene Meinungslenkung werden hierzulande – in Befolgung dieser EU-Bemühungen – die unzählbaren Ursachen von Klimaänderungen auf eine einzige Hypothese reduziert: Der durch Industrie und Landwirtschaft erzeugte Anstieg von Kohlendioxid in der Atmosphäre, einem Treibhausgas mit dem chemischen Kürzel CO_2, verursache schädliche Klimaänderungen. Diese Annahme wird mit folgender simplizistischen Argumentationskette begründet:

▷ Ende des letzten Jahrhunderts wurde es hierzulande wärmer (seit etwa 18 Jahren kühlt es sich allerdings globalweit wieder ab).

▷ CO_2 ist ein Treibhausgas und sein Anteil in der Atmosphäre nimmt, vom Menschen verantwortet, zu.

▷ Die Erwärmung kommt daher vom menschgemachten CO_2 und wird sich in Zukunft sehr schädlich auf das Weltklima auswirken.

Die aus den ersten beiden zutreffenden Behauptungen gezogene „Conclusio" ist unzulässig. Sie entspricht dem hübschen logischen Fehlschluss *„Da in vielen deutschen Gemeinden zu Beginn des vorigen Jahrhunderts die Geburtenzahlen und gleichzeitig die Storchpopulationen abgenommen haben, muss dort der Storch die Kinder gebracht haben"*. Natürlich ist zu sinnvoller Statistik immer auch ein realer, kausaler Zusammenhang nötig. Dieser Zusammenhang wäre bei der Klimafrage der physikalische Nachweis, dass das *zusätzliche* anthropogene CO_2 einen *maßgebenden* Einfluss auf die globale Erdtemperatur ausübt. Hierbei dürfen die entscheidenden Adjektive „zusätzlich" und „maßgebend" auf keinen Fall übersehen werden. CO_2 ist das zweitstärkste Treibhausgas (s. unter 4.9), entscheidend ist indessen nur, wie stark das zusätzliche, vom industrialisierten Menschen in die Erdatmosphäre gebrachte CO_2 erwärmt. Ist

4 Klima

dieser Effekt stark, oder ist er vernachlässigbar schwach. Nur um diese Frage dreht sich heute die wissenschaftliche Debatte.

Tatsächlich kann bis heute kein Nachweis einer Beeinflussung von Erdtemperaturen durch menschgemachtes CO_2 auf der Basis von **Messungen** *(im Gegensatz zu fiktiven Computermodellen) erbracht werden – geschweige denn der Nachweis eines „maßgebenden" Einflusses.*

Klima-Alarm wird trotz eines fehlenden Nachweises dennoch von der Politik als evident vorgegeben. Einwände von Klimaforschern, die Besonnenheit anmahnen, werden als Erbsenzählerei von unbelehrbaren *Klimaskeptikern* abgetan. Im Jahre 2007 wurde nach zähen internen Verhandlungen über Detailformulierungen der IPCC Bericht für *Politiker* veröffentlicht [124]. Er verfolgt das Ziel, die politischen Führungen dieser Welt auf die Hypothese von der Klimaschädlichkeit des anthropogenen CO_2 einzustimmen. Die wissenschaftlichen IPCC-Berichte sagen dagegen lediglich aus, dass eine maßgebende Beeinflussung der Klimaentwicklung angenommen wird, deren Folgen in spätestens 100 Jahren manifest werden sollen. Dies ist sicher ein entscheidender Unterschied zu dem, was viele Medienredakteure und Politiker gedankenlos den IPCC-Berichten entnehmen. Vorsichtshalber ist beim IPCC sogar nur von (nicht näher belegten) Wahrscheinlichkeiten die Rede. Die Kristallkugel, in der das IPCC seine Prophezeiung zu erkennen vermeint, sind *Klimamodelle*, keine *Messdaten*! Klimamodelle liefern Szenarien, was im Grunde das gleiche wie Prognosen bedeutet. Mit Klimamodellen wird, wohl zum ersten Mal in der Geschichte der modernen Naturwissenschaften, die Beweislast umgekehrt. Modelle hatten sich stets nach den Messungen zu richten. Heute hat man dieses bewährte Paradigma in der Klimamodellierung aufgegeben. Was es mit der Zu- oder Unzuverlässigkeit von Klimamodellen auf sich hat, wird unter 4.11 erläutert.

Die Kernfrage besteht darin, ob es sinnvoll ist, auf eine Bedrohung zu reagieren, die nur mit unsicheren Modellen prognostiziert wird. Dies muss unstrittig der Fall sein, wenn die Bedrohung mit belastbaren Fakten und einer nachvollziehbaren Wahrscheinlichkeitsanalyse belegt werden kann. Anderenfalls handelt es sich um vergeudetes Geld, das dem echten Umweltschutz fehlt. Als Musterbeispiel für eine zuverlässige Prognose kann – im Gegensatz zur globalen Temperaturentwicklung der Zukunft – das weitere Ansteigen der Erdbevölkerung in den nächsten Jahrzehnten gelten. Die Erwachsenen der nächsten Generation sind bereits geboren. Ohne sehr unwahrscheinliche Katastrophen, wie dem Einschlag eines großen Meteoriten oder einer Pandemie, die die Mehrheit der Erdbevölkerung auslöscht, ist der zukünftige Verlauf der Erdbevölkerung über die nächsten Jahrzehnte somit recht verlässlich prognostizierbar. Unter den geschilderten Umständen der Unsicherheiten von Klimaprognosen – offiziell ist von *Klimaprojektionen* die Rede – ist es nunmehr nachvollziehbar, dass nachdenkende Mitbürger anfangen misstrauisch zu werden und kritische Fragen zu stellen. Äußerungen von renommierten Fachexperten liefern auf solche Fragen die ersten Antworten:

Heinz Miller, Professor und stellvertretender Direktor des Alfred-Wegener-Instituts für Polar- und Meeresforschung in Bremerhaven [304]: *„Klima lässt sich nicht schützen und auf einer Wunschtemperatur stabilisieren. Es hat sich auch ohne Einwirkung des Menschen oft drastisch verändert. Das Klima kann nicht kollabieren. Natur kennt keine Katastrophen. Was wir Menschen als Naturkatastrophen bezeichnen, sind in Wahrheit Kulturkatastrophen, weil unser vermeintlicher Schutz vor äußeren Unbilden versagt. Wer Häuser dicht am Strand, am Fluss oder in Lawinengebieten baut, muss mit Schäden rechnen."*

Georg Delisle, Klimaforscher an der Bundesanstalt für Geowissenschaften und Rohstoffe (BGR) in Hannover [110]: *„Wir haben Zweifel, ob der Kohlendioxidausstoß wirklich einen so großen Anteil an der Erwärmung hat, und ob das alles so schlimm wird, wie von den Klimafolgenforschern beschworen."*

Augusto Mangini, Professor für Paläoklimatologie an der Universität Heidelberg [70]: *„Nein, unser Planet wird nicht sterben. Und der moderne Mensch ist an der Erwärmung vermutlich weniger schuld, als die IPCC-Berichte suggerieren."*

Horst Malberg, Professor für Meteorologie- und Klimakunde an der FU Berlin und ehemaliger Direktor des meteorologischen Instituts der FU [238]: „..... *Nach den obigen Ergebnissen über die globale wie mitteleuropäische Klimaentwicklung der vergangenen 150 bzw. 300 Jahre wird der anthropogene Treibhauseffekt auf den Klimawandel in den Klimamodellen des UN-Klimaberichts überschätzt. Die daraus resultierende derzeitige Klimahysterie und der unausgegorene CO_2-Aktionismus sind vor dem Hintergrund der bisherigen Klimaentwicklung nicht nachvollziehbar."*

Niels-Axel Mörner, Professor für Paläogeophysik an der Universität Stockholm und 1999-2003 Präsident der INQUA Commission on Sea Level Changes and Coastal Evolution, drückt es besonders hart aus [183]: *„Die Behauptung, dass Meeresspiegel ungewöhnlich ansteigen, ist betrügerisch."*

Judith Curry, Professorin für Geo- und Atmosphärenwissenschaften am Georgia Institute for Technology, zu den angesehensten Klimaexperten der USA gehörend, schreibt auf ihrem Internet-Blog unter "Challenging the 2 °C target", am 3. Okt. 2014 [135]: *„...die unbequeme Wahrheit, dass es keinen Nachweis eines Anstiegs der meisten Typen von Extremwettern gibt und es extrem schwierig ist irgendeine Änderung dem Menschen zuzuordnen...."*

Ist es nur eine verschwindende Minderheit von Fachwissenschaftlern, die sich hier äußert? Nein! Gleichgerichtete Anmerkungen von beliebig vielen skeptischen Klimaexperten sind dokumentiert (s. unter 4.13). Leider wird darüber von den deutschen Medien bis heute nichts berichtet. Die Gegenstimmen widerlegen die Behauptung, dass Kritik allenfalls von wissenschaftlichen Außenseitern geäußert werde. Hinzu kommt ein noch größerer Anteil an Fachexperten, die sich öffentlich bedeckt halten. Infolgedessen ist weiterhin zu unterscheiden: Auf der einen Seite zwischen der privaten Auffassung von Klimaforschern, die – im Gegensatz zu den oben zitierten Stimmen – zur Wahrung ihrer Forschungsmittel meinen, es sei besser zu schweigen und auf der anderen Seite einem wissenschaftspolitisch propagierten „Konsens" über die Klimaschädlichkeit des CO_2. Fest steht freilich allemal: Die Klimawissenschaft ist sich in der Einschätzung

4.1 Klimakatastrophen?

über den Einfluss des anthropogenen CO_2 keineswegs einig. Zur Vermeidung von Missverständnissen muss in diesem Zusammenhang allerdings daran erinnert werden:

Niemand bestreitet, dass Klimawandel grundsätzlich immer stattfindet. Konstantes Klima ist naturgesetzlich unmöglich. Klimaveränderungen der Vergangenheit waren oft heftiger als zur heutigen Zeit. Ebenfalls niemand mit ausreichenden naturwissenschaftlichen Kenntnissen bestreitet, dass CO_2 nach dem Wasserdampf das zweitstärkste Treibhausgas ist und damit anthropogenes CO_2 allein aus physikalischen Gründen einen erwärmenden Einfluss auf Erdtemperaturen ausüben muss. Der entscheidende Punkt ist, ob dieser Einfluss maßgebend, oder ob er vernachlässigbar klein ist. Nur im erstgenannten Fall wären Emissionsreduktionen von CO_2 geboten.

Die letzten Sätze klingen freilich unlogisch. Wie kann der Einfluss des anthropogenen CO_2 unmaßgeblich klein sein, wenn CO_2 ein so starkes Treibhausgas ist? Die detaillierte Auflösung dieses scheinbaren Widerspruchs wird unter 4.9.1 gegeben. Vorab sei als anschauliche Hilfsvorstellung eine „gut wärmende Pudelmütze" geboten, die den Treibhauseffekt des **anthropogenen** CO_2 in starker Simplifizierung veranschaulichen kann. Zusätzliches menschgemachtes CO_2, etwa Verdoppelung seiner heutigen Konzentration in der Atmosphäre, entspricht in diesem Hilfsbild dem Überstülpen einer zweiten Pudelmütze. Zwei gut wärmende Mützen wärmen nur unmaßgeblich besser als eine.

Obwohl viele physikalische Antriebe des Klimawandels der Wissenschaft bestens bekannt sind, kann man immer noch zutreffend von einer fast vollständigen Unkenntnis darüber sprechen, wie die beobachteten Klimaentwicklungen zustande kommen. Ob dies den politischen Entscheidungsträgern bekannt ist? Da offiziell von „Unsicherheiten" keine Rede ist und die politisch propagierten und schon ergriffenen Maßnahmen zum Klimaschutz einschneidende Folgen für uns alle haben werden, sollte sich jedermann sorgfältig selber informieren und seine Verantwortung als mitdenkender Bürger und Wähler wahrnehmen. Maßnahmen zum *Klimaschutz* sind nicht nur extrem kostspielig, sondern sie beschneiden auch die freiheitliche Lebensgestaltung eines jeden von uns

4 Klima

(*Energiewende*). Daher ist ein auf ordentlicher Information basierendes Eingreifen in diesen Prozess höchstes Gebot. Vor einiger Zeit scheiterte ein politischer Antrag, *Klimaschutz* ins Grundgesetz aufzunehmen - zum Glück für den Buchautor, der damit in die gefährliche Nähe der Ungesetzlichkeit geraten wäre.

Die verständliche Resignation von Laien angesichts der Komplexität der Klimazusammenhänge, die angeblich nur von wenigen Spezialisten verstanden werden können, kommt einem Verzicht auf das eigene Denken gleich. Die Entscheidung über weitgreifende Maßnahmen wird damit nämlich in die Hände von Politikern gelegt, die den Fachexperten einer von der Fraktionsdisziplin festgelegten Meinungsrichtung zu *glauben* haben und alle wissenschaftlichen Gegenstimmen ausblenden müssen. Ist man dagegen willens, sich selber zu informieren und zu urteilen, wird objektive Information benötigt. Dieses Buch bietet sie. In ihm werden die Klimafakten beschrieben, die den deutschen Medien offensichtlich politisch zu brisant erscheinen, um sie der Öffentlichkeit neutral, unvoreingenommen und sachgerecht zu überlassen.

Die sich ergebenden Schlussfolgerungen aus den Fakten geben leider nicht zu Optimismus Anlass, denn die Natur nimmt auf uns Menschen keine Rücksicht. Sie wird uns, wie schon in der Vergangenheit, auch zukünftig immer wieder Klima- und Wetterextreme bescheren. Etwas Optimismus ist aber dennoch angebracht, weil der Mensch auf die Klimaentwicklung keinen maßgebenden Einfluss ausüben kann. Dies könnte er allenfalls mit indiskutabler Gewalt, wie „Geo-Engineering" oder einem Weltkrieg mit Explosion des Großteils aller Kernwaffen.

Da bis heute kein Einfluss steigender atmosphärischer CO_2-Konzentrationen auf Erdtemperaturen nachweisbar ist – es gibt ihn, er ist aber infolge seiner Geringfügigkeit von den natürlichen Temperaturschwankungen nicht unterscheidbar –, ist CO_2-Vermeidung wirkungslos (s. unter 6.4). CO_2-Vermeidung hat ferner nichts mit Naturschutz oder Umweltschutz zu tun. Sie verausgabt lediglich Mittel, die für den Naturschutz verloren sind.

Die von der derzeitigen deutschen Regierung propagierte Klimapolitik gehört daher auf den öffentlichen Prüfstand, der die wissenschaftlichen

Gegenstimmen zu Wort kommen und ihre Aussagen durch neutrale Experten überprüfen lässt. Dies erfolgt bislang nicht.

4.2 Klimaschutz in Politik und den Medien

„Will man den Wahrheitsgehalt einer Aussage beurteilen, sollte man sich zuerst die Methoden des Aussagenden ansehen."
(Werner Heisenberg)

Die Berichterstattung der Medien über *Klimaschutz* und *Energiewende* könnte aktuell (Dez. 2014) den Fakten kaum stärker widersprechen. Dies liegt nicht nur daran, dass in vielen Redaktionsstuben zwar wirtschaftlich kundige, aber viel zu wenige technisch und naturwissenschaftlich beschlagene Redakteure sitzen. Ingenieure und Naturwissenschaftler wählen im Allgemeinen nicht den Beruf des Journalisten. Als Folge davon wird allenfalls über die Kostenproblematik und die Naturschädigung der Energiewende kritisch berichtet. Auch die Gefahr eines bundesweiten Stromausfalls, der Menschenleben fordern und unsere Volkswirtschaft mit Kosten in Milliardenhöhe pro stromfreier Stunde schädigen würde, rückt zunehmend ins öffentliche Bewusstsein [24].

Beim „Klima" herrscht dagegen absoluter medialer Konsens [116]. Die Fragwürdigkeit von „Klimaschutz" wird im Gegensatz zu früheren Jahren, als insbesondere die FAZ noch zum Teil kritisch berichtete [67], nicht mehr angesprochen. Selbst in den großen deutschen Qualitätszeitungen sind unreflektierte Klima-Katastrophenmeldungen zur Regel geworden. Da inzwischen in der Öffentlichkeit jeder Zweifel an der angenommenen Klimaschädlichkeit des CO_2 als politisch inkorrekt, ja sogar anstößig gilt, herrscht in den Medien trotz deutlich erkennbarer Abnutzungserscheinungen immer noch die „Fünf-vor-Zwölf"-Rhetorik vor. Kaum ein Redakteur recherchiert hier gründlicher, um Unrichtigkeiten zu vermeiden. Die Politik macht es vor. In den politischen Beschlüssen von Meseberg wurde eine Minderung der deutschen CO_2-Emissionen von 2005 bis 2020 um 40% festgelegt und ein Katalog von 26 weiteren Eckpunkten von Energieversorgung über Verkehr bis hin zur Gebäudesanierung aufgestellt [180]. Die Beschlüsse wurden durch kein Expertengremium von unabhängigen Fachleuten vorbereitet und überprüft. Keine politische Partei griff danach noch das für unsere Volkswirtschaft so kostspielige Klimaschutzthema auf. Hier herrscht, von seltenen Ausnahmen, wie den CDU-Bundestagsabgeordneten Arnold Vaatz (vormaliger Umweltminister Sachsens), Michael Fuchs und der FDP Sachsens abgesehen [77], eine fast gespenstische Ruhe und politische Einigkeit. „Klimawandel" und das diesen angeblich verursachende, „höchst schädliche" anthropogene CO_2 ist zum erklärten politischen Glaubensbekenntnis und damit unantastbar geworden. Man hat aufgehört, sich mit diesem Thema zu beschäftigen. Die Politik befürchtet zu Recht, dass infolge ihrer jahrzehntelangen Betonung eines gefährlichen Klimawandels – solches wird heute schon bis in die Kindergärten hinein gelehrt – jedes ernsthafte Hinterfragen der realen Zusammenhänge die Büchse der Pandora öffnen würde. Zu viele Wählerstimmen und das ohnehin schon schwer erschütterte Vertrauen in eine Politik stehen auf dem Spiel, von der die Bevölkerung zunehmend und zutreffend annimmt, dass sie mit ihrem Willen und politischen Wahlauftrag nicht mehr viel zu tun hat.

Bei der Energiewende scheinen sich tatsächlich die ersten Widerstandslinien abzuzeichnen. Grund dafür ist keineswegs ihr technischer und volkswirtschaftlicher Unsinn. Es sind vielmehr die explodierenden Strompreise und abwandernde Industrie-Arbeitsplätze, die die großen Volksparteien und zunehmend die Gewerkschaften beunruhigen. Man erinnert sich an die nicht lange zurückliegenden Versicherungen der Politik, die durch das EEG mit Photovoltaik, Windturbinen und Biomasse hochschießenden Strompreise seien nur ein Interludium und würden rasch wieder sinken, wenn sich die grünen Energien erst einmal richtig etabliert hätten. Im Gegensatz zur inzwischen erkannten Fragwürdigkeit der Energiewende finden aber die offenkundigen Widersprüche über das *klimaschädliche CO_2* sowie die *unaufhaltsame globale Erwärmung* immer noch keine Beachtung in den Medien. Es handelt sich dabei um die jüngste globale Abkühlung seit etwa 18 Jahren, die nicht thematisiert wird. Alle Welt erlebt kältere Winter selber. Wer kritisch nachdenkt, wird infolgedessen hellhörig und vermutet in richtiger Einschätzung: Wenn jedwede Art Gegenmeinung zu einem offenkundig fragwürdigen Konsens in den Medien „unbekannt" ist, kann etwas nicht stimmen.

Man fängt an im Internet zu recherchieren und beginnt danach zu

4.2 Klimaschutz in Politik und den Medien

fragen: Kann man dem IPCC noch Glauben schenken? Was ist von „Climategate" zu halten (s. unter 5.4.1)? Ganz offensichtlich hat das seine genauesten Prüfungen und Sorgfalt betonende IPCC – um es vorsichtig auszudrücken – nicht ordentlich gearbeitet. Maßgebende Wissenschaftler, die dieser politischen Organisation zuarbeiteten, haben sogar massiv geschummelt. Angeblich begutachtete IPCC-Berichte wurden nicht von Wissenschaftlern sondern von Studenten verfasst [48]. Konsequenzen wurden daraus nicht gezogen.

Insbesondere in Kreisen naturwissenschaftlich Gebildeter nimmt die Skepsis zu. Der Widerspruch von jüngster globaler Abkühlung und steigendem atmosphärischen CO_2 wurde bereits genannt. Warum waren weiterhin in der Hurrikan-Saison 2006/2007 nach dem katastrophalen Sturm Katrina schwere Stürme Mangelware? Warum blieben katastrophale Hochwasserereignisse in Deutschland die letzten Jahre aus? Warum werden keine konkreten Pegelzahlen steigender Meeresspiegel auf den Malediven vorgelegt, obwohl seit vielen Jahren unverdrossen über eine nahe bevorstehende Räumung dieser Inseln infolge drohender Überschwemmung berichtet wird? Dubai liegt zwischen 0 m und 0,5 m über Meeresniveau, und dennoch werden hier Milliarden für neue Städte investiert. Haben die Investoren keine Angst vor den prognostizierten Meeresspiegelanstiegen? Und ist nicht eine höhere CO_2-Konzentration für das Pflanzenwachstum nützlich (insbesondere auch für Nahrungspflanzen, wie Getreide)?

Seit das Internet seinen Siegeszug angesetzt hat, wird das Ignorieren der *Klimaskeptiker*, die der Hypothese einer gefährlichen anthropogenen Erderwärmung widersprechen, zunehmend schwieriger. Da in den deutschen Medien neutrale, objektive Klima-Berichte Fehlanzeige sind, ist inzwischen das Internet – neben Buchveröffentlichungen – zur praktisch einzigen öffentlichen Plattform für Kritik geworden. Damit sind auch Nachteile verbunden, denn klimaskeptische Internet-Blogs und -Foren haben naturgemäß kein Peer-Review und genügen daher oft nicht den wünschbaren Qualitätsmaßstäben. Insbesondere Polemik gegen den jeweiligen Meinungsgegner ist oft aufzufinden. Natürlich findet man im Internet ausreichend viele kritische Klima-Foren sehr guten fachlichen Niveaus, überwiegend in englischer Sprache. Die besten Webseiten werden vom US-Meteorologen Anthony Watts [280], der US-Klimaprofessorin

Judith Curry [43] und der australischen Journalistin Joanna Nova [197] betrieben. Der britische Soziologieprofessor Benny Peiser [208] versendet Rundbriefe zur aktuellen Klimapolitik. Weitere Internet-Foren sind das ICSC (International Climate Science Coalition) [302] und insbesondere das Science and Environmental Policy Project des renommierten Physikers und Klimaforschers Prof. Fred Singer [241]. Zu erwähnen sind schließlich die NIPCC-Berichte [196].

In Deutschland nimmt das Internetforum des gemeinnützigen e.V. *Europäisches Institut für Klima und Energie (EIKE)* nach Internet-Besucherzahl mit großem Abstand den ersten Platz ein [55]. Seine Aufgabe sieht es in der Aufklärung der Öffentlichkeit über die von den Medien vernachlässigten Klima- und Energiefakten sowie in der Propagierung einer technisch-rationalen und dem wirklichen Umweltschutz verpflichteten Umwelt- und Energiepolitik. EIKE orientiert sich ausschließlich an wissenschaftlichen Kriterien (s. Präambel und Zusammensetzung seines Fachbeirats) und führt auch eigene Klimaforschung durch, deren Ergebnisse in begutachteten physikalischen Fachzeitschriften erscheinen [58]. Die breite Streuung seiner Beiträge, die bewusst allen Meinungen freies Wort erteilt, zieht diskussionswillige Besucher an und macht EIKE zunehmend populär.

Ein weiteres deutsches Internet-Forum ist die *Klimazwiebel*, betrieben vom Meteorologen Prof. Hans von Storch [150]. Ähnlich wie der Blog von Judith Curry bringt die Klimazwiebel auch Beiträge klimapolitischer und klimasoziologischer Inhalte. Es ist allerdings undeutlich, welche Position von Storch einnimmt. Er neigt weder den Vertretern der menschgemachten Erwärmungshypothese noch den Klimaskeptikern zu. Trotz eigener klimakritischer Verlautbarungen [254] verließ v. Storch aus Protest eine Arbeitsgruppe der Deutschen Akademie der Wissenschaften, die von seinem akademischen Kollegen, Prof. Fritz Vahrenholt, geleitet wurde [5]. Dieses Ereignis führt uns sogleich zu einem der besten klimakritischen Blogs, der von den Buchautoren F. Vahrenholt und S. Lüning (*„Die kalte Sonne"*) betrieben wird und inzwischen eine unverzichtbare Position in der Riege der wissenschaftlich einwandfrei berichtenden Webseiten eingenommen hat [137]. Weitere Nennungen von klimakritischen Internetforen sind auf der Hauptseite von EIKE zu finden.

Auseinandersetzungen innerhalb der Wissenschaftsgemeinde, die wirk-

4.2 Klimaschutz in Politik und den Medien

sam bis weit in die Tagespresse hineinreichten, hat es in der Vergangenheit auch schon bei anderen Themen gegeben. Die Diskussion in der Klimafrage ist indes in Heftigkeit, Schärfe, Ausdehnung und Ausstrahlung in die Öffentlichkeit in der bisherigen Wissenschaftsgeschichte einzigartig. Warum? Die Antworten sind naheliegend:

I. Im Gegensatz zu anderen wissenschaftlichen Streitthemen steht jedem von uns das Wetter und seine längerfristige Manifestation, das Klima, besonders nahe. Mit der Angst vor Klimaänderungen wird Politik gemacht, die mit hohen Kosten für den Verbraucher, aber auch mit lukrativen Gewinnen für Profiteure verbunden ist.

II. Ebenfalls im Gegensatz zu anderen wissenschaftlichen Streitthemen geht es in der Klimaforschung um Begriffe, die jeder aus dem täglichen Leben bestens kennt, um Temperaturen, Niederschläge, Wetterextreme usw.

III. Viele als maßgeblich oder gar gefährlich bezeichneten Änderungen von Klimaparametern sind in der Realität „Nulleffekte". So ist beispielsweise die als anthropogen vermutete Temperaturänderung des 20. Jahrhunderts auch mit den besten statistischen Methoden bis heute von den natürlichen Fluktuationen nicht trennbar. Unterhalb von nicht mehr nachweisbaren Größenordnungen hat inzwischen alles einen „anthropogenen Fußabdruck". Die Hypothesen schießen ins Kraut. Da es grundsätzlich extrem schwierig ist zu beweisen, dass etwas nicht existiert, finden auch absurde Fragwürdigkeiten den Weg in die Medien.

IV. Zwischen Klima-Forschungsaufwand und gesicherten Erkenntnissen besteht ein extrem großes Missverhältnis. In den USA sind in wenigen Jahrzehnten mehr Milliarden US-Dollar in die Klimaforschung geflossen, als die Mondlandung kostete. Die Ergebnisse entsprechen diesem Aufwand nicht. Ein objektiver, kritischer Beobachter kommt bei nüchterner Beurteilung nicht umhin festzustellen, dass die Wissenschaft trotz dieses hohen Aufwands heute immer noch nicht entscheidend weiter gekommen ist, als sie es zu Zeiten von Jean Baptiste Fourier, John Tyndall oder Svante Arrhenius schon einmal war. Wir wissen inzwischen sehr viel mehr über die physikalischen Antriebe, aber immer noch so gut wie gar nichts darüber, wie sich aus diesen unzähligen Antrieben die Klimaentwicklung ergibt.

4 Klima

Die Forscher Fourier und Tyndall waren Anfang des 19. Jahrhunderts die ersten, die auf die Wirkung von Treibhausgasen in der Atmosphäre für die Treibhauserwärmung hinwiesen. Arrhenius berechnete im Jahre 1896 die globale Temperaturerhöhung, die eine theoretische Verdoppelung des CO_2-Gehalts bewirkt. Seine Rechnung ist heute überholt, aber auch nicht viel ungenauer als die der modernsten Computer-Klimamodelle. Im Jahre 1957 schließlich wiesen die US-Ozeanographen Revelle und Suess auf eine mögliche globale Erwärmung durch CO_2 hin [223]. Seit den Zeiten dieser Forscher wurden unzählige neue Detailkenntnisse gewonnen. Eine belastbare Aussage über die menschliche Schuld an irgendeinem Klimawandel geht bis heute daraus nicht hervor.

4.3 Erste Klima-Fakten

*Man erzählt von einem unserer trefflichsten Männer, er habe
mit Verdruss das Frühjahr wieder aufblühen sehen, und gewünscht,
es möge zur Abwechslung einmal rot erscheinen.
(Johann Wolfgang Goethe)*

Das menschliche Gedächtnis ist kein guter Klima-Ratgeber. Fragen wir ältere Zeitgenossen nach dem Sommer 1968! War er verregnet oder prachtvoll warm und trocken? Kaum jemand wird es sagen können, es sei denn, markante Ereignisse lassen sich mit der gesuchten Erinnerung verknüpfen. Vielleicht kann sich mancher ältere Leser aber noch gut an einen der sehr seltenen, wirklich warmen Sommerabende Ende der 1960-er Jahre erinnern, der ihm wegen des seit Jahren erstmals unnötigen Pullovers unvergesslich wurde. Hierzulande mussten daher die 60-er Jahre, verglichen mit den 90-er Jahren, kälter gewesen sein. Und so war es tatsächlich.

Wie stark waren die letzten großen Überschwemmungen im Vergleich zu früher? Erst im Jahre 2002 ist Dresden schwer geschädigt worden. Auch hier versagt die Erinnerung. Wird es schlimmer? Die Hochwasserpegelmarken an der alte Brücke in Heidelberg sagen dazu unmissverständlich aus (Bild 4.1), einer Stadt, die mehr oder weniger regelmäßig

4.3 Erste Klima-Fakten

Bild 4.1: Alte Brücke in Heidelberg mit Hochwassermarken am ersten südwestlichen Brückenpfeiler. Die Pegelwerte sind in der Maßeinheit des badischen Fuß eingraviert.

unter Überschwemmung ihres historisch wertvollen Altstadtkerns leidet. Die stärksten Überschwemmungen gab es überraschenderweise in den Jahren 1784 und 1824 und nicht in jüngerer Zeit. Die Überschwemmungen, in der Reihenfolge nach Maximalhöhen geordnet, erfolgten in den Jahren 1784, 1824, 1789, 1817, 1947, 1882, 1845, 1993, 1780, 1956, 1970 usw. Zwischen dem absoluten Höchstpegel im Jahre 1784 und dem ersten Höchstpegel aus jüngerer Zeit (1947) liegen stolze 3,5 Meter.

Im Internet findet sich eine detaillierte Übersicht über historische Hochwässer in Deutschland und seinen Nachbarländern, wobei sich der Heidelberger Brückenbefund ausnahmslos bestätigt [117]. Die höchsten Pegelmarken finden sich generell in Zeiten, in denen es noch kein an-

4 Klima

thropogenes CO_2 gab. Sogar das Extremhochwasser der Elbe im Jahre 2002 hatte im Jahre 1845 einen Vorgänger mit etwa gleichen Pegelwerten. Nicht nur in der Regenbogenpresse wird das Faktum einer nicht existierenden Zunahme von Hochwasserhöhen aber immer wieder ins Gegenteil verkehrt und jedes Hochwasserereignis ursächlich der globalen Erwärmung zugeordnet.

Schlussendlich ist darauf hinzuweisen, dass den Hochwässern in der Vergangenheit mehr Ausweichflächen zur Verfügung standen, als heute. Flüsse waren damals noch nicht versiegelt. Für Hurrikan-Ereignisse, Extremwetter, Arktiseis gilt Entsprechendes. So ist als stellvertretendes Beispiel der Hurrikan Katrina, der New Orleans verwüstete, vielen von uns noch in Erinnerung. Dass aber in der Hurrikan-Saison 2006/2007 so gut wie keine gefährlichen Wirbelstürme in den Südstaaten der USA vorkamen, gerät schnell außer Blickweite. Eine Zunahme der Zahl von Hurrikanen, Zyklonen und Tornados kann nirgendwo auf der Welt nachgewiesen werden. Abschnitt 4.5 wird auf diese wichtige Frage nach den Folgen von Klimawandel noch detailliert eingehen.

4.4 Globale Erwärmung?

Vom Wahrsagen lässt sich's wohl leben in dieser Welt,
aber nicht vom Wahrheitsagen.
(Georg Christoph Lichtenberg)

Das Klimabild hatte sich Ende des 20. Jahrhunderts hierzulande im öffentlichen Bewusstsein gefestigt. Die warmen Sommer in Süddeutschland, in denen man im kurzärmligen Hemd seinen Wein bis in die Nacht hinein draußen in Gartenwirtschaften trinken konnte, waren fast zur Regel geworden. Meteorologen und Klimaforscher bestätigten den Eindruck. In unseren Breiten hatte die bodennahe Mitteltemperatur zugenommen. Man sprach von *Klimawandel* und sogar von *globaler Erwärmung*. Damit war eine überall auf der Erde vermutete Entwicklung gemeint. Inzwischen erfolgte wieder eine globalweite Umkehr. Spätestens seit dem Jahre 1997 stagnierten überall die Jahresmitteltemperaturen und fingen danach an, deutlich abzunehmen [174]. Ob hiermit eine neue

4.4 Globale Erwärmung?

Klimawende eingeleitet wurde, steht der Kürze des Zeitraums von inzwischen etwa 18 Jahren wegen noch nicht fest. Bemerkenswert erscheint immerhin, dass kein Klimamodell diesen Temperaturrückgang vorhersagen konnte.

Im Übrigen: Trifft eigentlich die immer wieder gebrauchte Bezeichnung „global" tatsächlich zu? Die IPCC-Aussage zur globalen Erwärmung basiert auf nicht übermäßig vielen Temperaturstudien, die FAZ hat in 2007 insgesamt 75 wissenschaftliche Studien gezählt, die bis in die 90-er Jahre des letzten Jahrhunderts zurückreichen [72]. Inzwischen sind weitere Arbeiten hinzugekommen. Was sagen diese Studien aus? Überwiegend wiesen die meisten Messorte im 20. Jahrhundert Erwärmung auf, viele aber zeigen auch Abkühlung. Insbesondere trotzt die Südhemisphäre der Erwärmung, hier wurde es wesentlich schwächer warm als auf der Nordhalbkugel. Die Studien basieren im Wesentlichen auf Daten aus Nordamerika, Europa und Russland. Die Arktis und Antarktis haben nur eine schmale Datenbasis, und große Teile von Afrika, Südamerika und Südostasien fehlen fast völlig. Hieraus ein globales Bild abzuleiten ist unzulässig, nur eine rezente Erwärmung in den nördlichen Weltzonen, so auch bei uns in Deutschland, ist belegt. Im Jahre 2003 erschien eine Studie, die auch der mediennahe Direktor des Potsdamer Instituts für Klimafolgenforschung (PIK), WBGU-Direktor und Klimaberater der Kanzlerin Angela Merkel, Prof. Hans-Joachim Schellnhuber, zeichnete. In ihr wurden 95 Temperaturreihen analysiert, deren Längen sich von etwa 50 bis weit über 100 Jahre erstreckten [236]. Es wurden keine Anzeichen für eine globale Erwärmung gefunden (s. auch unter 5.4.4).

Im Jahre 2011 schließlich erschienen zwei Studien, in denen weit mehr Stationen als in der Arbeit vom Jahre 2003 untersucht wurden. In der ersten Veröffentlichung, die der Buchautor zusammen mit Mitautoren verfasste, waren es rund 2500 Stationen [166], in der zweiten, einer Publikation der US Universität Berkeley, die erst im zweiten Anlauf das Begutachtungsverfahren bestand gar über 30.000 Stationen, davon aber sehr viele nur wenige Jahrzehnte lang [187]. Beide Studien zeigen in etwa die gleichen Ergebnisse - aber keine gleichen Schlussfolgerungen. Hier ist insbesondere zu betonen, dass etwa ein Viertel aller Stationen weltweit im 20. Jahrhundert eine *Temperaturabnahme* und keinen Anstieg aufweisen. Hieraus auf eine nicht vorhandene Erwärmungswirkung des menschgemachten CO_2 zu schließen, ist natürlich unzulässig. Die Aussage aber, dass diese Erwärmungswirkung nur sehr klein sein kann und sie bis heute nicht von den natürlichen Temperaturfluktuationen unterscheidbar ist, trifft zu.

Bild 4.2 zeigt den Trend von bodennahen Mitteltemperaturen zwischen 1979 und 2005. Für den Widerspruch zwischen Erwärmungs- und Abkühlungsgebieten gibt es übrigens noch keine anerkannte Erklärung. Die geringfügigen Klimaänderungen des 20. Jahrhunderts haben sich *ungleichmäßig* in unterschiedlichen Breiten ausgewirkt. Man kann dagegen erwarten, dass sich eine homogene höhere CO_2-Konzentration auf der Erde infolge zivilisatorischer CO_2-Emissionen *gleichmäßig* in Richtung Erwärmung bemerkbar macht. Der renommierte US-Klimaforscher Richard S. Lindzen verwendet hierfür den Begriff *gross forcing* [162]. Weil es im 20. Jahrhundert auf der Erde überwiegend wärmer, in einigen Zonen aber auch kälter wurde, ist dies ein Hinweis auf den unmaßgeblichen Einfluss des anthropogenen CO_2. Als Spekulation sei auf die möglichen Klimafolgen des Flugverkehrs hingewiesen, der sich im Wesentlichen auf der Nordhemisphäre abspielt (insbesondere überqueren sehr viele Flugrouten den Nordpol) und riesige Mengen Wasser aber auch Schwefel-Aerosole in der trockenen arktischen Atmosphäre bei der Kerosinverbrennung erzeugt [281]. Die aus Bild 4.2 hervorgehende Datenlage verdeutlicht, wie wir schon bei einem als recht sicher vermuteten Vorgang bei näherem Hinsehen mit Fakten konfrontiert werden, die den gängigen Vorstellungen nicht entsprechen. Diese Sachlage ist für fast alle Klimafragen charakteristisch. Stets gibt es große Unsicherheiten und Widersprüche. Wir werden noch mehr davon kennenlernen.

Zusammengefasst: Im 20. Jahrhundert konnte keine durchgängige globale Erwärmung gemessen werden. Nach den sehr warmen 1930-er Jahren ging es mit den globalen Mitteltemperaturen bis Ende der 1970-er Jahre bergab. Erst danach wurde ein deutlicher Erwärmungstrend gemessen, der sich freilich im Wesentlichen auf die Nordhemisphäre beschränkte. Somit sind nur zwei Erwärmungsperioden des 20. Jahrhunderts gesichert – ab 1910 bis 1930 und ab 1975 bis 1995. Ab 1995 bis zum heutigen Tage nahmen die globalen Mitteltemperaturen weltweit wieder ab (Einzelheiten unter 4.8). Es fällt sehr schwer, diese Temperaturentwicklung wissenschaftlich sinnvoll mit einer maßgebenden Erwärmungs-

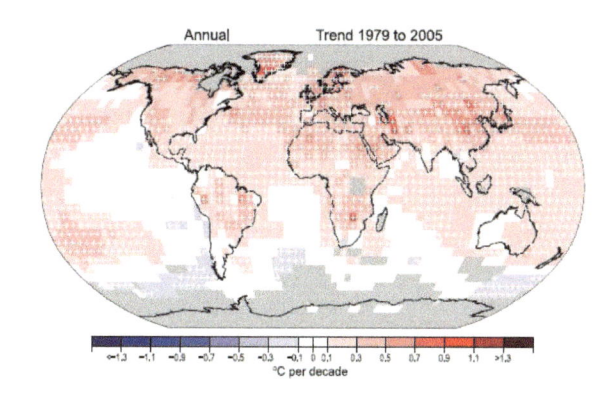

Bild 4.2: Trend von bodennahen Jahresmitteltemperaturen zwischen 1979 und 2005 mit Erwärmungszonen (rot) und Abkühlungszonen (blau), Bildquelle [301].

wirkung infolge des angestiegenen anthropogenen CO_2 in Verbindung zu bringen.

4.5 Die Folgen des Klimawandels

Mit Wellen, Stürmen, Schütteln, Brand,
geruhigt bleibt am Ende Meer und Land!
(Johann Wolfgang Goethe)

Welche Folgen zieht ein dauerhaft wärmeres Klima nach sich, falls denn diese Entwicklung einträte? Für unser Land wären es *positive* Folgen. Ein mehr mediterranes Klima ist für ein Land mit ausreichenden Wasservorkommen, wie sie in Deutschland gegeben sind, generell vorteilhaft. Stellvertretender Vorteil ist etwa der Energiespareffekt infolge geringeren Gebäudeheizens. Nur die Wintersportler werden vermutlich protestieren. Die bisher alle Jahre irgendwann einmal auftretenden Hitzewellen, Kältewellen, Hochwässer, Stürme usw. gab es schon immer, und es wird sie auch in Zukunft immer wieder geben.

Die befürchtete Wiederkehr von Giftschlangen, -spinnen und zahl-

4 Klima

reichen Tropenkrankheiten, die Schädigung von kreislaufgeschwächten Mitbürgern durch zu hohe Temperaturen und weiteres mehr, weisen lediglich Unterhaltungswert auf. So ist beispielsweise die Verbreitung von Malaria praktisch temperaturunabhängig. Die größte Malaria-Epidemie aller Zeiten mit über 600.000 Toten brach nicht in den Tropen, sondern während der 1920er Jahre im hohen Norden Russlands aus [221]. Die neuen Bedrohungen (West-Nil-Virus, asiatische Tigermücke etc.) haben nichts mit globaler Erwärmung, sondern mit dem globalisierten Warenverkehr zu tun [222]. Übergangen wird zudem, dass auch kälteres Wetter zu gesundheitlichen Schädigungen, wie etwa durch grippale Infekte oder Erfrierungen beiträgt.

Von erhöhter Sterblichkeit in wärmeren Ländern, verglichen mit kälteren Ländern bei vergleichbarem Entwicklungsstand, ist nichts bekannt. Die großen Versicherungen spekulieren natürlich darauf, mit dem unzutreffenden Argument höherer Extremwetterbedrohung infolge wärmeren Klimas entsprechende Prämienanpassungen vornehmen zu können. Unmittelbar folgend unter 4.5.1 wird untersucht, ob solche Spekulationen sachlich haltbar sind. Natürlich kommen höhere Schäden immer häufiger vor. Dies aber nicht des Klimawandels wegen. Es wird lediglich bei knappem Bauland zunehmend in Gebieten gesiedelt, die früher aus Gefährdungsgründen gemieden wurden. Versicherungsschäden nehmen generell mit dichterer Besiedelung und höheren Vermögenswerten zu, daraus auf Klimaursachen zu schließen, ist falsch.

4.5.1 Extremwetter

Klimaerwärmung lässt vordergründig einen Verstärkungstrend für heftige Wetterereignisse erwarten, wenn man davon ausgeht, dass chemische Reaktionen bei höherer Temperatur schneller ablaufen. Bild 4.3 zeigt, dass dies nicht der Fall sein muss. Unwetter und Stürme hängen vorwiegend aber nicht von der absoluten Temperatur sondern vielmehr von *Temperaturdifferenzen* ab [162]. Nur wenn sich die Temperaturdifferenz zwischen Polar- und Äquatorialgegenden erhöhen, muss mit heftigeren Extremwetterereignissen gerechnet werden. Betrachtet man die jüngeren Klimaänderungen, wird sichtbar, dass Temperaturerhöhungen in polnahen Zonen stets größer als in den Äquatorialzonen waren. Die Polarregio-

4.5 Die Folgen des Klimawandels

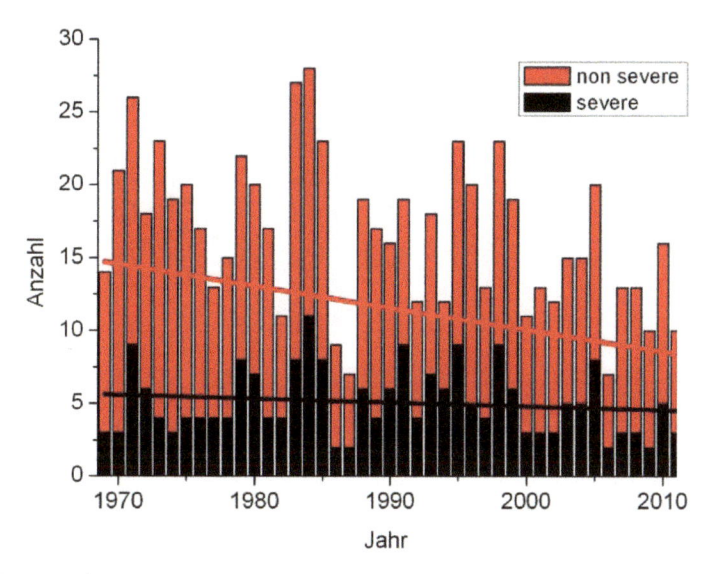

Bild 4.3: Anzahl von Zyklonen um die australischen Küsten zwischen 1969 bis 2011. Die abnehmenden Trendline für beide Zyklonarten (leicht, rot und schwer, schwarz) aus linearer Regression. Datenquelle [31].

nen, nicht die Äquatorialgegenden wurden wärmer, so dass sich die angesprochenen Temperaturdifferenzen *verringerten*. Infolgedessen sollten Extremwetterheftigkeiten und -häufigkeiten überall abgenommen haben, im Gegensatz zur öffentlichen Wahrnehmung [76]. Dies entspricht den Messungen (s. Bild 4.3), entsprechende Messungen mit gleicher Tendenz gibt es auch für den tropischen Atlantik [154]. Die starken kurzfristigen Schwankungen im Bereich weniger Jahre, die in Bild 4.3 sichtbar sind, verdeutlichen, woher die in den Medien regelmäßig auftauchenden „Nachweise" von Extremwetterzunahmen stammen. Die Zeiträume für klimarelevante Aussagen sind zu kurz. Abnehmende Windgeschwindigkeiten scheinen sich sogar in einer über Jahre leicht abnehmenden Off Shore „Windstromernte" Deutschlands bemerkbar zu machen.

In Bild 4.3 ging es um die Anzahl von Ereignissen. Ob wärmeres Wetter die Heftigkeit von Hurrikanen [118] vergrößert, ist dagegen umstritten. Es gibt hierzu Veröffentlichungen, die keinen Einfluss erkennen können, aber auch solche, die mit theoretischen Argumenten das Gegenteil herleiten [119]. Entscheidend sind aber stets die Messungen, die hier besonders schwierig sowie gefährlich sind und erst am Anfang stehen. Bisher gab es nur extrem ungenaue Schätzungen, abgeleitet aus den aufgenommenen Schadenskosten. Da Bevölkerungszahlen und Sachwerte überall zugenommen haben, ist dieses Messkriterium verständlicherweise unzuverlässig. Erwartungsgemäß wurde wieder Klima-Alarm anlässlich des katastrophalen Hurrikans „Sandy" gegeben und rief – ebenfalls erwartungsgemäß – die entsprechenden Gegenbelege auf den Plan.

An der bisherigen Grunderkenntnis einer nicht vorhandenen Zunahme der Anzahl von Hurrikanen hat sich nichts geändert [120]. Natürlich gibt es immer wieder Jahre ungewöhnlich zahlreicher Hurrikan-Ereignisse (z.B. Katrina-Hurrikan in New Orleans), aber ebenso immer wieder auch solche, in denen es sehr ruhig ist. Im Global Temperatur Report 1978-2003 der Autoren John Christy und Roy Spencer lesen wir dazu [307]: *„An analysis of hurricane and tropical cyclone data found those storms are not becoming either more frequent or more violent"*. Das IPCC sagt im Bericht von 2001 sowie im jüngsten Extremwetterbericht von 2012 gleiches aus [128]. Diese Fakten widersprechen den meist entgegengesetzten Aussagen der deutschen Medien. Tatsächlich sind Meldungen über zunehmende Extremwetter und Hurrikane entweder frei erfunden oder fiktiven Zukunftsprojektionen aus Computer-Klimamodellen, salopp in die Gegenwart übertragen.

4.5.2 Gletscher

Die Veränderung von Gletschern hängt von Umgebungstemperatur, Niederschlägen und Schmutzteilchen auf der Gletscheroberfläche ab. Letztere verändern Wärmeaufnahme der Gletscheroberfläche. Da unzweifelhaft seit Anfang des 19. Jahrhunderts, als es noch kein anthropogenes CO_2 gab, in unseren Alpen die Gletscher zurückgehen, wird dies vom IPCC als Warnsignal der kommenden „Wärmekatastrophe" angeführt. Der Glaziologe Prof. Gernot Patzelt von der Universität Innsbruck weist dagegen an Hand von Gletscherfunden wie etwa Baumresten nach, dass in 65% der letzten 10.000 Jahre die Alpengletscher kleiner und somit die Temperaturen höher als heute waren. Wald ist in Höhen gewachsen, die

4.5 Die Folgen des Klimawandels

heute noch vergletschert sind [207] – dies ohne alles menschliche Zutun. Warmzeiten, in denen die Gletscher kleiner waren als heute (Hochmittelalter, Römerzeit), waren kulturelle Blütezeiten.

Aus globaler Sicht machen die polfernen Gletscher, also die in den Alpen, im Himalaya, im Kaukasus, in Nordeuropa, in Neuseeland usw. nur etwa 4% der Gesamtgletschermassen der Erde aus. Die weit überwiegende Gletschermasse befindet sich in den riesigen Gebieten der Antarktis. Zum Thema Gletscherschwund berichtet der Forscher Roger J. Braithwaite, der weltweit Massenbilanzierungs-Messungen von 246 Gletschern zwischen 1946 und 1995 vorgenommen hat [28]. Seine Ergebnisse zusammengefasst: *Es gibt Gegenden mit hoher negativer Massenbilanz in Übereinstimmung mit der öffentlichen Wahrnehmung, dass die Gletscher schmelzen. Fast überall in Europa schmelzen die Gletscher, aber es gibt auch Regionen mit positiver Bilanz, und es gibt Gegenden, in denen praktisch nichts passiert, wie z.B. im Kaukasus.*

Weltweit gemittelt ist kein Abnahmetrend der Gletscher unserer Erde auszumachen, der zu Alarm Anlass geben könnte, eine neuere Zusammenstellung findet sich in [49]. Dass die Dinge nicht so einfach liegen, wie es von den Katastrophenwarnern immer wieder betont wird, zeigt der berühmte Gletscher des Kilimandscharo. Glaziologen von der Universität Innsbruck untersuchten diesen Gletscher intensiv [74]. Er schmilzt bereits seit 125 Jahren, also schon zu Zeiten, in denen es noch kaum anthropogene CO_2-Emissionen gab. In diesen 125 Jahren hat seine Fläche um 85% abgenommen, was zu der Vorhersage führte, er würde in 20 Jahren verschwunden sein. Inzwischen ist man mit solchen Aussagen vorsichtiger geworden, denn die Ursachen für den Rückgang des Kilimandscharo-Gletschers sind komplex und nicht unbedingt auf Umgebungstemperaturen zurückzuführen [291].

4.5.3 Meeresspiegel

Sieht man von langfristigen Einflüsse der Plattentektonik und der eiszeitlichen Glazialeustasie ab, können Veränderungen von Meeresspiegeln von sehr vielen Vorgängen und sogar Ereignissen abhängen, die nicht einmal alle bekannt sind. Nachfolgend ohne Anspruch auf Vollständigkeit

4 Klima

▷ Wärmeausdehnung des Wassers,
▷ Kalben von Gletschern der Antarktis,
▷ Abschmelzen des Eisschildes in Grönland,
▷ Veränderungen der Meeresströmungen,
▷ Veränderungen im globalen atmosphärischen Wasserhaushalt,
▷ Großräumige Grundwassernutzung,
▷ Vulkanismus.

Das Abschmelzen von schwimmenden Eisbergen kann keine Meeresspiegelanstiege bewirken. Zur Veranschaulichung füge man einem Glas Wasser Eiswürfel hinzu und fülle Wasser bis knapp am Überlaufen nach. Das Wasser läuft beim Schmelzen des anfänglich weit über die Glasrandhöhe hinausragenden Eises nicht über (Archimedisches Prinzip). Meeresspiegeländerungen sind ein schwieriges Thema, weil sie z.B. infolge tektonischer Veränderungen lokal unterschiedliche Werte aufweisen können. Lokale Messungen allein erlauben daher im Allgemeinen keine Aussagen über einen globalen Trend.

Prähistorisch sind, wie Bild 4.4 zeigt, die Meeresspiegelhöhen auf der ganzen Erde seit der letzten Eiszeit vor etwa 18.000 Jahren um ca. 130 m angestiegen. Bild 4.5 zeigt schließlich die Anstiege seit 1992, gewonnen aus Satellitenmessungen. Die jüngsten Werte sind nicht ungewöhnlich oder gar bedrohlich. Das IPCC sagt auf alleiniger Basis von Computer-Klimamodellen, verursacht durch menschgemachtes CO_2, Anstiege zwischen 10 cm und 90 cm bis zum Jahre 2100 voraus, wobei der untere Wert ganz grob den in Bild 4.5 gezeigten Messungen entspricht. Der Höchstwert ändert sich dagegen mit jedem neuen IPCC-Bericht, Tendenz fallend. Der vor Kurzem verstorbene polnische Klimaforscher Zbigniew Jaworowski wies darauf hin, dass während der mittelalterlichen Warmzeit weder von einer Überflutung der Malediven, noch der Pazifischen Inseln berichtet wird [133].

Zur Problematik von Meeresspiegelanstiegen kann Nils-Axel Mörner, Professor für Paläogeophysik und Geodynamik an der Universität Stockholm kompetent aussagen. Mörner ist seit 1969 mit Meeresspiegelveränderungen wissenschaftlich befasst, war 1999-2003 Präsident der INQUA Commission on Sea Level Changes and Coastal Evolution und ist weltweit einer der führenden Experten. In einem Interview unter dem be-

4.5 Die Folgen des Klimawandels

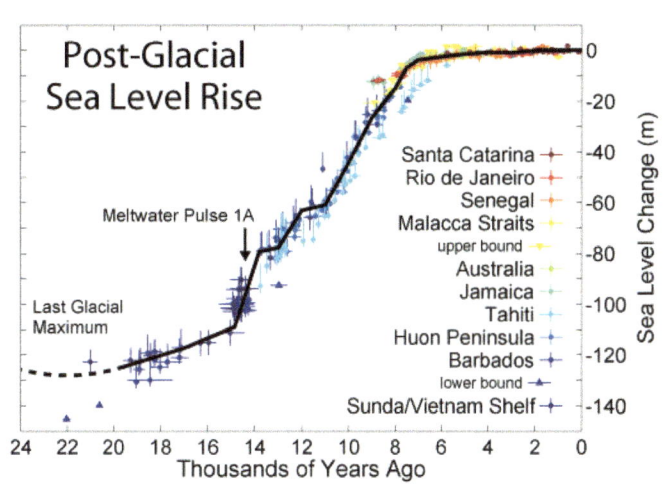

Bild 4.4: Prähistorische Meeresspiegelanstiege [4], Bildquelle [163].

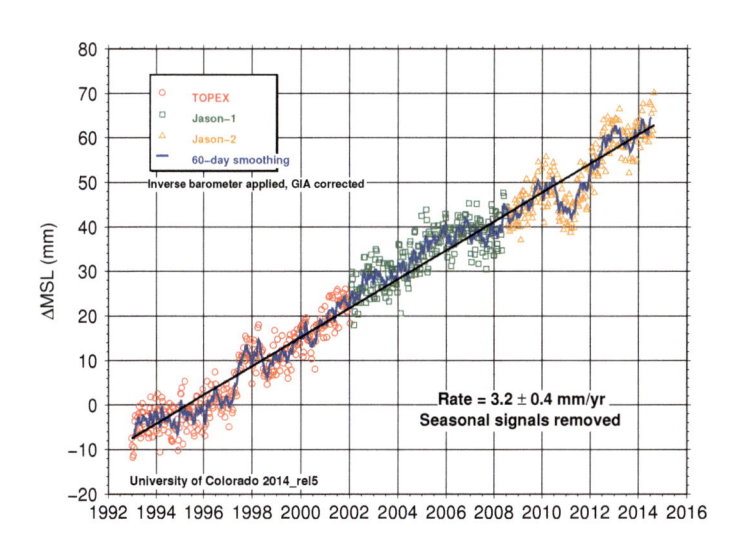

Bild 4.5: Meeresspiegeländerungen seit 1992, Bildquelle [132]. Topex und Jason sind die beiden Satelliten, welche die Daten lieferten.

redten Titel „*Claim that sea level is rising is a total fraud*" macht er seinem nachvollziehbaren Ärger über die Irreführung der Öffentlichkeit Luft [183]. Seine Aussagen zusammengefasst: Bis zum heutigen Tage messen wir grob die gleichen Anstiege. Jede anderslautende Information basiert nicht auf Messwerten und ist daher als fiktiv anzusehen. Mörner war außerdem Leiter des „Maledives Sea Level Project", welches die Situation dieses immer wieder als „höchst gefährdet" bezeichneten Archipels wissenschaftlich untersuchte. In Tabelle 4.1 sind die Ergebnisse seiner Analyse über die Hochwassergefährdung der Malediven aufgeführt. Zwei interessante Anekdoten aus dem Interview sollen dem Leser nicht vorenthalten bleiben. So berichtet Mörner von den jüngsten Satellitenmessungen, die von 1992 bis 2002 keinen von den natürlichen Steigerungswerten Jahr abweichenden Trend erkennen ließen. Plötzlich gab es 2003 einen sprunghaften Anstieg, der zu Aufregung Anlass gab. Der Grund war aber lediglich ein neu eingeführter Korrekturfaktor!

Eine Gruppe australischer Global-Warming-Aktivisten entfernte mit Gewalt einen sich praktisch auf Meeresspiegelhöhe befindlichen uralten Baum einer Insel des Malediven-Archipels. Dieser gab auf Grund seiner schieren Existenz Zeugnis davon ab, dass zu seiner Lebenszeit kein Anstieg des Meeres erfolgte. Der Baum konnte schließlich wieder eingesetzt werden. Die Malediven sind verständlicherweise mit den Ergebnissen von Mörner überhaupt nicht glücklich. Der Westen wird beschuldigt, CO_2 in die Atmosphäre zu blasen und die Existenz der Inseln zu gefährden. Dafür muss er nach Meinung der Inselbewohner zahlen. Diese Forderung kann natürlich nur bei einem andauerndem Überflutungsszenario begründet werden.

Vielleicht sollte auch einmal an ganz anderer Stelle als dem anthropogenen CO_2 nach weiteren Ursachen des rezenten Meeresspiegelanstiegs gesucht werden. Prof. Werner Weber (Univ. Dortmund) äußerte gegenüber dem Buchautor die interessante Vermutung, dass die inzwischen gewaltigen Grundwasserentnahmen für die Landwirtschaft, die letztlich in die Weltmeere gelangen, eine Größenordnung erreicht haben, die einen maßgebenden Beitrag zum aktuellen Meeresspiegelanstieg erklären könnten. Entsprechende Abschätzungen hierzu sind aber schwie-

4.5 Die Folgen des Klimawandels

Jahr	Level gegenüber heute
3900 vor heute	+ 1 m
2700 vor heute	+ 0,1 m bis + 0,2 m
900 vor heute	+ 0,5 m
1900-1970 n.Chr.	+ 0,2 m bis + 0,3 m
1970-heute n.Chr.	unverändert

Tabelle 4.1: Meersspiegeländerungen der Malediven [183]

rig, weil keine verlässlichen Zahlen zu den Süßwasserentnahmen erhältlich sind.

4.5.4 Arktiseis

Keine Medienmeldungen haben so viel Aufmerksamkeit erlangt, wie die jahrelang hartnäckig vorgebrachten Behauptungen, das Arktiseis würde verschwinden und der Eisbär infolgedessen aussterben. Lesen wir hierzu in der ZEIT, Nr. 24 vom 7.6.2007 einen Bericht über die Arbeit des Teams um den schon unter 4.1 genannten Polarforscher Prof. Heinz Miller [304]:

Im November 2006 veröffentlichten über 80 Mitglieder des Europäischen Bohrprojekts Epica (European Project for Ice Coring in Antarctica), darunter die Bremerhavener, eine wichtige Entdeckung: Zwischen Nord- und Südpol schwingt eine Klimaschaukel. Steigen in Grönland die Temperaturen, dann sinken sie in der Antarktis und umgekehrt. Globale Meeresströme transportieren gewaltige Wärmemengen von Pol zu Pol. „Wir konnten die Klimaschaukel äußerst präzise nachweisen und das Klima über 860.000 Jahre rekonstruieren", berichtet Miller. In diesem Zeitraum schwankte es heftig. „Es gab acht Kalt-Warmzeit-Zyklen", sagt er. Dabei reagierte der Nordpol (mit Temperaturänderungen bis zu 15 Grad in 20 Jahren) viel sprunghafter als der stabile Kälteklotz in der Antarktis, der 90 Prozent allen Eises birgt. Diese Daten von Nord- und Südpol widerlegen düstere Prophezeiungen, der Meeresspiegel könne in kurzer Zeit um mehrere Meter ansteigen. „Bis das Grönlandeis schmilzt, vergehen mehr als tausend Jahre", versichert Miller. Denn es war in der Vergangenheit auch deutlich wärmer als heute, ohne dass die riesigen Gletscher verschwanden. Auch die Befürchtung, der aktuelle Klimawandel lasse das Treibhausgas Methan aus Sümpfen und Meeren ausgasen und das Klima „kippen", finden die Glaziologen nicht bestätigt: „Wir sehen auch in wärmeren Zeiten keinen entsprechenden Anstieg des Methans." Ähnlich wie bei den Eisbären unterscheidet sich die reale Welt von der gefühlten medialen Wirklichkeit. „Wer von Klimaschutz redet, weckt Illusionen", mahnt Miller zu Bescheidenheit. ... Schlagworte wie Klimakollaps oder -katastrophe hält er für irreführend.

Das relativ dünne *Meereis* der Arktis, dem auch Eisschollen und kleinere Eisberge zuzuordnen sind, verschwindet weitgehend im Sommer und kommt im Winter wieder [149]. Es ist für das Ökosystem wichtig aber für die Klimaentwicklung weitgehend unrelevant. Bild 4.6 gibt die Entwicklung dieser Meereisbedeckung der letzten Jahre an. Solche Bilder geben Wetterverhältnisse wieder und haben nichts mit dem riesigen Eisvolumen des Festland-Gletschers auf Grönland zu tun, dessen Volumen rund 3 Millionen Kubikkilometer beträgt und der im oben zitierten ZEIT-Artikel angesprochen wurde [9].

Die beliebten Medienbilder, in denen Meereisflächen oder die dünnen Oberflächenschmelzflächen gezeigt werden, sind Irreführungen der Öffentlichkeit (s. unter 5.2). Früher Wintereinbruch eines bestimmten Jahres erzeugt eine große Eisbedeckung, in einem anderen Jahr mit spätem Wintereinbruch ist die Eisbedeckung sehr viel kleiner. Mit einer „Nordpolschmelze" hat dies nichts zu tun. Stellt man Bilder von „passenden" Jahren nebeneinander, wie dies in den einschlägigen Medienmeldungen gerne geübt wird, kommt man zum „verschwindenden Arktiseis". Hätte man andere Jahre genommen, hätte man ebensogut anwachsendes Arktiseis „beweisen" können. Um mit dieser Methode überhaupt sinnvolle Aussagen zu erhalten, müssten schon über mehrere Jahrzehnte alle Jahresmonate miteinander verglichen und statistisch ausgewertet werden. Aber auch dann hätte man nur eine Aussage über die klimaunrelevante Eisbedeckung, sicher interessant für Biologen, die sich für die Flora der Nordpolarregion interessieren. Auch die Warmzeit des

4.5 Die Folgen des Klimawandels

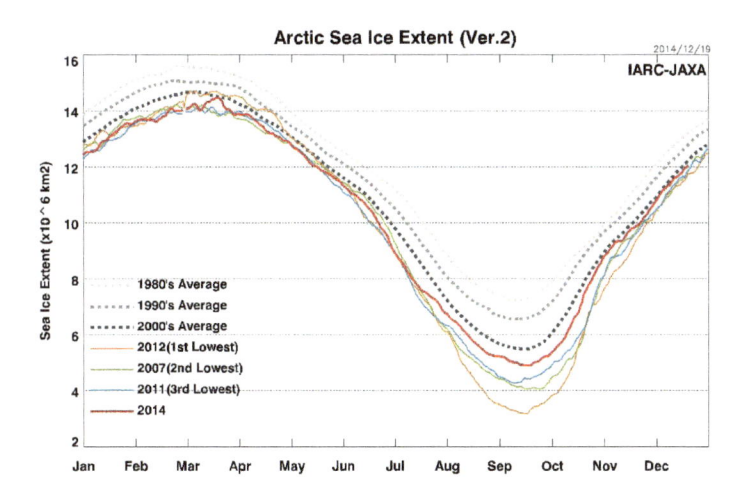

Bild 4.6: Arktische Meereis-Bedeckung aus Satellitenmessungen. Zu beachten der sinusförmige Verlauf der Bedeckung infolge wechselnder Jahreszeit, laufend aktualisierte Bildquelle [11].

Mittelalters, widerspricht einem „wegschmelzenden" Nordpol. Grönland hatte zwar eine geringere Eisbedeckung, aber annähernd das gleiche Gletschervolumen wie heute. Andererseits war das Meereis im kühlen 19. Jahrhundert schon einmal so weit ausgebreitet, dass die Eisbären buchstäblich zu Fuß vom Nordpol nach Island hätten wandern können [176]. Eine nüchterne Schilderung der Situation des Jahres 2012 findet sich in [171]. Und zu den Eisbären: Sie haben bestens alle bisherigen Warmzeiten überstanden. Ihre Population wird vom Jagdverhalten des Menschen, nicht vom Klima bestimmt [59]. „Rekord-Arktiseisschmelzen" gab es seit Beginn des vorigen Jahrhunderts im Übrigen bereits unzählige. Zusammenstellungen findet man in [219]. Aus dieser Quelle folgende Beispiele, die bis ins Jahr 1906 zurückreichen:

1) Im Jahr 1952: Der Arktis-Experte Dr. William S. Carlson sagte heute Abend, dass die Eiskappen am Pol in einem erstaunlichen und unerklärbaren Tempo schmelzen würden und die Seehäfen durch ansteigende Pegel zu überschwemmen drohten.

4 Klima

2) Im Jahre 1953: Führende Experten lassen verlauten „Die Gletscher in Norwegen und Alaska haben nur noch die Hälfte ihrer Größe von vor 50 Jahren. Die Temperatur um Spitzbergen hat sich so verändert, dass die Schiffbarkeit von drei auf acht Monate im Jahr angestiegen ist".
3) Im Jahre 1952: Dr. Ahlman drängte auf die Einrichtung einer internationalen Agentur für das Studium der globalen Temperaturbedingungen. Die Temperaturen hätten sich um 10 °C seit 1900 erhöht. Die Schiffbarkeitssaison entlang der Westküste Spitzbergens würde nun acht, anstatt drei Monate währen.
4) Im Jahre 1947: Führende Arktisexperten stellten fest, dass die Temperaturen in Polnähe im Durchschnitt sechs Grad höher sind, als Nansen vor 40 Jahren gemessen hat. Die Eisdicken betragen im Durchschnitt nur 1,95 m im Vergleich zu 3,90 m.
5) Russische Berichte des Jahres 1940: Der gerade aus der Arktis zurückgekehrte norwegische Kapitän Viktor Arnesen behauptet, eine im Umfang 12 Meilen große Insel nahe Franz-Joseph-Land entdeckt zu haben, auf einer Breite von 80,40 Grad. Er meinte, dass die Insel zuvor von einem 19 m bis 24 m hohen Eisberg verdeckt gewesen wäre, der nun geschmolzen sei. Dies zeige die außergewöhnliche Natur des jüngsten Abtauens in der Arktis.

4.5.5 pH-Werte der Ozeane

Der pH-Wert, der vom dänischen Biochemiker Dr. Søren Sørensen 1909 eingeführt wurde, gibt die Stärke einer sauren bzw. basischen Wirkung in einer wässrigen Lösung an. Er wird als logarithmische Größe in dem Skalenfeld von 0 - 14 definiert. Der Mittelwert pH = 7 von neutralem Wasser bei 25 °C wird als neutral bezeichnet. Die Werte < 7 kennzeichnen den sauren und die Werte > 7 den basischen Bereich. Meerwasser ist mit einem Wert von 7,9 - 8,25 basisch, von „Versauerung" zu reden ist daher falsch [234].

Das im Meerwasser gelöste CO_2 verbindet sich mit Wasser H_2O zu Kohlensäure H_2CO_3. Ein Teil zerfällt in Wasserstoff-Ionen H+ und Hydrogenkarbonat-Ionen. Diese dissoziieren in weitere Wasserstoff-Ionen und Karbonat-Ionen. Der Anteil der Wasserstoff-Ionen bestimmt dabei unmittelbar den Säuregehalt des Wassers. Durch diese chemischen

4.5 Die Folgen des Klimawandels

Prozesse steigt die sog. Karbonat-Kompensationstiefe nach oben. Diese Tiefe gibt an, von wo ab sich Kalzit (CCD-Tiefe, Calcite Compensation Depth) und Aragonit (ACD Aragonite Compensation Depth), welche z.b. in den Kalkgehäusen von Meereslebewesen eingelagert werden, zersetzen. Die CCD liegt im Atlantik bei 4.500 - 5.000 m, im Pazifik bei 4.200 - 4.500 m. Die ACD liegt im Atlantik bei 3.000 - 3.500 m. Die ACD liegt deswegen höher, weil die Löslichkeit von Aragonit höher ist. Aragonit und Kalzit sind die beiden Mineralformen von Kalk. Die Löslichkeit von Kalk hängt wesentlich mit der Konzentration von Karbonationen zusammen und damit indirekt vom pH-Wert ab. Die Meeresbereiche, in denen sich Kalk auflöst, werden als untersättigt bezeichnet und durch die CCD und ACD bestimmt.

Es wird nun befürchtet, dass sich durch den zunehmenden Eintrag von CO_2 und der damit verbundenen vermehrten Aufnahme in Wasser – CO_2 kann solange im Wasser aufgenommen werden, bis beide den gleichen Partialdruck haben, was noch lange nicht der Fall ist – die CCD und ACD angehoben wird, was zur Zerstörung der Kleinstlebewesen und Korallenbänke führt. Wie sieht die Realität aus? Der pH-Wert des Wassers wird nicht nur von der Löslichkeit des CO_2 bestimmt, sondern auch noch vom Salzgehalt und der Temperatur. Somit puffert eine steigende Temperatur des Meerwassers – diese wird ja immer von den Verfechtern des anthropogenen Klimawandels angeführt – den Rückgang des pH-Wertes. Des Weiteren kann der pH-Wert auch dadurch fallen, dass die Menge basischer Substanzen im Wasser abnimmt. Der Salzgehalt der Meere unterliegt bereits in Zeitabständen von wenigen Jahren erheblichen Schwankungen und hängt zudem von der Tiefe ab, wie stellvertretend Bild 4.7 zeigt. Entsprechend haben die globalen Meere keinen konstanten Salzgehalt, sondern dieser schwankt stark in der Fläche und Tiefe. Das Mittelmeer hat z.B. einen Salzgehalt von 3,8%. Der niedrigste Salzgehalt findet sich mit 3,2% vor Alaska, der höchste im roten Meer mit 4,0%. Das Tote Meer hat sogar einen Salzgehalt von 24%. Ähnlich, wie auch bei der Globaltemperatur, gibt es keinen globalen pH-Wert. Er schwankt in weiten Bereichen. Die Aussage, der pH-Wert hätte um 0,1 abgenommen, ist daher unzutreffend. Vor der Küste Mittel- und Südamerikas liegt der pH-Wert bei ca. 7,9, im Nordmeer bei 8,2. Dies entspricht einer natürlichen Spanne von 0,3. In keinen Gewässern, weder

4 Klima

mit hohem, noch mit niedrigem pH-Wert, hat dies schädliche Auswirkungen auf den Fischreichtum oder die Ausbildung von Kalkschalentieren.

Im Übrigen ist zu beachten, dass die wesentliche Quelle für den Eintrag von CO_2 in den tiefen Ozean der bakterielle Abbau von organischem Kohlenstoff, also Biomasse und kein anthropogenes CO_2 ist. Mit zunehmender Erwärmung steigt die Bioproduktion, was den pH-Pegel dort senkt. Mit einsetzender Abkühlung nimmt die Bioproduktion ab, wodurch der pH-Pegel wieder steigt, eine klassische Gegenkoppelung der Biologie, die keinen Raum zur Panikmache lässt. Desweiteren wirken Bodenbakterien der Tiefsee der Versauerung entgegen. Die Wechselwirkungen, die durch die Aufnahme von CO_2 ablaufen, sind weitaus komplexer, als es nur die singuläre Betrachtung einer fiktiven Reduzierung des pH-Wertes infolge zunehmenden atmosphärischen CO_2 anzeigt.

Die folgenden Ausführungen sind auszugsweise dem Blog zum Buch „Die kalte Sonne" entnommen [170]: Ein Blick zurück in die geologische Vergangenheit belegt die Unschädlichkeit höherer CO_2-Konzentrationen für Meereslebewesen. Zu den meisten Zeiten war die CO_2-Konzentration der Atmosphäre deutlich höher als heute (s. Bild 4.8 unter 4.8), und trotzdem existierte eine üppige kalkige Lebewelt in den Ozeanen, z.B. während der Jura- und Kreidezeit vor 180-65 Millionen Jahren. Es war das Dorado ozeanischen Lebens. In diese Zeit fällt z.B. auch der Höhepunkt der Entwicklung der Korallenriffe. Das CO_2 hat augenscheinlich hier keine schädliche Wirkung ausüben können. Eher ist, wie sich gleich zeigen wird, das Gegenteil erfolgt. Einige Forscher vermuteten, dass ein Teil der CO_2-Säurewirkung auf lange Sicht in der geologischen Vergangenheit durch verstärkte Silikatverwitterung an Land abgepuffert worden sein könnte, deren Verwitterungsprodukte den pH-Wert im Ozean stabilisiert hätten. Reduziert sich nämlich der pH-Wert des Meerwassers, so wird aus den Bodenschichten Kalk gelöst, der den pH-Wert umgekehrt wieder ansteigen lässt. Das Gleiche erfolgt durch die Verwitterungsprozesse an Land, den Silikat-Karbonat-Kreislauf. Es ist daher davon auszugehen, dass durch die genannten Regelkreise und die vergleichsweise geringen Mengen an anthropogenem CO_2 kaum Auswirkungen entstehen.

Im März 2012 wurde eine Arbeit der Kieler IFM-Geomar-Forscher Armin Form und Ulf Riebesell veröffentlicht. Die Studie beschreibt die

4.5 Die Folgen des Klimawandels

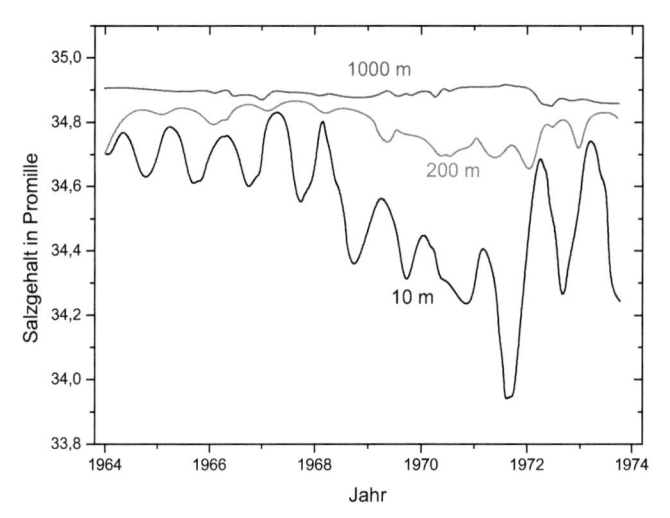

Bild 4.7: Salzgehalt der Labradorsee in den Tiefen von 10 m, 200 m und 1000 m [112].

Ergebnisse von Experimenten, in denen lebende Korallen erhöhten CO_2-Konzentrationen ausgesetzt wurden. Innerhalb von nur 6 Monaten schaffte es eine untersuchte Korallenkolonie, sich an die höheren CO_2-Gehalte anzupassen und entwickelte sogar *höhere Verkalkungsraten* als unter Normalbedingungen. Offensichtlich existieren Akklimatisierungseffekte, die bisher viel zu wenig berücksichtigt wurden. Die Korallen sind besser gegen abnehmende ph-Werte gewappnet als bislang angenommen. Dies verwundert im Grunde nicht, da Korallen seit vielen Millionen Jahren in den Weltmeeren existieren und sich behaupten konnten. In seinem Buch „Bringen wir das Klima aus dem Takt" (2007) schreibt der Kieler Klimaforscher Mojib Latif auf Seite 174: „Aus heutiger Sicht scheint es unwahrscheinlich, dass Meeresorganismen bei den zu erwartenden künftigen atmosphärischen CO_2-Konzentrationen unter akuten Vergiftungserscheinungen leiden werden. Eine Verdopplung der CO_2-Konzentration führt bei vielen Phytoplanktonarten zu einer *Erhöhung der Photosynthese um etwa 10%*."

Sogar mit einer Erwärmung des Meerwassers scheinen die Korallen besser zurecht zu kommen als zuvor angenommen. Auch dies ist keine Überraschung, da die üppigen Korallenmeere des Erdmittelalters viel wärmer waren als heute. Eine Gruppe von Meereswissenschaftlern von der Universität von Miami konnte jetzt nachweisen, dass viele Korallenarten die Fähigkeit haben, mit verschiedenen Typen von Algen zusammenzuleben und nicht nur mit einer einzigen Algenart. Damit können sie bei einer Erwärmung der Meere auch mit Algen zusammenleben, die widerstandsfähiger gegen höhere Temperaturen sind. Ein weiterer Effekt: Mit „Versauerung" des Meerwassers durch mehr CO_2 verschiebt sich der CO_2-Sättigungshorizont nach oben. Andererseits wird er durch die Erwärmung des Meerwassers nach unten gedrückt. Die Effekte wirken gegenläufig. Eine steigende Temperatur des Meerwassers würde den Rückgang des pH-Wertes zu einem gewissen Grad abpuffern. Die „Ozeanversauerungsforschung" ist in vollem Gange und gerade dabei, grundlegende Zusammenhänge zu erkunden. Ähnlich wie in vielen anderen Bereichen der Klimawissenschaft ist man auch hier noch sehr weit entfernt vom *„The science is settled"*. Katastrophen oder Schädigungen der Ozeanbiologie durch zunehmendes CO_2 stellen sich zunehmend als Mythen heraus.

Schlussendlich ist darauf hinzuweisen, dass der stark säurebildende Eintrag von Schwefel in die Meere aus Schiffsdieseltreibstoff den „Versauerungs-Alarmisten" keine Erwähnung wert ist. Dies zeigt eine absurd einseitige Sicht, die alles auf anthropogenes CO_2 zu reduzieren wünscht.

4.6 Ordnung in die Klimabegriffe!

Die Dogmatik, die fruchtbare und gütige Mutter der Polemik.
(Georg Christoph Lichtenberg)

In der Klimadiskussion wird Klima oft mit Wetter verwechselt. Der Unterschied der beiden Begriffe ist aber wesentlich. Ohne seine Kenntnis ist jede Klimadiskussion obsolet. Klimakunde war früher ein Teil der Geographie oder Erdkunde. Ein globales Klima gibt es nicht, nur verschiedene Klimazonen oder Klimate (Plural von Klima). Grob kennzeichnet man Klimate wie folgt: *Tropisch, subtropisch, gemäßigt, subpolar und po-*

lar. Ereignisse wie besonders heiße Sommer, Überschwemmungen, Hurrikane usw. gehören zum „Wetter", mit Klimaänderung haben sie nichts zu tun.

Der kleinste Zeitraum, in dem für gemittelte Daten, wie Temperaturen, Niederschlagsmengen, maximale Windgeschwindigkeiten etc., von Klimaänderung die Rede sein kann, beträgt 30 Jahre.

Diese offizielle Definition stammt von der Weltorganisation für Meteorologie (WMO). Die weiteren Ausführungen sind Aussagen des kürzlich verstorbenen Prof. Gerhard Gerlich (TU Braunschweig), die dem Leser ihrer hübschen Diktion wegen nicht vorenthalten bleiben sollen:

„Es gibt auf der Erde sehr viele Klimate, die das lokale mittlere Wettergeschehen beschreiben. Es gibt für die Erde kein Klima im Singular, also kein Globalklima (Erdklima). Globalklimatologie ist ein Widerspruch in sich, also die leere Menge, ein Nichts. Es gibt deshalb keine globalen Klimaänderungen, nur eventuelle zeitliche Veränderungen berechneter globaler Zahlen .... In den Zeiten der Völkerwanderungen gab es einen eindeutigen Trend in die Gegenden der Erde, in denen damals die Jahresmitteltemperaturen höher lagen als in den Herkunftsländern der wandernden Völker. Diesen Leuten konnte man mit höheren Mitteltemperaturen keine Angst einflößen, es war gerade umgekehrt: die Leute machten sich auf den Weg, um in einem angenehmeren Klima zu leben. Höhere (lokale) Mitteltemperaturen sind also keine Katastrophe, sondern das Gegenteil: ein angenehmeres Klima, in dem man z.B. weniger Heizkosten und (zusammen mit Wasser und Kohlendioxid) einen besseren Pflanzenwuchs hat. Dies kann jeder Mensch ohne große Rechnungen selbst beobachten, indem er seinen Wohnsitz in die Richtung zum Äquator verlegt."

Besonders den letzten Satz wird jeder nachvollziehen können, der schon einmal längere Zeit in subtropischen Gegenden hoch entwickelter Länder gelebt hat, wie beispielsweise in Ostaustralien. Das ganze Jahr über ist keine Heizung oder warme Kleidung nötig, nur im Winter gelegentlich ein leichter Pullover. Damit entfallen Heizkosten bzw. Heizungsanlagen in Häusern, die somit kostengünstiger gebaut werden können. Das Angebot an Gemüse und Früchten ist, verglichen mit unserem heimischen Angebot, überwältigend. Neben so gut wie allem, was

4 Klima

auch in unseren Breiten wächst, kommen noch unzählige Köstlichkeiten, wie Mangos, Papayas, Ananas usw. hinzu. Australien ist dank modernster Hygiene und Medizin nicht von Malaria oder sonstigen Tropenkrankheiten geplagt. Das Flugreisen-Abstimmungsergebnis vieler Deutscher im Winter bestätigt die Bevorzugung von Wärme gegen Kälte.

Der Evolutionsbiologe Josef Reichholf, Autor des sehr empfehlenswerten Buchs „Eine kurze Naturgeschichte des letzten Jahrtausends" führt zum Thema höhere Temperaturen aus: „...... *Und vollkommen falsch ist es, wie vielfach behauptet wird, dass es noch nie so warm gewesen wäre wie heute. Das ist absurd: vor 120.000 Jahren gab es Nilpferde am Rhein und an der Themse. Diese Daten sollte man sich anschauen, bevor man die aktuellen Zahlen zu Horrorszenarien aufbauscht. Außerdem, und das zeigt der Rückblick in die vergangenen tausend Jahre in aller Deutlichkeit: Es waren die Kaltzeiten, in denen wir und andere Teile der Welt von den großen Katastrophen heimgesucht wurden. Nicht die Warmzeiten".*

Jede Klimazone ist naturgesetzlich einer mehr oder weniger raschen Wandlung unterworfen. Da konstantes Klima unmöglich ist, ist der Begriff „Klimaschutz" sinnlos. Ein Phänomen, das in dauernder Veränderung begriffen ist, kann man nicht schützen, das ist so absurd wie ein versuchter Schutz des „Wetters". Vielleicht ist Klimaschutz ja dies: *„Falls es menschliche Einflüsse gibt, die Klimaänderungen zum Schädlichen hin verursachen, sollen diese Einflüsse so weit wie möglich zurückgedrängt werden."*

Aber gleich tauchen wieder Vorbehalte auf. Was ist zu tun, wenn unterschiedliche Auffassungen über Schädlichkeit/Nützlichkeit bestehen? Eine dauerhafte Erwärmung der nördlichen Zonen Europas, von denen bisher nicht die Rede sein kann, würde natürlich Auswirkungen auf die Tier- und Pflanzenwelt haben, wobei sich die Natur stets bestens anzupassen versteht, so zeigt es die Erdvergangenheit immer wieder. Landwirte würden sich über höhere Ernteerträge und die Schiffahrt sich über eine eisfreie Nordwestpassage freuen. Die Einwohner der nördlichen Städte würden weniger heizen müssen. Auf Permafrost gebaute Häuser wären beim Schmelzen des Untergrunds gefährdet, was heute bereits passiert, aber nicht durch Klimaerwärmung, sondern vielmehr durch marode, leckende Kanalisations- und Heizungsrohre.

Wer will unter diesen Umständen über Klimaschutz dieser Klimazonen entscheiden, falls er denn möglich wäre? Die meisten russischen Klimawissenschaftler fürchten tatsächlich nicht die Folgen einer globalen Erwärmung als vielmehr das Auftauchen einer neuen Kaltzeit infolge der zur Zeit abnehmenden Sonnenaktivität, s. eine jüngere Veröffentlichung hierzu in [2]. Und die überwältigende Bevölkerungsmehrheit der nordrussischen Klimazonen würde eine Erwärmung enthusiastisch begrüßen.

4.7 Ockhams Rasiermesser

Entia non sunt multiplicanda praeter necessitatem
(Wilhelm von Ockham)

Angesichts der politisch-offiziellen Hypothese eines durch anthropogenes CO_2 maßgebend geschädigten „Klimas" und vieler Klimaforscher, die damit nicht einverstanden sind, entsteht die Frage, nach welchen Kriterien verlässliche Aussagen erhalten werden können. Die Antwort kann nur sein, dass vom modernen naturwissenschaftlichen Paradigma auch in der Klimawissenschaft nicht abgewichen werden darf. Es lautet:

Es sind nur Hypothesen oder Theorien ernst zu nehmen, die mit Messungen belegbar sind. Diese Forderung ist das entscheidende Kriterium und Leitmotiv des Buchs.

Einer der berühmtesten Physiker des 20. Jahrhunderts und Nobelpreisträger, Richard Feynman, verdeutlichte dieses moderne Paradigma wie folgt:

Egal, wie bedeutend der Mensch ist, der eine Theorie vorstellt, egal wie elegant sie ist, egal wie plausibel sie klingt, egal wer sie unterstützt: Wenn sie nicht durch Messungen bestätigt werden kann, ist sie falsch!

Aussagen aus Computer-Klimamodellen ohne bestätigende Messungen gehören gemäß diesem Paradigma zu den **falschen** Theorien, denn sie

4 Klima

widersprechen in den maßgebenden Punkten den Messungen. Darüber hinaus ist die Annahme einer menschgemachten Klimabeeinflussung noch nicht einmal eine Theorie, sondern nur die schwächere Vorstufe „Hypothese". Im Englischen wird diese Hypothese AGW abgekürzt, wie Anthropogenic Global Warming. Auch im Deutschen wird daher die Annahme einer anthropogenen globalen Klimaerwärmung oft als AGW-Hypothese abgekürzt.

Die wissenschaftlich ausgerichteten IPCC-Berichte (im Gegensatz zu den Berichten für Politiker) [125] bieten Fakteninformationen, die bei nüchterner Betrachtung zu keinen Klimakatastrophen-Befürchtungen Anlass geben können. Allerdings betont das IPCC die Computerergebnisse aus fiktiven Klimamodellen, weicht daher vom Paradigma der Physik ab und nimmt infolgedessen eine politische oder geisteswissenschaftliche Sichtweise an. Besorgniserregende Temperaturen aus Computer-Klimamodellen kommen aber auch beim IPCC *erst in der Zukunft* vor.

In diesem Zusammenhang nun der Abstecher zu einer berühmten Schnittstelle zwischen Naturwissenschaft und Philosophie: Der Philosoph William Ockham (1285 - 1349) ist durch ein aus seinen Schriften bekannt gewordenes Prinzip, das Ockham'sche Rasiermesser, berühmt geworden. Es bezeichnet das Sparsamkeitsprinzip für Hypothesen in der Wissenschaft. Seine Aussage besteht darin, dass von mehreren Hypothesen oder gar Theorien, die den gleichen Sachverhalt erklären können, die *einfachste* zu bevorzugen ist. Die Naturwissenschaft konnte seit Ockham ihre Überlegenheit gegenüber außereuropäischen Völkern unter anderem nur deswegen erfolgreich entfalten, weil sie sich nach seinem Prinzip gerichtet hat. Frei nach Wikipedia ein anschauliches Beispiel:

Nach einem Sturm ist ein Baum umgefallen. Aus „Sturm" und „umgefallener Baum" ist die einfache Hypothese ableitbar, dass der Baum vom Sturm umgeworfen wurde. Diese Hypothese erfordert nur die eine Annahme, dass der Wind den Baum gefällt hat, nicht ein Meteor oder ein Elefant, ferner ist bereits ein bewährter Mechanismus bekannt, nämlich die Kraft, die der Wind auf einen Baum ausübt. Die alternative Hypothese „der Baum wurde von wilden, 200 Meter großen Außerirdischen umgeknickt" ist laut Ockhams Rasiermesser weniger hilfreich, da sie im Vergleich zur ersten Hypothese mehrere zusätzliche Annahmen erfordert. Zum Beispiel die Existenz von Außerirdischen, ihre Fähigkeit und ihren

Willen, interstellare Entfernungen zu bereisen, die Überlebensfähigkeit von 200 m hohen Wesen bei irdischer Schwerkraft usw. Solange nicht anderweitige zwingende Gründe dagegen sprechen, ist daher an der einfachsten Hypothese von der Sturmkraft festzuhalten.

Wenden wir das bewährte Prinzip von Ockham auf die Frage nach der Verantwortung des menschgemachten CO_2 auf irgendeine Klimaerwärmung an, bedeutet dies: Nur wenn die Klimaentwicklung der jüngsten Zeit Besonderheiten aufweist, die mit den natürlichen Klimafluktuationen der Klimavergangenheit definitiv nicht in Einklang zu bringen ist darf eine neue Ursache wie etwa das anthropogene CO_2 ins Spiel der Hypothesen gebracht werden. Davon kann hier aber nicht die Rede sein. Alle rezenten Klimaänderungen bleiben, wie im Folgenden noch näher belegt wird, im natürlichen Bereich und passen bestens in die bekannten Klimaveränderungen der Vergangenheit.

4.8 Die Geschichte der Erdtemperaturen bis heute

Jedem von uns ist die Klimavariabilität der Vergangenheit geläufig, denn *Eiszeiten* und *Warmzeiten* kennen wir schon aus der Schule. Dass es in der Vergangenheit längerfristige Temperaturausschläge gab, die die relativ geringfügigen Temperaturschwankungen des 20. Jahrhunderts weit übertrafen, ist bereits ein deutlicher Hinweis darauf, dass die Erwärmung im 20. Jahrhundert natürlich war. Dieser Hinweis ist aber nicht völlig ausreichend. Menschverursachtes CO_2 könnte sich hypothetisch einem natürlichen, ohne dieses CO_2 anders verlaufenden Klimatrend überlagern. Auch die Vertreter der CO_2-Katastrophe streiten natürliche Ursachen von Klimaänderungen nicht ab, sie spielen sie aber herunter. Wir stellen dennoch zunächst fest: *Klimawandel ist unvermeidbar, es wird ihn immer geben, ob wir die Erde bevölkern sowie mit Industrie und Landwirtschaft CO_2 erzeugen oder nicht.* Zur Einstimmung auf die Überraschungen, die die Natur für uns bereithalten kann, sei daran erinnert, was Johann Peter Hebel vor 200 Jahren im Rheinländischen Hausfreund über *Klimakapriolen* seit dem 12. Jahrhundert berichtet [108]:

„*Der warme Winter von .. 1806 auf .. 1807 hat viel Verwunderung erregt und den armen Leuten wohlgetan; der und jener ... wird ... als alter*

4 Klima

Mann ... seinen Enkeln erzählen, dass ... man Anno 6, als der Franzose in Polen war, zwischen Weihnacht und Neujahr Erdbeeren gegessen und Veilchen gerochen habe. Solche Zeiten sind selten, aber nicht unerhört, und man zählt in den alten Chroniken seit siebenhundert Jahren achtundvierzig dergleichen Jahrgänge ...... 1289 ... war es so warm, dass die Jungfrauen um Weihnacht und am Dreikönigstag Kränze von Veilchen, Kornblumen und anderen trugen ... 1420 war der Winter und das Frühjahr so gelind, dass im März die Bäume schon verblüheten. Im April hatte man schon zeitige Kirschen und der Weinstock blühte. Im Mai gab es schon ziemliche Trauben-Beerlein ... Im Winter 1538 konnten sich auch die Mädchen und Knaben im Freien küssen, wenns nur mit Ehre geschehen ist; Denn die Wärme war so außerordentlich, dass um Weihnacht alle Blumen blühten. Im ersten Monat des Jahres 1572 schlugen die Bäume aus, und im Februar brüteten die Vögel. Im Jahre 1585 stand am Ostertag das Korn in den Ähren ... 1617 und 1659 waren schon im Jänner die Lerchen und die Trosteln lustig ... 1722 hörte man im Jänner schon wieder auf, die Stuben einzuheizen. Der letzte ungewöhnlich warme Winter war im Jahre 1748. Summa, es ist besser, wenn am St.-Stephans-Tag die Bäume treiben, als wenn am St.-Johannis-Tag Eiszapfen daranhängen."

Klimakapriolen? Nein! Trotz dieser prachtvollen Schilderung von Hebel handelt es sich nur um *Wetterkapriolen*, wie es sie immer wieder gibt. Wir gewinnen aus dieser Schilderung nur die jedem Meteorologen geläufige Kenntnis, dass *ungewöhnliches* Wetter die *gewöhnliche* Eigenschaft von Wetter ist. Weil wir bereits wissen, dass Klimaänderungen, von wenigen Ausnahmen abgesehen, erst ab Zeiträumen von mehr als 30 Jahren als solche zu bezeichnen sind, folgt sofort, dass Hebel über zeitlich und lokal begrenzte Wetterphänomene berichtete. Es geht im Folgenden aber nun tatsächlich um die globale, klimarelevante Temperaturentwicklung.

Die Klimaforschung kennt inzwischen die wichtigsten, mit unterschiedlichen Periodenlängen ablaufenden Klimazyklen (Bild 4.8). Seit etwa 2,6 Millionen Jahren leben wir in einem Eiszeitalter. Die gleichzeitige Vereisung beider Erdpole – dies ist die wissenschaftliche Definition von Eiszeit – ist noch immer aktuell [193]. Bild 4.8 zeigt freilich, dass *Eiszeitalter die Ausnahmesituation auf der Erde darstellen*, eisfreie Pole machten etwa

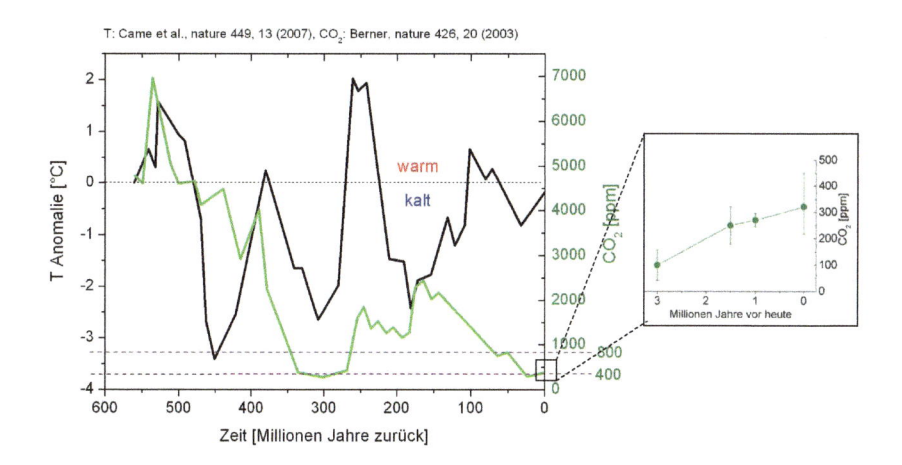

4.8 Die Geschichte der Erdtemperaturen bis heute

Bild 4.8: Globaltemperaturen und atmosphärischer CO_2 Gehalt über die vergangenen 550 Millionen Jahre; schwarz: Temperaturanomalie, grün: CO_2 Konzentration [35]; grüne gestrichelte Linien = CO_2 Konzentrationen von 800 ppm bzw. 400 ppm. Letztere ist die aktuelle Konzentration, erstere ihre Verdoppelung. Rechtes Teilbild: atmosphärischer CO_2-Anteil der letzten 3 Millionen Jahre.

80% bis 90% der Erdgeschichte aus. Die in Bild 4.8 eingetragenen Kurven sind der methodischen Probleme wegen mit großen Unsicherheiten behaftet. Dennoch steht fest: *Warmzeitalter*, und Eiszeitalter waren gleichermaßen die *Erdnormalität*, aber die CO_2 Konzentrationen der Erdvergangenheit waren fast immer sehr viel höher als aktuell. In allen Zeiten gab es Leben auf unserer Erde – in den Warmzeiten besonders reich – und natürlich auch in den Ozeanen, die keineswegs infolge höherer CO_2 Konzentrationen an Übersauerung krankten (s. unter 4.5.5). Insbesondere die faszinierenden Dinosaurier, die etwa zwischen 235 und 65 Mio. Jahren vor unserer Zeit die Erde beherrschten, gediehen gleichermaßen prächtig bei kälteren und wärmeren Temperaturen als heute.

Betrachtet man in Bild 4.8 den CO_2-Verlauf, sieht man: Sämtliche, CO_2-verbrauchenden Vorgänge, wie die Bildung der fossilen Kohle-, Erdöl- und Gasvorkommen, haben der Erdatmosphäre zunehmend das für die Existenz von Pflanzen und Tieren unabdingbare CO_2 entzogen. Wenn

4 Klima

wir heute fossile Brennstoffe verfeuern, geben wir der Atmosphäre damit nur einen Teil dieses Kohlenstoffs wieder zurück. Schauen wir nunmehr „nur noch" etwa eine halbe Million Jahre zurück! Seit dieser Zeit sind die Erdtemperaturen relativ kurzfristigen Schwankungen unterworfen, den *Eiszeiten* oder *Glazialen* (nicht mit Eiszeitaltern zu verwechseln) und den *Warmzeiten* oder *Interglazialen*. Eine halbe Million Jahre sind in Bild 4.8 viel zu kurz, um Einzelheiten hervortreten zu lassen.

Wir dehnen daher die Zeitskala und kommen zu Bild 4.9. Jetzt wird erkennbar, dass wir uns momentan am Ende einer Zwischenwarmzeit befinden. Wir werden uns daher in den nächsten Jahrtausenden recht sicher in einer neuen Eiszeit wiederfinden, man erkennt dies bereits intuitiv beim gedanklichen Fortsetzen der Temperaturkurve in die Zukunft. Hoffentlich kommt diese Kaltzeit nicht zu schnell, prinzipiell kann es mit dem Temperaturabstieg jederzeit losgehen! Die Temperaturkurve in Bild 4.9 zeigt ferner, dass es in den letzten 400.000 Jahren über mehr als 90% der Gesamtzeit wesentlich kälter war. Und das heißt „wirklich" kälter, wenn man die Eiszeit-Temperaturabstiege mit den relativ geringen Variationen der letzten 10.000 Jahre vergleicht. Länder wie Schweden, Kanada, Sibirien etc. sind dann definitiv für Menschen unbewohnbar.

Hat die Intuition bei der Fortsetzung der Kurve einen realen Hintergrund? Durchaus, denn verursacht wird die unübersehbare Periodizität in Bild 4.9 mit hoher Wahrscheinlichkeit durch *astronomische* Zyklen. Der serbische Astrophysiker Milutin Milanković hat in den 20-er Jahren des vorigen Jahrhunderts die Ursachen in kleinen Schwankungen der Solarkonstante (Strahlungsintensität der Sonne) entdeckt. Er konnte dann nachweisen, dass die Strahlungsintensität der Sonne bis zu 10% langfristig schwankt. Dafür sind im Wesentlichen 3 Zyklen verantwortlich [181]:

– Die Präzession der Erdrotationsachse mit Zyklen von 25.700 bis 25.800 Jahren.
– Die Änderung des Neigungswinkels der Erdachse mit einem Zyklus von ∼41.000 Jahren.
– Die Radiusänderung der Erdumlaufbahn um die Sonne mit einem Zyklus von ∼100.000 Jahren

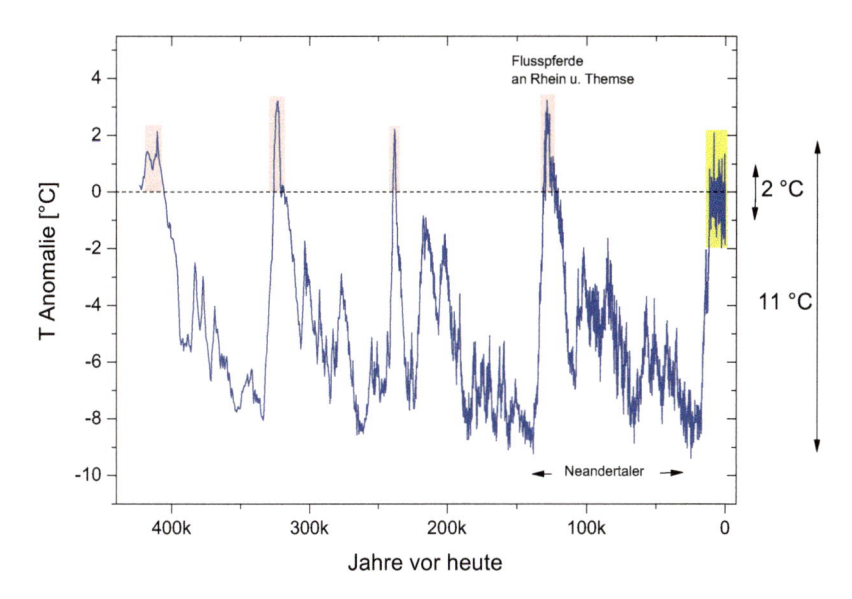

4.8 Die Geschichte der Erdtemperaturen bis heute

Bild 4.9: Antarktische Temperaturen aus Eisbohrkernen der russischen Vostok-Station. Der Wert 0 °C der Temperaturkurve entspricht etwa unserer heutigen globalen Durchschnittstemperatur [210].

Allein ausreichend ist die Milanković-Hypothese allerdings nicht. Zur endgültigen Erklärung sind noch weitere Effekte einzubeziehen. Eine endgültige Theorie, die alle Messungen mit einem Eiszeitmodell, denen die Milanković-Zyklen zugrunde liegen, in Übereinstimmung bringen kann, steht bis heute aus, denn auch über die Milanković-Zyklen gibt es keine absolute Kenntnissicherheit. Der Klimaforscher R. Muller von der US Universität Berkeley stellte die Theorie von dem zyklischen Durchgang der Erde durch kosmische Staubgürtel auf, und der renommierte Mathematiker Carl Wunsch vom MIT wies nach, dass die Korrelation des Temperaturverlaufs in Bild 4.9 mit den Milanković-Zyklen auch zufällig sein könnte [300].

Bild 4.9 zeigt weiter, dass es in der Frühgeschichte der Menschheit in der sog. Weichsel-Kaltzeit (115.000 - 11.700 Jahre vor unserer Zeit) extrem kalt war. In diesem Zeitraum entstanden die berühmten Bilder in südfranzösischen Höhlen, wie z.B. von Lascaux. Das Ende dieser Kaltzeit

4 Klima

war von gut bekannten, zum Teil extrem kurzfristigen und sehr heftigen Klimaschwankungen geprägt. Diese waren, das muss angesichts der aktuellen Klimadiskussion betont werden, wesentlich stärker als heute. Damals gab es sogar innerhalb eines Menschenlebens klimatisch relevante Temperaturerhöhungen oder -absenkungen um *mehrere* Celsius-Grade. Heute geht es dagegen nur um *Zehntelgrade*. Erst in jüngster Zeit erdgeschichtlichen Maßstabs, also seit etwa 10.000 Jahren, gibt es in unseren Breiten ein relativ gleichmäßiges Klima (Bild 4.10).

Für historisch kundige Leser ist die Temperaturkurve in Bild 4.10 keineswegs überraschend, denn ihr Verlauf deckt sich mit tradierter Geschichte. Die holländischen Genre-Bilder einer schlittschuhlaufenden Dorfbevölkerung in der kleinen Eiszeit, die in Bild 4.10 gut identifizierbar ist, sind weltberühmt. In dieser Zeit muss es nach dem Gefühl der Zeitgenossen sehr kalt gewesen sein. Anderenfalls hätten sich Schnee und Eis nicht so prägnant in der Malerei niedergeschlagen. Die Burgbewohner des Mittelalters hätten sich ohne die höheren Temperaturen der mittelalterlichen Wärmeperiode in ihren Gemäuern sehr viel unbequemer gefühlt. Und ob sich bei kühlem Klima eine so warmherzige Kultur wie der Minnesang ausgebildet hätte, darf bezweifelt werden.

In den Berner Alpen waren im 13. und 14. Jahrhundert die Gletscher kleiner als heute, denn ohne diesen günstigen Umstand wären die alemannischen Walser nicht so leicht vom Berner Oberland ins Wallis gelangt. In dieser Warmperiode war sogar Grönland grüner als heute. Der von den Wikingern verliehene Name, der darauf hinweist, hat sich bis heute erhalten. Die Römer haben fast ganz Europa mit Sandalen und den aus Historienfilmen anschaulich bekannten Beinkleidern erobert. Und ob der Marsch von Hannibal mit seinen Elefanten, von Norden her über die Alpen nach Oberitalien hinein bei den heutigen Schnee- und Gletscherverhältnissen gelungen wäre, ist sehr fraglich. Die starke Warmzeit 4500 Jahre vor heute ermöglichte das Entstehen der ersten Zivilisationen an Euphrat und Nil. Die Sahara war 6000 Jahre vor heute eine grüne Savanne. Von den damaligen Regenfällen profitieren heute noch Oasen, deren Bewohner mehrere tausend Jahre altes Untergrundwasser an die Oberfläche pumpen und dort für die Landwirtschaft nutzen. Das Vordringen von Nordvölkern infolge Klimaverschlechterung hat zum Untergang des römischen Imperiums beigetragen. Gletscherforscher können uns wich-

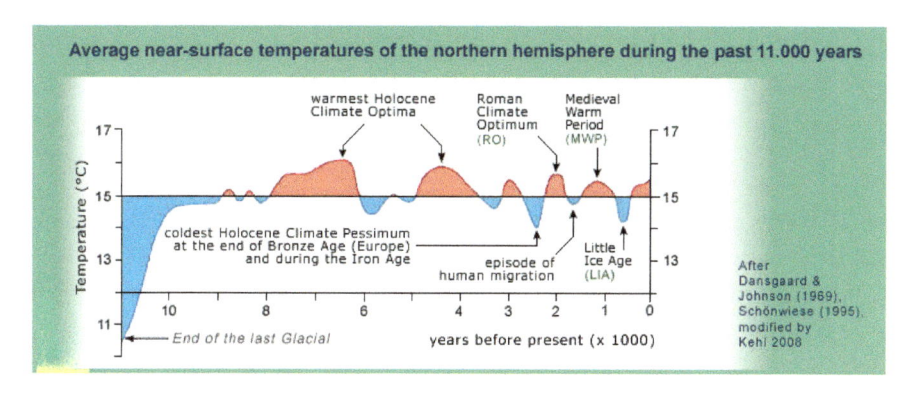

4.8 Die Geschichte der Erdtemperaturen bis heute

Bild 4.10: Nordhemisphärische Mitteltemperaturen der letzten 11.000 Jahre. Die Temperaturen zu Zeiten des römischen Klima-Optimums (RO), im Mittelalter (MWP) und insbesondere im Holozän (4500 und 7000 Jahre vor heute) waren höher als aktuell. Bildquelle: H. Kehl [111].

tige Aussagen zur Klimavergangenheit machen, denn Gletscher sind besonders empfindliche Zeugen für Temperaturänderungen. Die Aussage von Prof. Gernot Patzelt, dass es 2/3 des Zeitraums der letzten 10.000 Jahre bei uns wärmer war als heute, wurde bereits erwähnt. Der aktuelle Rückgang der Alpengletscher, der bereits Mitte des 19. Jahrhunderts einsetzte, als es praktisch noch kein anthropogenes CO_2 gab, ist keineswegs so weit fortgeschritten wie in den in Bild 4.10 erkennbaren Warmzeiten der Vergangenheit. Wenn also Klima-Alarmisten angeben, heute sei es seit 650.000 Jahren „wahrscheinlich" am wärmsten und von einem ungewöhnlichen, katastrophalen Abschmelzen der Alpengletscher sprechen, so ist dies sachlich falsch.

Zu den Bildern 4.8 bis 4.10 sind Erläuterungen erforderlich, denn der Leser wird sich fragen, wie man diese Kurven erhält. Die ausführliche Antwort verbietet sich aus Platzgründen, eine kurze Skizze muss genügen. Weil es vor Tausenden oder gar Millionen von Jahren natürlich noch keine Thermometer oder schriftliche Überlieferungen gab, ist nur der indirekte Weg mit Hilfe von sogenannten Proxy-Daten oder kurz „Proxies" möglich. Bei der Kollision von Atomen in der Atmosphäre mit hochenergetischen Teilchen der kosmischen Strahlung entstehen die sog. kosmischen Isotope. Hierzu zählen z.B. das Kohlenstoffisotop ^{14}C und das Berylliumisotop ^{10}Be. Diese Isotope werden in Eisschichten und Sedimenten eingelagert und stellen somit kosmochrone Archive für die Intensität der Höhenstrahlung und damit der Sonnenaktivität dar. Die Verhältnisse der Sauerstoffisotope ^{18}O zu ^{16}O und auch von Deuterium zu Wasserstoff in Eis, Tierknochen und Sedimenten, im Allgemeinen abgekürzt als δ^{18}O bzw. δ^{2}H stellen weitere Maßstäbe für Vergangenheitstemperaturen dar, denn sie sind temperaturabhängig.

Weitere Verfahren analysieren Baumringdicken, Korallen oder Stoma-Indizes von fossilen Blattresten, letztere erlauben Rückschlüsse auf den CO_2-Gehalt zu Lebzeiten des Blatts. Stomata sind kleine Poren im Blatt, durch welche CO_2 aufgenommen und Sauerstoff wieder abgegeben wird. Zur Altersbestimmung der Fossilfunde gibt es eine Reihe von weiteren ausgefeilten physikalischen Methoden, auf die hier nicht näher eingegangen werden kann. Wegen der geringen Isotopenkonzentrationen sind die methodischen Ansprüche an alle einschlägigen Verfahren sehr hoch, ferner kann es zu Verfälschungen durch Ablagerungsprozesse kommen.

Eine der qualitativ besten Proxy-Temperaturkurven für den Zeitraum der letzten 2000 Jahre wurde von den Forschern Christiansen und Ljungqvist aus 91 Einzelreihen (Eis, Baumringe, Stalagmiten, Sedimente) zusammengesetzt (Bild 4.11). Die Zeitauflösung der Kurve von einem Jahr ist so gut, dass sich in der Darstellung der Gesamtzeit Einzelheiten überlagern und der Grobverlauf erst mit Hilfe von Glättung besser erkennbar wird. Sieht man sich die Kurve im zugehörigen Zeitzoom (hier nicht dargestellt) näher an, werden Details erkennbar. Die im Buch „Ludwig XI" vom Historiker P.M. Kendall geschilderten Klima-Unbilden während der letzten Lebensjahre dieses bedeutenden französischen Herrschers sind beispielsweise gut zu identifizieren. Gut erkennbar ist ferner das mittelalterliche Klimaoptimum sowie die kleine Eiszeit am Ende des 17. Jahrhunderts. Aus der Kurve geht aber auch hervor, dass zu allen Zeiten starke kurzfristige Fluktuationen die Regel waren. Es gab also zwischendurch auch im mittelalterlichen Wärmeoptimum kühlere und während der kleinen Eiszeit mildere Jahre. Dies erklärt die zuvor geschilderten „Klimakapriolen" von Johann Peter Hebel. Das mittelalterliche Wärmeoptimum war im Übrigen durch natürliche Vorgänge gekennzeichnet, die heute angesichts der allseits herrschenden Klimafurcht helle Panik auslösen

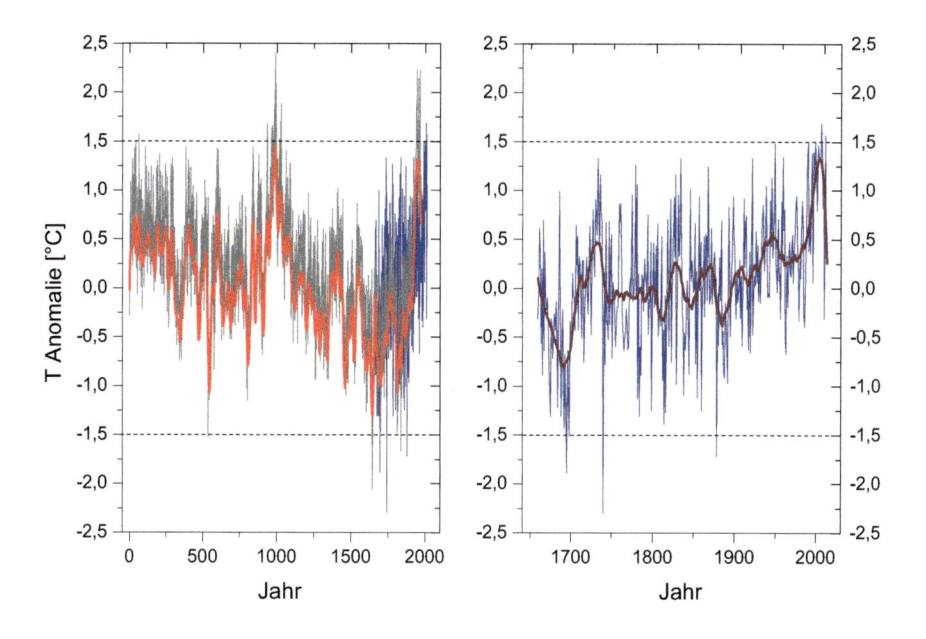

4.8 Die Geschichte der Erdtemperaturen bis heute

Bild 4.11: Temperaturverlauf der letzten 2000 Jahre (Nordhemisphäre) [40]. Grau: Temperaturganglinie von Christiansen/Ljungqvist, blau: mittelenglische Reihe, rot: Glättungen. Rechtes Bild Zeitzoom der Jahre 1650 bis heute, in dem die jüngste Abkühlung erkennbar wird. Die jüngste Erwärmung entspricht etwa der mittelalterlichen Zeit und ist kleiner als das römische Optimum oder gar die beiden Holozän-Maxima in Bild 4.10

würden. So berichtet der Biologe Prof. Josef Reichholf, dass die berühmte Regensburger Steinbrücke in den Jahren 1135 - 1146 in der trockenen Donau gebaut werden konnte [220]. Die großen deutschen Flüsse führten in den heißen Sommern kaum noch Wasser, so dass zu Köln die Einwohner in solchen Sommerzeiten den Rhein trockenen Fußes überqueren. Besonders interessant für uns wird es natürlich im Zeitraum der letzten 350 Jahre, denn ab 1659 beginnen die direkten Thermometermessungen der berühmte mittelenglischen Temperatur-Reihe (CET), die in Bild 4.11 mit eingetragen ist. Die industrielle Revolution nahm dann etwa Mitte des 19. Jahrhunderts ihren Anfang. Ab dieser Zeit beginnen die menschgemachten CO_2 Emissionen anzusteigen. In Bild 4.12 sind die Temperaturganglinien der verlässlichsten sechs Thermometerreihen aus sorgfältig über Jahrhunderte betreuten Messstationen gezeigt. Sie reichen frühestens bis etwa 1760 zurück und liegen als Monatsmittelwerte vor. Die Stationen sind Hohenpeissenberg (Bayern), Kremsmünster (Österreich), Prag, München, Paris und Wien. Die Ganglinien sind als Anomalien, dividiert durch ihre jeweilige Standardabweichung dargestellt. Damit sind direkte Vergleiche der nun dimensionslosen Reihen untereinander möglich. In einer „Anomalie" [°C] werden die Abweichungen von einem festen Wert – meist dem Mittelwert der Reihe – gebildet. Die Standardabweichung [°C] kennzeichnet die Schwankungsbreite. Alle 6 Reihen zeigen die gleiche typische V-Form, zuerst einen Temperaturabfall von etwa 1790 bis 1880 und danach einen Temperaturwiederanstieg bis etwa zum Jahre 2000.

Dieser auffällige V-Verlauf war kein lokales europäisches Phänomen! Dies zeigt sich, wenn man zuerst die Mittelwerte aller 6 normierten Reihen von Bild 4.12 bildet (die gut zusammenpassen) und vergleichend eine $\delta^{18}O$ Reihe vom Jahre 1801 bis 1997 darüberlegt. Die wurde von einer Forschergruppe des Alfred-Wegener Instituts Bremerhaven (AWI) aus einem antarktischen Eisbohrkern gewonnen [200] und ist hier ebenfalls als Anomalie dividiert durch ihre Standardabweichung normiert. Bild 4.13 zeigt diesen Vergleich. Es tritt eine sehr gute Übereinstimmung zu Tage, die belegt, dass es sich bei dem V-förmigen Temperaturverlauf um ein *globales Phänomen* der letzten 200 Jahre handelte. Natürlich provoziert der deutlich erkennbare V-Verlauf eine interessante Frage: Wenn man als Ursache für den Temperaturanstieg des 20. Jahrhunderts anthropogenes CO_2 annimmt, was ist dann die Ursache der etwa gleichstarken Temperaturabnahme im 19. Jahrhundert gewesen? Die Gründe beider Phänomene sind bis heute unbekannt.

Der Leser ist jetzt sicher gespannt darauf, wie es mit den Temperaturmessungen in jüngster Zeit weitergegangen ist und vor allem, welche Ergebnisse sich aus ihren Auswertungen ergaben. Immerhin stieg bereits Ende des 19. Jahrhunderts die Anzahl der systematischen Temperaturmessungen sprunghaft an. Seit Anfang des 20. Jahrhunderts kamen viele Tausende durchgehender Messreihen von überall auf der Welt ver-

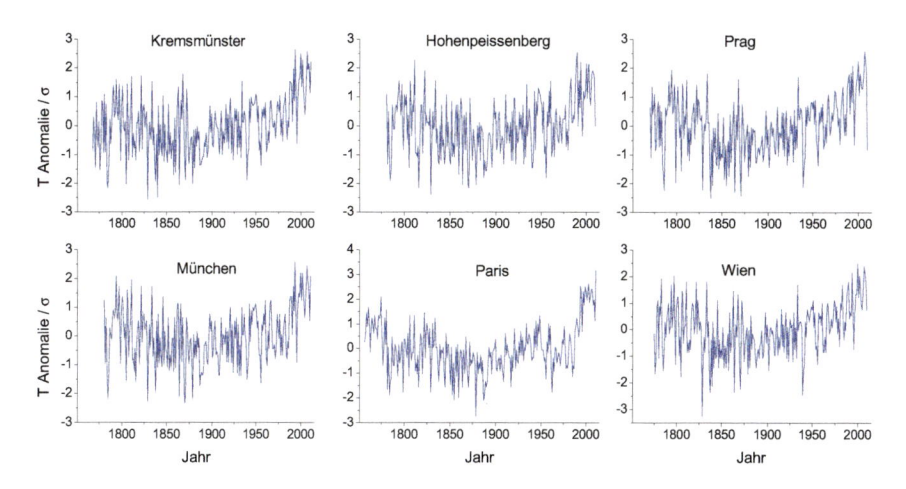

4.8 Die Geschichte der Erdtemperaturen bis heute

Bild 4.12: Sechs der zeitlich am weitesten zurückreichenden Temperaturganglinien aus Thermometermessungen weltweit [169].

streuten meteorologischen Stationen dazu – mit einer Einschränkung: Tatsächlich konzentrieren sich die Messtationen in einem relativ schmalen Breitengürtel der Nordhemisphäre. In der Südhemisphäre, die einen größeren Ozeananteil aufweist und auch erst relativ spät industriell erschlossen wurde, gibt es bis heute wesentlich weniger Messtationen als auf der Nordhalbkugel. In Bild 4.14 sind schließlich drei *globale* Temperaturverläufe angegeben, die jeweils aus Mittelungen über zahlreiche lokale Temperaturganglinien destilliert wurden, die alle am Anfang des 20. Jahrhunderts beginnen. Maßgebend für die Erstellung solcher Globalverläufe sind die National Oceanic and Atmospheric Administration der USA (NOAA), das Goddard Institute for Space Studies (GISS) der US Raumfahrtbehörde NASA und die Climate Research Unit (CRU) der britischen Universität East Anglia. Es handelt sich, wie schon in den vorangegangenen Bildern, um Anomalien, also um Abweichungen von einem Mittelwert.

Die GISS und CRU Reihen (rot und blau in Bild 4.14) werden vom IPCC als relevant angesehen und in den IPCC-Berichten gezeigt. Die vom Buchautor zusammen mit Dr. Rainer Link und Prof. Friedrich-Karl Ewert aus den Daten von GISS erstellte Kurve (schwarz, im Folgenden

4 Klima

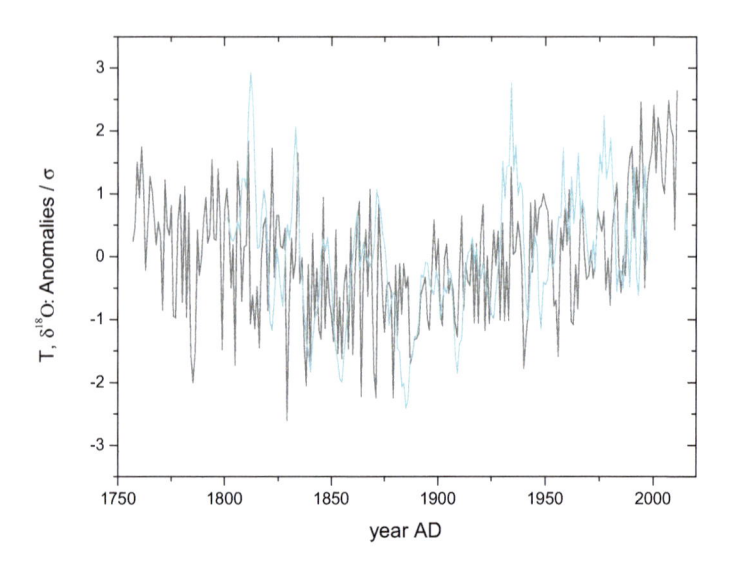

Bild 4.13: Mittelwerte-Reihe aller Einzelreihen von Bild 4.12 (grau) zusammen mit der $\delta^{18}O$ - Ganglinie aus einem antarktischen Eisbohrkern (hellblau) [200]. Auffallend ist das starke Zwischenmaximum des Eisbohrkerns um das Jahr 1930, das sich auch in der (schwarzen) Kurve von Bild 4.14 wiederfindet

LLE abgekürzt) stellt dagegen die Mittelwerte von rund 600 Stationsdaten dar – mit Einwohnerzahlen des zugehörigen Ortes unter 1000 zur Vermeidung von städtischen Wärme-Inseleffekten bei zu dichter Besiedelung [166]. Die Datenbasis ist somit die *gleiche* wie die der (roten) GISS-Kurve. Bei der Erstellung von LLE wurden keine Veränderungen der Einzelreihen vorgenommen, die in der Fachliteratur etwas euphemistisch als „Homogenisierungen" bezeichnet werden. Bei den Kurven des CRU und des GISS ist dies anders. Hier wurden Homogenisierungen in Form von Glättungen, willkürlichem Weglassen bestimmter Einzelreihen, Veränderungen von Einzelreihen (wenn sie sich von benachbarten Stationen zu sehr unterscheiden) usw. vorgenommen, die willkürlich definierten Kriterien der Bearbeiter nicht entsprachen. Ersichtlich hat sich dies zumindest auf den Schwankungsgrad (Standardabweichung) stark ausgewirkt. Homogenisierungen sind oft nicht dokumentiert und in die-

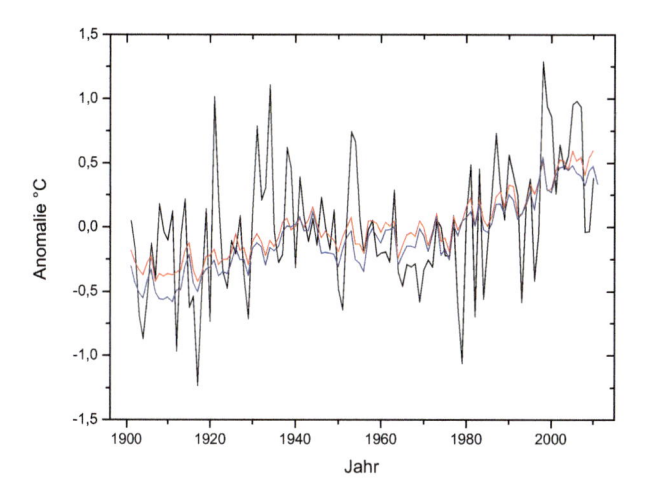

4.8 Die Geschichte der Erdtemperaturen bis heute

Bild 4.14: Globaltemperaturen des 20. Jahrhunderts als Anomalien. Rot: Kurve des GISS NASA [97], Blau: Kurve des CRU, Hadcrut3 [103], Schwarz: Kurve H.-J. Lüdecke, R. Link und F.-K. Ewert (LLE) [166].

sen Fällen natürlich nicht nachvollziehbar. Insbesondere beim GISS der Nasa scheinen die Homogenisierungen dazu zu dienen, die zahlreichen Abwärtstrends von Stationen in politisch gewünschte „Aufwärtstrends" umzuwandeln. Ein Schelm ist, wer dabei von wissenschaftlichem Betrug spricht. Diese befremdlichen Vorkommnisse sind inzwischen bekannt geworden [96]. Es spricht vieles dafür, solche Eingriffe in das Datenmaterial generell zu unterlassen oder zumindest die Rohdaten mit zur Verfügung zu stellen. Entsprechend ergeben sich, wie Bild 4.14 zeigt, etwas unterschiedliche Ergebnisse. Immerhin stimmen die Grobverläufe überein. Die Kurve von LLE zeigt mehr Details, hier insbesondere die starke Erwärmung in den 1930-er Jahren und den jüngsten Temperaturrückgang ab etwa 2000. In allen drei Kurven ist gleichermaßen ein Temperaturanstieg bis etwa 1935, gefolgt von einem lang anhaltenden Abfall bis etwa 1975 und schließlich ein erneuter Anstieg bis etwa zum Jahre 2000 erkennbar.

Ohne über die Ursachen der unterschiedlichen Verläufe der in Bild 4.14 gezeigten Globalreihen zu spekulieren, kann als Gemeinsamkeit aller drei

4 Klima

Globalreihen festgehalten werden, dass sie mit dem stetigen Anstieg des CO_2 (s. Bild 4.16 unter 4.9.1) nicht übereinstimmen. Hier sind insbesondere die Abkühlungsperioden 1935-1980 und ab 1997 zu nennen. Zweifel, ob überhaupt von einer maßgebenden globalen Erwärmung im 20. Jahrhundert gesprochen werden darf, äußern die Klimaexperten Joseph D'Aleo und Anthony Watts, ferner weisen sie auf die starke Erwärmung in den 1930-er Jahren hin, wie sie auch hier aus der Globalkurve von LLE hervorgeht [44]. Im Gegensatz zur Temperatur-Zeitmittelung ist übrigens die Ortsmittelung von Temperaturen weit voneinander entfernter Messstationen problematisch. Zur Veranschaulichung füge man eine 100 °C heiße Eisenplatte mit einer Holzplatte *identischer* Abmessungen aber nur 0 °C zusammen. Rechnerisch beträgt der Temperaturmittelwert 50 °C, real ist er wegen der größeren Wärmekapazität des Eisens aber höher. Die gleiche Problematik betrifft „Globaltemperaturen". Etwa 70% der Erdoberfläche sind Ozeane, die eine höhere Wärmekapazität als Landmassen aufweisen. Die weit überwiegende Anzahl von Messtationen befindet sich aber auf Land. Im Grunde lassen sich zuverlässige Aussagen nur für lokale Temperaturganglinien oder für Mittelungen von Temperaturreihen über nicht zu große Entfernungen gewinnen [62].

An Stelle von Globaltemperaturen untersucht man besser eine große Anzahl von Einzeltemperaturganglinien auf statistische Gemeinsamkeiten. Dieser Weg ist bislang relativ selten beschritten worden, obwohl in den Datenbänken der NASA und des CRU Tausende von Ganglinien zur Verfügung stehen. Aus solchen statistischen Untersuchungen sind mehr Informationen zu gewinnen, denn durch die rechnerische Mittelung werden viele Eigenschaften der Einzelreihen eingestampft und verwischt. Immerhin weisen rund **ein Viertel aller Temperaturreihen, die sich über das gesamte 20. Jahrhundert erstrecken, eine Temperaturabnahme, keine Zunahme auf**. Schauen wir uns nun den Kenntnisstand an, wie er sich im Laufe der Zeit ab dem Jahre 1997 entwickelte!

Erkenntnisstand im Jahre 1997:
Im Jahre 1997 veröffentlichte der wissenschaftliche Beirat der Bundesregierung (WGBU) das Sondergutachten „Klimaschutz" [268]. In diesem heißt es auf S.8, Abschnitt 2.1, letzter Absatz: *„Wegen der hohen natürlichen Klimavariabilität ist es sehr schwierig nachzuweisen, ob der*

4.8 Die Geschichte der Erdtemperaturen bis heute

Mensch die beobachtete Klimaänderung mitverursacht hat". Man darf dies in den Klartext übersetzen, dass es keinen solchen Nachweis gab.

Erkenntnisstand im Jahre 2003:
Eine maßgebende, systematische Untersuchung von Temperaturreihen weltweit verstreuter Stationen wurde im Jahre 2003 veröffentlicht [236]. Es kamen 95 Temperaturganglinien zur Anwendung, die Länge der Reihen betrug zwischen 50 und mehr als 100 Jahren. Als Ergebnis der Fachpublikation, die auch der gegenwärtige Direktor des WBGU, Prof. Hans-Joachim Schellnhuber als Mitautor zeichnete, ist in der Zusammenfassung unter (iii) nachzulesen: *„In der weit überwiegenden Anzahl aller Stationen konnten wir keine globale Erwärmung im 20. Jahrhundert auffinden"*.

Erkenntnisstand im Jahre 2011:
Im Jahre 2011 erschienen zeitgleich zwei weitere Studien. Die erste stammte von der renommierten US Universität Berkeley. Sie umfasste mehr als 30.000 Temperaturreihen, von denen aber sehr viele nur wenige Jahrzehnte lang sind. Die Studie ist unter dem Kürzel BEST bekannt, wurde zunächst wegen erheblicher Mängel ist schließlich doch erschienen [16]. Das Ergebnis: Die gefundenen Temperaturverläufe entsprechen in etwa den in Bild 4.14 ablesbaren Werten. Besonders bemerkenswert: Ein Viertel aller Temperaturreihen weltweit zeigen im 20. Jahrhundert *Abkühlung*! Die Autoren äußern die Auffassung, dass die gemessenen Temperaturverläufe ohne menschliches Zutun (im Wesentlichen CO_2 Emissionen) nicht erklärbar seien.

Eine weitere Studie auf der Datenbasis von etwa 2500 Temperaturganglinien des GISS wurde vom Buchautor, zusammen mit zwei Koautoren, in 2011 abgeschlossen. Diese Studie wurde bereits unter dem Kürzel LLE erwähnt. Sie durchlief das Begutachtungsverfahren erfolgreich und wurde im International Journal of Modern Physics C veröffentlicht [166]. Danach wurde sie freundlicherweise auf dem Blog der Mitautorin der BEST Studie (Prof. Judith Curry), sowie einem US-Blog für Statistiker besprochen und mit hoher Leserbeteiligung diskutiert. Schließlich berichtete auch der FOCUS Online über LLE und BEST und titelte dabei zutreffend „Viel Lärm um nichts" [82]. Theoretische Grundlage von LLE war eine maßgebliche Weiterentwicklung der gleichen Analysemethode (Persistenzanalyse [66]), wie sie bereits in der oben erwähnten Arbeit von H.-J. Schellnhuber vom Jahre 2003 eingesetzt wurde.

Ergebnis: LLE zeigt keine maßgebenden Unterschiede zur BEST Studie. Es wurde, wie auch bei BEST, gefunden, dass weltweit ein Viertel aller Temperaturreihen im 20. Jahrhundert Abkühlung statt Erwärmung zeigen. Neu war dagegen bei LLE, dass es die verwendete Persistenzanalyse erlaubte, die Wahrscheinlichkeit dafür anzugeben, ob eine Temperaturreihe vorwiegend natürlich, oder durch einen externen Trend, z.B. Stadterwärmungseffekte bestimmt ist. Je nach Art der verwendeten Temperaturreihen, zum Beispiel Stationen mit hoher bzw. niedriger Einwohnerdichte, wurde als wichtigstes Ergebnis gefunden, dass nur 30-40% aller untersuchten, 100-Jahre langen Temperaturreihen *unnatürlich* sind. Damit ist gemeint, dass sie von einem externen Trend dominiert werden.

Welche Antriebe für diese „unnatürlichen" Temperaturreihen mit Erwärmungstrend verantwortlich waren, ist mit dem verwendeten Verfahren leider nicht zu ermitteln. Die Ursachen des Auftretens von „unnatürlichen" Temperaturreihen kann man daher nur vermuten. Unter anderen kommen ungewöhnliche Veränderungen der Sonnenaktivität, Messergebnisverfälschungen durch städtische Wärmeinseln, aber auch menschgemachte Treibhausgase und weiteres mehr in Frage. Daher unterscheidet sich das Ergebnis von LLE nur in einem unscheinbaren, aber dennoch maßgebenden Punkt von BEST. In BEST wird der nicht erklärbare, relativ kleine „Erwärmungsrest des 20. Jahrhunderts" ohne Begründung dem menschgemachten Einfluss zugeschrieben, weitere Ursachenmöglichkeiten werden ignoriert. Zu betonen ist freilich, dass sowohl LLE als auch BEST zeigen: *Anthropogenes CO_2 spielt bei der Temperaturentwicklung des 20. Jahrhunderts allenfalls eine untergeordnete Rolle*.

In Zusammenfassung ist zu konstatieren, dass sich auch im Jahre 2011 am Erkenntnisstand der Jahre 1997 und 2003 nichts geändert hat. In der Fachliteratur wird die Suche nach einem anthropogenen Einfluss auf Erdtemperaturen als das „Attribution and Detection Problem" bezeichnet. Es ist bis heute *ungelöst*. Es muss daher zum wiederholten Male darauf hingewiesen werden, dass es bis heute keine Messbelege für eine

Beeinflussung der globalen Mitteltemperatur durch den Menschen gibt. Das ist natürlich kein Beweis, dass er nicht existiert. Er ist aber ganz offensichtlich zu klein, um ihn aus dem viel größeren natürlichen „Temperaturrauschen" zuverlässig herauszuhören.

In jüngster Zeit hat sich angesichts des fast schon überwältigenden Datenmaterials über Landtemperaturen bei den Alarmisten die Erkenntnis durchgesetzt, dass hier kein wissenschaftlicher Durchbruch ihrer AGW-Hypothese mehr zu erwarten ist, im Gegenteil. Als Reaktion darauf verlegt man sich nun vermehrt auf die Ozeane. Vermutungen schießen ins Kraut, so etwa, die sehnlichst erwartete Erwärmung infolge des anthropogenen CO_2 sei in den Tiefen der Ozeane versteckt. Es lohnt nicht auf diese Phantastereien, die längst widerlegt wurden, näher einzugehen. Fest steht nur, dass für die zukünftige Klimaforschung mit den Vermessungen der Ozeane in der Tat noch viel zu tun bleibt. Im Gegensatz zu Landmessungen betritt man hier Neuland mit dem ARGO-Projekt [10].

4.9 Treibhauseffekt und CO_2

CO_2 ist ein inertes **Naturgas** mit rund 0,04%, oder 400 ppmv Volumenanteil unserer Luft im Jahre 2014. Es ist somit nur ein Spurengas. Dennoch ist es als Hauptbestandteil der Photosynthese von höchster Bedeutung, es ist für das Pflanzenwachstum unabdingbar. *Ohne CO_2 gäbe es keine Pflanzen, Tiere oder Menschen auf der Erde.* Mit industriellen Abgasen hat es primär nichts zu tun. Unter diesem Gesichtspunkt darf der Bildungsstand von Bürgermeistern und Politikern beurteilt werden, die eine „CO_2 freie Stadt" oder eine „CO_2 freie Wirtschaft" anstreben. Bei Verbrennung von Kohle, Erdöl und Erdgas, bei der Zementproduktion, in der Landwirtschaft und bei der Waldrodung mit Feuer wird auch CO_2 erzeugt. Man muss daher sorgsam unterscheiden:

Verbrennungsvorgänge setzen schädliche Stoffverbindungen, wie Schwefel- und Stickoxidverbindungen sowie bei unzureichender Filterung auch Schmutzpartikel und Aerosole frei. Daneben wird auch das Naturgas CO_2 erzeugt. Eine sorgfältige Vermeidung der erstgenannten Schmutzstoffe durch Filterung oder andere geeignete Maßnahmen ist absolut notwen-

dig. CO_2-Vermeidung – im Gegensatz zu Aerosolen und Schmutz ist die Wegfilterung von CO_2 nicht möglich – ist dagegen sinnlos und wirkungslos.

CO_2 ist für sichtbares Licht durchlässig und somit unsichtbar. Es absorbiert in bestimmten Frequenzbereichen Infrarotstrahlung (IR) und trägt daher zum *Treibhauseffekt* bei. In der folgenden Tabelle 4.2 sind die wichtigsten Treibhausgase zusammengestellt.

Treibhausgas	Beitrag zum TE °C	Beitrag zum TE %
Wasserdampf H_2O	20,6	62,4
Kohlendioxid CO_2	7,0	21,2
bodennahes Ozon O_3	2,4	7,4
Distickstoffoxid N_2O	1,4	4,0
Methan CH_4	0,8	2,4
weitere	0,6	1,9
Summe	33,0	100

Tabelle 4.2: Die wichtigsten Treibhausgase. CO_2 nimmt einen Volumenanteil von 0,04%, Methan von 0,000175% und Ozon von 0,000001% der Erdatmosphäre ein [87].

Die Treibhauswirkung eines Gases ergibt sich aus seiner Konzentration in der Atmosphäre und der Stärke seiner IR-Absorption. Nur Wasserdampf, CO_2, Ozon und CH_4 sind maßgebende Treibhausgase. Den Löwenanteil des Treibhauseffekts verursacht der Wasserdampf. Neben CO_2, O_3 und CH_4 gibt es noch unbedeutende Treibhausgase und nicht näher spezifizierte Reste. Der Treibhauseffekt ist einerseits ein sehr einfacher, andererseits aber auch ein sehr komplexer Mechanismus. Einfach, weil seine Wirkungsweise leicht erklärt werden kann. Komplex, weil Details und genaue Stärke, insbesondere was den Einfluss des menschge-

4.9 Treibhauseffekt und CO_2

machten CO_2 betrifft, kaum zugänglich sind. Nun die Erklärung in zwei Stufen, je nach Geschmack des Lesers. Die dritte, am weitesten in die physikalischen Details gehende Erklärung kann im externen Anhang unter „*Der Treibhauseffekt*" nachgelesen werden [66].

In der einfachsten Erklärung stellen wir uns als Analogie eine wärmende Bettdecke vor. Die *Treibhausgase* vertreten die *Bettdecke*. Leser mit technischen oder physikalischen Kenntnissen werden hiermit kaum einverstanden sein. Die Wärmewirkung der Bettdecke erfolgt nämlich durch Konvektionsverhinderung, denn die vom Körper erwärmte Luft kann nicht entweichen. Nicht zuletzt aus diesem Grunde wärmt auch Winterkleidung (Wärmestau). Aus diesem Bild stammt aber tatsächlich die etwas unglückliche Bezeichnung „Treibhauseffekt". Ein Gärtnertreibhaus erwärmt sich, weil Sonneneinstrahlung den Boden erwärmt. Die durch Wärmeleitung im Treibhaus erwärmte Luft kann nicht entweichen – dies ist der Treibhauseffekt eines Gärtnertreibhauses. Das Bild ist „schief", weil die Atmosphäre keine physischen Begrenzungen aufweist. Sie ist nach oben hin offen. Daher nun eine genauere Erklärung:

Die kurzwellige Sonneneinstrahlung durchquert praktisch ungehindert die Atmosphäre und erwärmt den Erdboden und das Wasser der Ozeane. Der erwärmte Erdboden und die Ozeane strahlen ihre Wärme als Infrarot (IR) wieder ab. Die Treibhausgase der Atmosphäre, die die kurzwellige Sonnenstrahlung noch durchließen, absorbieren dagegen zu Teilen (Linienspektren) das langwellige IR. Nun kommt der berühmte Energieerhaltungssatz zum Zuge. Die von der Sonne kommende und von der Erde aufgenommene Gesamtenergie muss zeitgemittelt in gleicher Energiemenge wieder ins Weltall abgestrahlt werden. Wäre dies nicht so, würde die Erde entweder verglühen oder zu einem Eisklumpen werden. Durch die IR Absorption der Treibhausgase ist dieses Energiegleichgewicht nicht mehr vorhanden. Die Natur – in Befolgung ihrer eigenen Gesetze – stellt das Energiegleichgewicht wieder her, indem sie die Bodentemperatur und infolge Wärmeleitung die Temperatur der Atmosphäre erhöht und dadurch das IR-Abstrahlungsdefizit wieder ausgleicht. Es handelt sich stets um gleichzeitig ablaufende dynamische Prozesse von Erwärmung durch eine Wärmequelle, hier die Sonne und von gleichzeitig ablaufender Abkühlung, hier von IR ins Weltall. Das Gleichgewicht dieser beiden gegenläufigen Prozesse bestimmt die Erdtemperatur.

4 Klima

Die Details des Treibhauseffekts sind zwar komplex, aber die moderne Messtechnik kann viele Einzelheiten des geschilderten Mechanismus bestätigen. So ist die Messung der von den Treibhausgasen erzeugten Gegenstrahlung, die den Auskühlungsvorgang des Erdbodens abschwächt und damit seinen Wärmehaushalt erhöht, heute zum Standard geworden. Die Stärke des atmosphärischen Treibhauseffekts, die der direkten Messung nicht zugänglich ist, wird mit sehr grob 33 °C berechnet. Der Erdboden und die bodennahe Atmosphäre wären also im Mittel über die gesamte Erdoberfläche und über Tag, Nacht und jahreszeitliche Schwankungen ohne Treibhausgase um diesen Wert kälter.

Weiteres zum CO_2: Riesige Mengen von CO_2 sind in den Weltmeeren gebunden, und ganze Gebirge setzen sich aus $CaCO_3$ zusammen. Unsere Alpen und der Himalaya gehören dazu. 90% des $CaCO_3$ sind übrigens organischen Ursprungs, erzeugt von Einzellern [251]. Zur biologischen Rolle des CO_2 soll nur wenig gesagt werden, weil dieser Aspekt hier lediglich am Rande interessiert. Die großen Tropenwälder sind infolge von Zersetzungsprozessen Erzeuger von CO_2 und, wie man noch nicht sehr lange weiß, auch vom starken Treibhausgas Methan. Pflanzen und Algen benötigen CO_2, sind also CO_2-Senken und produzieren hierbei, zusammen mit Sonnenenergie, Sauerstoff. *Nahrungspflanzen liefern mit höherer CO_2 Konzentration höhere Erträge*, wobei bei der gegenwärtigen CO_2-Konzentration der Erdatmosphäre noch längst keine Sättigung dieses Effekts erreicht ist [246]. Bild 4.15 zeigt die Abhängigkeit von Ernteerträgen und CO_2-Konzentration der Luft. Holländische und spanische Tomatenzüchter wissen dies, sie begasen ihre Gewächshäuser mit CO_2. Das Weizenwachstum hat beispielsweise bei einer sehr hohen CO_2-Konzentration von 0,12% sein Optimum, also etwa dem Drei- bis Vierfachen der heutigen CO_2-Konzentration, die auch bei Verbrennung aller fossilen Brennstoffe der Erde niemals erreicht werden kann (s. Anhang 6.3). Auf die „Begrünung" der Erde hat das anthropogene CO_2 bereits einen steigernden Einfluss, dies belegen Satellitenbilder. Für die menschliche Atmung sind CO_2-Konzentrationen der Luft bin hin zu etwa 2% praktisch bedeutungslos.

Zahlreiche Quellen und Senken von CO_2 spielen in dem überaus komplexen CO_2-Zyklus mit. Die Ozeane enthalten beispielsweise grob 40 Mal soviel CO_2 wie die Atmosphäre, während der Boden und die Land-

4.9 Treibhauseffekt und CO_2

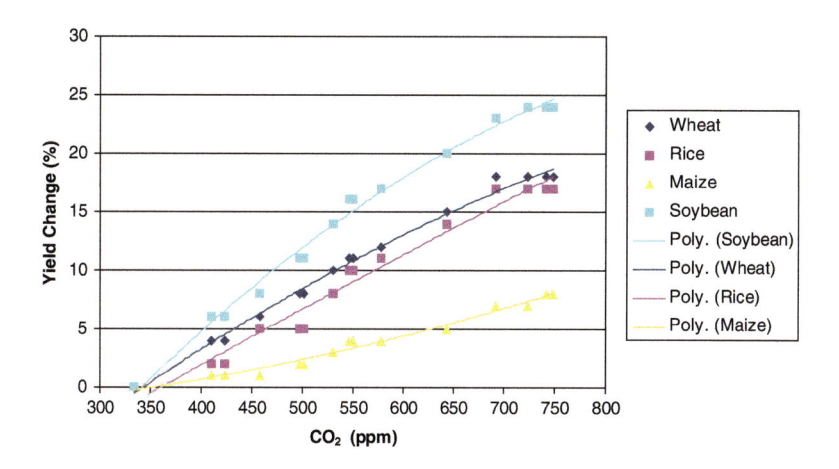

Bild 4.15: Bessere Erträge bei mehr CO_2, Bildquelle [246].

pflanzen etwa doppelt soviel CO_2 wie die Atmosphäre speichern. Der gegenwärtige Gehalt an Kohlenstoff in der Atmosphäre beträgt etwa 850 GtC. Das IPCC schätzt den menschgemachten Anteil am natürlichen CO_2-Zyklus auf knapp 3% ein. Dies stellt eine vernachlässigbare Störung des natürlichen Kreislaufs dar.

4.9.1 Die Klimawirkung des anthropogenen CO_2

Die erste öffentlich beachtete wissenschaftliche Stellungnahme zur Klimaproblematik wurde in einem Beitrag der angesehenen US-amerikanischen Zeitschrift Newsweek des Jahres 1975 veröffentlicht. Man staunt, denn hier ist vom genauen Gegenteil der heutigen CO_2-Hype die Rede. Damals schrieb die Newsweek (übersetzt von v. Alvensleben) [194]:
„*Es gibt bedrohliche Anzeichen, dass die Wetterverhältnisse der Erde begonnen haben, sich dramatisch zu verändern, und dass diese Änderungen hindeuten auf eine drastische Abnahme der Nahrungsmittelerzeugung – mit ernsten politischen Auswirkungen für praktisch jede Nation auf der Erde. ... Die Anhaltspunkte für diese Voraussagen haben sich nun so massiv angehäuft, dass Meteorologen Schwierigkeiten haben, damit Schritt zu halten. ... Letztes Jahr im April, beim verheerendsten Aus-*

bruch von Tornados, der je zu verzeichnen war, haben 148 Wirbelstürme mehr als 300 Menschen getötet und Schaden in Höhe von 500 Millionen Dollar in 13 US-Staaten angerichtet. Wissenschaftler sehen in diesen ... Ereignissen die Vorboten eines dramatischen Wandels im Wettergeschehen der Welt. ....". Ein größerer Klimawechsel würde wirtschaftliche und soziale Anpassungen in weltweitem Maßstab erzwingen, warnt ein kürzlich erschienener Bericht der National Academy of Sciences (NAS). Und weiter: *„Klimatologen sind pessimistisch dass die politischen Führer irgendwelche positiven Maßnahmen ergreifen werden, um die Folgen des Klimawandels auszugleichen oder seine Auswirkungen zu verringern. ... Je länger die Planer zögern, desto schwieriger werden sie es finden, mit den Folgen des klimatischen Wandels fertig zu werden, wenn die Ergebnisse erst bittere Wirklichkeit geworden sind".*

Der Newsweek-Text von 1975 warnte somit vor dem *Gegenteil* der heutigen Befürchtungen, nämlich vor einer katastrophalen, globalen *Abkühlung* infolge der von der Industrie verursachten Luftverschmutzung durch Aerosole, die dann nicht mehr genug wärmendes Sonnenlicht hindurchlassen würden. Ältere Leser werden sich vielleicht noch an den befürchteten *globalen Winter* im Zusammenhang mit Aerosolfreisetzungen infolge eines größeren Nuklearkrieges erinnern. Sogar der National Science Board der National Science Foundation der USA warnte vor einer globalen Abkühlung. Tatsächlich zeigt die Temperaturkurve der nördlichen Hemisphäre in Bild 4.14 unter 4.8 eine Abkühlungstendenz zwischen etwa 1935 und 1980, die der gleichzeitig ansteigenden CO_2-Konzentration zuwiderlief und daher mit der anthropogenen CO_2-Erwärmungshypothese, die oft als AGW abgekürzt wird, überhaupt nicht zusammenpasst.

Die moderne Fassung der AGW, die die Klima-Alarmisten so stark als „CO_2-Gefahr" propagieren und politisch instrumentalisieren, hatte zwei Ursprünge. Zum einen wurde aus der Analyse von Eisbohrkernen in Grönland und der Antarktis festgestellt, dass der CO_2-Gehalt der eingeschlossenen Luftbläschen während der Eiszeit wesentlich geringer war als danach [201]. Hieraus ergab sich die Hypothese, der abgefallene CO_2-Gehalt habe eine Abnahme des Treibhauseffekts und damit die Eiszeit ausgelöst. Diese Hypothese ist inzwischen widerlegt [305]. Zum zweiten wurde man auf die in Bild 4.16 dokumentierte Zunahme der CO_2-Konzentration ab Ende der 1950-er Jahre aufmerksam. Die Ver-

4.9 Treibhauseffekt und CO_2

knüpfung von einem befürchteten starken Treibhauseffekt durch anthropogenes CO_2 und dem real gemessenen CO_2-Anstieg war schließlich die Geburt der modernen CO_2-Problematik. Inzwischen wurde das anthropogene CO_2 entgegen allen naturwissenschaftlichen Fakten zum höchst gefährlichen Klima-Schadstoff erklärt. Anthropogenes CO_2 und die angeblich hierdurch verursachte globale Erwärmung wurde immer mehr zur Bedrohung der Stunde gemacht. Die entsprechenden Vorstellungen sind inzwischen fest in den Köpfen der Bevölkerung verankert und wurden damit zu einem idealen Hebel zur Begründung fast jeder politisch gewünschten Maßnahme.

Aus Bild 4.8 unter 4.8 ging hervor, dass die Konzentration von CO_2 in unserer Atmosphäre, von einer Ausnahme abgesehen, noch nie so niedrig war wie heute. Manche Leser werden vielleicht schon einmal etwas von der Keeling-Kurve gehört haben, die nach dem Chemiker und Ozeanographen David Keeling benannt wurde. Er hatte als erster systematisch den Verlauf der CO_2-Konzentration ab dem Jahre 1958 vermessen (Bild 4.16). Die Keeling Kurve zeigt einen starken Anstieg des CO_2 ab etwa Mitte des vorigen Jahrhunderts, der sich allerdings angesichts der in Bild 4.8 gezeigten historischen CO_2-Konzentrationen stark relativiert. Immerhin stellt sich beim Betrachten von Bild 4.16 die Frage, wie weit sich dieser Anstieg fortsetzen kann bzw. ob er den historischen Werten, die das Mehrfache der heutigen Konzentrationen betrugen, nahe kommen könnte. Im nächsten Abschnitt 4.9.2 wird dieser Frage nachgegangen.

Die Messungen der atmosphärischen CO_2-Konzentrationen wurden von David Keeling auf dem Mauna Loa in Hawaii in etwa 3400 müNN vorgenommen. Analoge Messungen weltweit auf Inseln oder in Gegenden ohne menschliche Besiedelung bestätigen die Messungen von Keeling. Der CO_2-Gehalt der Atmosphäre in der Nähe bzw. in Städten schwankt dagegen stark und ist kein zuverlässiges Maß. Nur der CO_2-Untergrund interessiert. Historische Messungen der CO_2-Konzentration, wie sie aus zahlreichen Universitätsinstituten vorliegen, sind daher für Aussagen über den CO_2-Untergrund im frühen 20. und im 19. Jahrhundert ungeeignet. Für die vorindustrielle Zeit rechnet man grob mit konstanten 280 ppm atmosphärischem CO_2, ein Wert, der vorwiegend aus Eisbohrkern

4 Klima

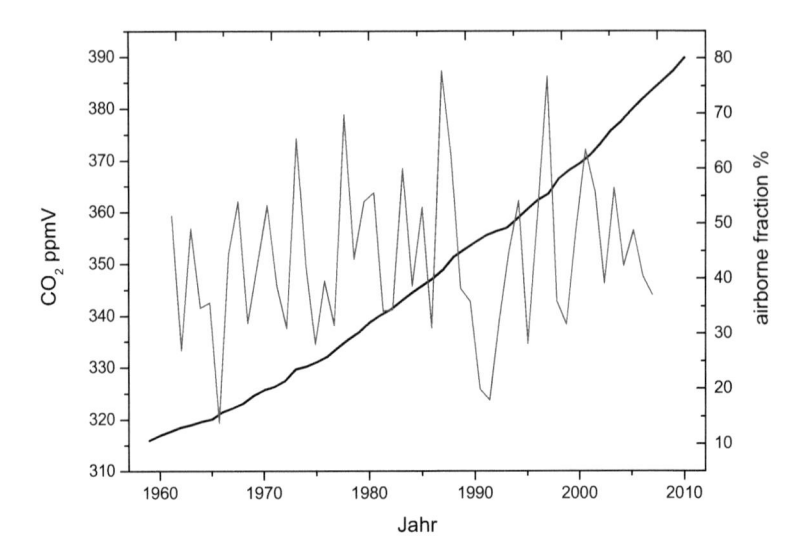

Bild 4.16: Die berühmte, von David Keeling gemessene Kurve, die den CO_2 Gehalt der Atmosphäre angibt (schwarz) [139]. Die sog. Airborne Fraction (blau) zeigt den Prozentsatz des erzeugten, anthropogenen CO_2 an, der in die Atmosphäre gelangt. Der Rest wird von den Weltmeeren und der Biosphäre aufgenommen [36].

analysen stammt. Die sich beim Betrachten der Keeling-Kurve sofort aufdrängende Frage, welche Ursache der Anstieg des CO_2 hatte, kann zuverlässig beantwortet werden. Es war der industrialisierte und in großem Maßstab Landwirtschaft treibende Mensch. Dies beweisen Isotopenanalysen des CO_2 [160]. Spekulationen, wie etwa der Anstieg sei durch vulkanische „Smoker" auf dem Meeresboden oder von sonstigen natürlichen Quellen verursacht, sind nicht zu belegen.

Zur wohl wichtigsten Frage nach der globalen Temperaturerhöhung, die durch ansteigende CO_2 Konzentration verursacht wird, wurde unter 4.9 gesagt, dass CO_2 das zweitstärkste Treibhausgas nach dem Wasserdampf ist. Dies und sein suggestiver Anstieg in Bild 4.16 sind die zentralen Argumente der Klima-Alarmisten: Der CO_2-Anstieg „müsse" zu einer gefährlich starken globalen Erwärmung führen. Ist dieses Argument schlüssig? Nein, denn die starke Treibhauswirkung des CO_2 muss

4.9 Treibhauseffekt und CO_2

bei Erhöhung seiner Konzentration durch menschgemachte Emissionen keineswegs zu einer entsprechend starken globalen Temperaturerhöhungen führen. Dies zeigt das bereits erwähnte Anschauungsbeispiel einer sehr gut wärmenden Pudelmütze im Winter. Trotz ihres starken Wärmungseffekts wärmen zwei Pudelmützen übereinander (Verdoppelung der CO_2 Konzentration) kaum besser als eine. Es geht also nicht um die Treibhauswirkung von CO_2 schlechthin, die niemand bestreitet.

*Es geht darum, wie sich **zusätzliches menschgemachtes** CO_2 auf Erdtemperaturen auswirkt.*

Dieser Unterschied ist sorgfältig zu beachten. Die oft vernommene Argumentation, CO_2 sei ein starkes Treibhausgas und jedes Leugnen dieser Tatsache mache einen Kritiker der kommenden Erwärmungskatastrophe unglaubwürdig, ist irreführend. Kritiker leugnen keineswegs die starke Treibhausgaswirkung des CO_2. Sie sprechen ausschließlich die völlig anders gelagerte Frage an, *in welchem Maße* die Zunahme des anthropogenen CO_2 zu einer Erhöhung der Atmosphärentemperatur führen kann. Der Zusammenhang zwischen CO_2 Konzentrationen und globaler Temperatursteigerung im Bereich der hier betrachteten CO_2-Konzentrationen ist nämlich nicht linear sondern *logarithmisch* [127]. Dies bedeutet, dass bei jeder Verdoppelung von CO_2, also bei 2-, 4-, 8-facher Konzentration, die globale Temperatursteigerung *gleich* ist! Diese Temperatursteigerung in °C wird als Klimasensitivität (des CO_2) bezeichnet. Fakt ist nun:

Der Zahlenwert der CO_2-Klimasensitivität ist der Klimawissenschaft unbekannt [126].

In der Fachliteratur werden Werte zwischen 0,5 °C und >5 °C „gehandelt" [105]. Auch der Buchautor als Koautor einer einschlägigen Fachpublikation hat sich an diesem Problem versucht, mit dem Ergebnis von 1 °C [168]. Der Bereich von 0,5 °C bis ~1,5 °C ist unbedenklich. Das IPCC selber geht von einer unbedenklichen Klimasensitivität von ~1 °C ohne Rück- oder Gegenkoppelungseffekte aus. Es ist nun nicht nachvollziehbar, alle „Klimaschutz-Maßnahmen" und auch die Energiewende Deutschlands mit einem einzigen, ohne existierenden Beleg als

4 Klima

gefährlich hoch angenommenen Zahlenwert der Klimasensitivität zu begründen. Solch eine Agenda ist pure Ideologie, die rationales Handeln auf der Basis gesicherter wissenschaftlicher Resultate ausschließt. Die Berufung der Politik auf eine Wissenschaftlergruppe, die sich als politische Advokaten oder gar Aktivisten einer nicht auffindbaren anthropogenen Klimaerwärmung verstehen und gebärden, ist undemokratisch. Weitere technische Einzelheiten über größere oder kleinere Werte der CO_2-Klimasensitivität werden unter 4.9.3 beschrieben und diskutiert.

Wie weit sich inzwischen die deutsche Politik aus dem Fenster gelehnt hat, geht aus Vergleichen von heute mit älteren offiziellen Verlautbarungen einschlägiger Institutionen und Ministerien hervor. So schrieb 1997 der wissenschaftliche Beirat für globale Umweltveränderungen (WBGU), dass kein menschgemachter Klimawandel auffindbar ist [268]. In der Broschüre des Bundesministeriums für Bildung und Forschung „Herausforderung Klimawandel" aus dem Jahre 2003 wurde auf S. 10 zum Kyoto-Protokoll noch vollkommen unverblümt formuliert [14]:

„Daher ist das Protokoll in seiner jetzigen Form kaum geeignet, das Klima zu stabilisieren. Seine Wirkung ist eher im politischen Bereich zu finden ..."
und weiter auf S. 51
„Die Auswirkungen des Kyoto-Protokolls sind nur vereinzelt hochgerechnet worden. Danach scheint die im Kyoto-Protokoll vorgesehene Reduktion der Treibhaus-Emissionen der Industrieländer nur einen geringen Effekt auf die Temperaturentwicklung zu haben. Auf der Zeitskala bis etwa 2050 ist sogar durch das Kyoto-Protokoll keinerlei Veränderung gegenüber dem business-as-usual-Szenario zu erkennen....".

In diesem Zusammenhang sei auf die Abschätzungsrechnung unter 6.4 hingewiesen, die belegt, dass die gemäß EU-Beschluss vorgesehenen CO_2-Einsparungsmaßnahmen Deutschlands mit Kosten von vielen Hundert Milliarden Euro nur einen unmessbaren Effekt nahe Null bewirken kann [73]. Eine sachliche Begründung dieser Maßnahmen gibt es daher nicht.

Schaut man sich freilich die gegenwärtigen Verlautbarungen des Bundesumweltministeriums an, wird jedem nicht auf den Kopf gefallenen klar, dass jetzt grüne Glaubenskämpfer das Sagen haben. Auf den sachlichen Klimaunsinn, den dieses Ministerium verzapft und auf seine einseitige Sichtweise, die alle der anthropogenen Erwärmungshypothese widersprechenden Fachpublikationen ausblendet, braucht hier nicht weiter eingegangen zu werden. Auch Merkwürdigkeiten sollen nicht verfolgt werden, etwa die, dass eines der qualitativ besten, populär geschriebenen Klimabücher – die „Klimafakten", Herausgeber U. Berner und H. Streif – trotz starker Nachfrage nicht mehr aufgelegt werden. Ein Schelm, wer dabei daran denkt, dass fast alle Autoren dieses Werks Ministeriums-Mitarbeiter waren, die im Gegensatz zu Hochschulprofessoren auch nach ihrer Pensionierung nicht völlig frei in ihren Verlautbarungen sind.

Es ist trauriger Fakt, dass heute alle einschlägigen staatlichen Stellen, die laut Gesetz zu neutraler sachlicher Aufklärung des Bürgers verpflichtet sind, von grün-roten Glaubenskämpfern geentert wurden. An Stelle des „real existierenden" Sozialismus in der ehemaligen DDR bekommen wir heute die „real existierende" anthropogene Globalerwärmung eingetrichtert, das eine genauso schwachsinnig wie das andere. Die Beantwortung der interessanten Frage, wie lange solch ein Zustand in einem Land mit hoher technischer Intelligenz noch gut gehen kann, liegt außerhalb dieses Buchs. Interessant wird sein, welcher mutige Politiker sich einmal der Herkulesaufgabe annimmt, den grünen Augias-Stall auszumisten.

4.9.2 Wie weit steigt atmosphärisches CO_2 noch an?

Was passiert, wenn die Menschheit weiter wie bisher ihren CO_2-Ausstoß fortsetzt oder noch steigert? Wird die doppelte, vierfache oder gar achtfache atmosphärische Konzentration von CO_2 erreicht? Diese Fragen können aus zwei Gründen zutreffend mit „Nein" beantwortet werden. Der erste Grund: Auch bei Ausbeutung aller jemals förderbaren Vorräte an Kohle, Erdöl und Erdgas stehen, wie bereits erwähnt und im Anhang 6.3 belegt, der Menschheit gar nicht die ausreichenden Mengen von fossilem Brennstoff für ein solches Szenario zur Verfügung. Der zweite Grund liegt tiefer und hängt mit der Physik des Kohlenstoffkreislaufs zusammen. Die folgende Erklärung geht daher etwas mehr ins Detail.

Vielleicht ist einigen Lesern in Bild 4.16 eine ohne weiteres unerklärliche Merkwürdigkeit aufgefallen. Gemeint ist die stark fluktuierende blaue Kurve, die denjenigen Anteil an neu gebildetem anthropogenen

CO_2 zeigt, der direkt in die Atmosphäre gelangt. Dieser Anteil wird im Englischen als „airborne fraction" bezeichnet – abgekürzt AF – und meist in % angegeben. Man wird zunächst vermuten, dass alles anthropogene CO_2, das von der Industrie, der Zementproduktion, der Landwirtschaft usw. in die Atmosphäre emittiert wird und dort verbleibt. Dies war aber nur zu Beginn der Industrialisierung der Fall. Heute beträgt der Wert der AF indessen nur noch etwa 45% [159]. Der Rest, also 55% alles anthropogenen CO_2 wird von den Weltmeeren und der Biosphäre (z.B. den Tropenwäldern) aufgenommen. Man kann die genannten 45% aus Bild 4.16 grob ermitteln, wenn man durch die stark schwankenden AF-Werte eine Gerade legt und den Schnittpunkt auf der rechten Skala abliest.

Die Erklärung des Phänomens, dass seit Beginn der Industrialisierung ein immer höherer Anteil des menschgemachten CO_2 nicht mehr in die Atmosphäre geht und damit auch nicht mehr zur globalen Erwärmung beiträgt, hängt mit dem Partialdruck von CO_2 in Luft und Wasser sowie dem riesigen Aufnahmevermögen der Weltmeere für CO_2 zusammen. Sie wurde von Prof. Werner Weber am 20.4.2011 anlässlich des bereits unter 1. erwähnten gemeinsamen Kolloquiums EIKE/PIK in Potsdam vorgetragen [213].

Unter Partialdruck versteht man den Druck eines Gases, hier von CO_2, in einem Gasgemisch bzw. einer Flüssigkeit, hier in Luft bzw. in Wasser. Zu Beginn der Industrialisierung waren die Partialdrücke des CO_2 in Atmosphäre und Weltmeeren in guter Näherung gleich. Es herrschte Gleichgewicht. Weder wurden bei grob gleichbleibenden Temperaturen maßgebende Mengen CO_2 aus der Atmosphäre heraus in die Weltmeere gelöst, noch erfolgte umgekehrt Ausgasung von CO_2 aus den Weltmeeren. Mit zunehmender Industrialisierung ab etwa 1850 änderte sich dies. Der atmosphärische CO_2 Gehalt und damit sein Partialdruck in der Luft stiegen an. Dadurch entstand eine Partialdruckdifferenz zu dem im Meer gelösten CO_2. Eine solche Differenz führt dazu, dass Gas (hier CO_2) von dem Medium mit dem größeren Partialdruck in das mit niedrigerem Partialdruck so lange übergeht, bis wieder Partialdruckgleichgewicht erreicht ist. Somit ging ein Teil des atmosphärischen CO_2 dauerhaft ins Meer und wurde damit der Atmosphäre entzogen. Der Übergang vom atmosphärischen CO_2 ins Meer und die Biosphäre wurde mit zunehmen-

4.9 Treibhauseffekt und CO_2

dem CO_2 Gehalt in der Luft immer dominanter. Heute ist, wie schon erwähnt, bereits das Verhältnis von 45% (Atmosphäre) zu 55% (Weltmeere und Biosphäre) erreicht.

Setzen sich die anthropogenen CO_2 Emissionen erwartungsgemäß weiter fort, kommt man schließlich an den Zeitpunkt, an dem die Partialdruckdifferenz so groß geworden ist, dass *alles* anthropogene CO_2 nur noch in die Weltmeere und die Biosphäre geht. Von diesem Zeitpunkt an steigt das atmosphärische CO_2 und damit der vom anthropogenen CO_2 verantwortete Anteil an der Globaltemperatur bei *gleichbleibenden* CO_2-Emissionen nicht mehr an. Entscheidend für diesen Mechanismus ist das riesige CO_2 Reservoir der Weltmeere, welches, wie bereits erwähnt, das der Atmosphäre um etwa das Vierzigfache übersteigt. Der Partialdruck des CO_2 in den Weltmeeren ändert sich auf Grund der riesigen Menge von gelöstem CO_2 auch durch die oben beschriebene weitere Zufuhr aus der Atmosphäre praktisch nicht. Dies, zusammen mit der bereits beschriebenen Endlichkeit von fossilen Brennstoffen, sorgt dafür, dass der vom Menschen verantwortete CO_2 Gehalt der Atmosphäre Maximalwerte von grob 600 - 800 ppm nie übersteigen kann. Wann die Sättigung der Atmosphäre mit CO_2 erreicht sein wird, hängt von den zukünftigen Emissionsraten von anthropogenem CO_2 ab. Man kann diesen Endzeitpunkt des CO_2-Anstiegs ganz grob in 100 bis 200 Jahren erwarten.

Abschließend noch ein Wort zu den starken Schwankungen der AF in Bild 4.16. Sie sind durch kurzfristige Temperaturerhöhung oder Abkühlung des Ozeanwassers im Jahresbereich bedingt. Die Weltmeere emittieren CO_2 bei höherer Temperatur der Ozean-Wasseroberfläche und sie absorbieren es bei seiner Temperaturabnahme. Dementsprechend müssten an der (grünen) Kurve in Bild 4.16 bekannte Wetterereignisse ablesbar sein, die zu solchen Temperaturschwankungen Anlass gaben. Dies ist der Fall. So sind beispielsweise die Maxima der Jahre 1988, 1995 und 1998 Anfangsjahre von sehr starken La Niña - Ereignissen [195]. Das Minimum im Jahre 1992 wurde durch den Vulkanausbruch des Pinatubo auf den Philippinen im Jahre 1991 verursacht.

4.9.3 „Wärmetod der Erde" durch Wasserdampfrückkoppelung?

Die bisherigen Ausführungen berücksichtigten nicht einen hypothetischen Effekt, der in der Literatur als Wasserdampfrückkoppelung bekannt ist. Bei Erwärmung der Atmosphäre durch zunehmendes anthropogenes CO_2 sollte aus den Weltmeeren – insbesondere in den Tropen – mehr Wasserdampf ausgegast werden. Dadurch soll die Erwärmungswirkung des CO_2 verändert werden. In einem ersten Szenario führt mehr Wasserdampf bei ausreichend vorhandenen Kondensationskeimen zu mehr Wolken. Wolken als kondensierende oder bereits kondensierte Flüssigkeitströpfchen, die nicht mit dem Gas „Wasserdampf" oder gar mit Treibhausgasen zu verwechseln sind, schirmen die Sonnenstrahlung ab und wirken abkühlend. Die Erwärmung infolge ansteigendem CO_2 wird daher *abgeschwächt*, man spricht von Gegenkoppelung. Mehr Wasserdampf, der sich nicht in Wolken verwandelt und abregnet, bedeutet andererseits, dass der Treibhauseffekt verstärkt wird. Die ursprünglich geringe Treibhaus-Wirkung des CO_2, so die Idee der Wasserdampfrückkoppelung, erhöht sich damit. Man spricht von positiver Rückkoppelung oder Mitkoppelung.

An dieser Stelle ein Hinweis: Man kennt aus der Gebrauchselekronik das Lautsprecherjaulen einer Mikrophon-Verstärkeranlage durch positive Rückkoppelung bei zu weit aufgedrehtem Verstärker. Bei der Erde gibt es diesen Vorgang einer aus dem Ruder gelaufenen Rückkoppelung grundsätzlich nicht. Dennoch spricht man auch hier von positiver Rückkoppelung bzw. von Gegenkoppelung. Beide Begriffe haben im Fall der Temperaturentwicklung der Erde infolge zunehmender Treibhausgase (Temperaturerhöhung) oder infolge von Aerosolen durch globalweit spürbare Vulkanausbrüche (Abkühlung) eine andere Bedeutung als in einer Mikrophonverstärkeranlage. Einzelheiten hierzu finden sich unter [66] *„Der Wolkeneffekt"*.

Welchen Weg bevorzugt die Natur, Gegen- oder Mitkoppelung? Auswertungen von Ballon-Radiosonden und Satelitenmessungen haben dies bereits entschieden. Alle bisher verfügbaren Messungen zeigen, dass *Gegenkoppelung* überwiegt. Hierzu sagt der Klimaforscher und Leibniz-Preisträger Prof. Jan Veizer:

4.9 Treibhauseffekt und CO_2

"Bei beinahe jedem ökologischen Prozess und auf jeder Zeitskala sind der Wasserkreislauf und der Kohlenstoffkreislauf aneinander gekoppelt, aber Wasser ist nun mal um Größenordnungen verfügbarer. Es ist nicht einfach nur da, um auf Impulse vom Kohlenstoffkreislauf zu warten, ganz im Gegenteil, es formt diesen aktiv".

Im Klartext sagt damit J. Veizer, dass das CO_2 niemals den Wasserdampf und damit auch keine durch diesen bedingte globale Temperaturänderung auslösen kann. In Vorträgen drückt er es plastischer aus: *Der Hund (Wasserdampf) wedelt mit dem Schwanz (CO_2) – nicht umgekehrt.*

Bis Ende des Jahres 2008 lagen keine veröffentlichten *Messungen* vor, die den Wert der Wasserdampfrückkopplung – ob nun positiv oder negativ – bestimmen konnten. Diese unbefriedigende Situation änderte sich mit zwei grundlegenden Arbeiten, von denen eine im Feb. 2009 in Theoretical and Applied Climatology, die andere im Sept. 2009 in Geophysical Research Letters erschien. Inzwischen sind weitere bestätigende Publikationen erschienen [192]. Die Autoren G. Paltridge, A. Arking und M. Pook zeigten, dass die spezifische und relative Feuchte in der mittleren und oberen Troposphäre, also oberhalb 850 hPa Luftdruck, im Gegensatz zu den Annahmen der Klimamodelle des IPCC, in den Jahren 1973 bis 2007 mit den steigenden Temperaturen dieser Zeit *abnahm*, was einer Wasserdampf-*Gegenkoppelung* entspricht [206]. Lediglich die wenig rückkopplungswirksame Feuchte der unteren Troposphäre nahm in dieser Zeit zu und selbst dies nur in den gemäßigten Breiten signifikant. G. Paltridge et al. benutzten hierzu die Daten der troposphärischen Feuchte des National Centers for Environmental Prediction (NCEP), die aus Messungen von Radio-Sonden gewonnen wurden. Wie sehr sich die Klimasensitivität des CO_2 zahlenmäßig verringerte, konnten die Autoren auf Grund der mit hohen Fehlern behafteten Datenlage zwar nicht angeben, unzweifelhaft wurde von ihnen allerdings die Tendenz in Richtung Gegenkoppelung bestätigt.

Die zweite Arbeit wurde von dem weltbekannten Klimaforscher Richard L. Lindzen vom Massachusetts Institute of Technology (MIT), zusammen mit Yong-Sang Choi verfasst [165]. Die Autoren wiesen ebenfalls nach, dass Gegenkoppelung vorliegen muss, konnten aber zudem noch den Effekt quantifizieren. Sie untersuchten hierzu die Empfindlichkeit

4 Klima

des Klimas auf externe Störungen und benutzten für ihre Untersuchung die Messdaten von ERBE (Earth Radiation Budget Experiment), geliefert vom ERBE-Satelliten, der 1984 vom Space-Shuttle aus gestartet wurde. Hieraus konnten sie die externen Einwirkungen auf das Strahlungsgleichgewicht extrahieren, wie sie die Oszillationen El Niño, La Niña sowie Vulkanausbrüche (Pinatubo) hervorrufen und die sich in den Temperaturen der Meeresoberflächen manifestieren. Da die Wirkung von CO_2 ebenfalls über die Störung des Strahlungsgleichgewichts abläuft, ist eine analoge Übertragung physikalisch korrekt.

Aus Bild 4.17 geht der Unterschied zwischen Messung und Klimamodellen augenfällig hervor. Die *Messwerte* im Teilbild links oben mit positiver Steigung widersprechen diametral allen IPCC-Klima-*Modellen* mit negativen Steigungen der jeweiligen Ausgleichsgeraden. Als Resultat der Messungen wird aus dem bereits erwähnten rückkopplungsfreien Wert der Klimasensitivität des CO_2 von $\Delta T_0 \approx 1\,°C$ jetzt sogar nur grob der halbe Wert, also $\Delta T_0 = 0,5\,°C$, der mit dem unter 4.9.1 erwähnten Ergebnis von H. Harde übereinstimmt.

Neben den beiden oben beschriebenen Arbeiten gibt es ein weiteres Indiz, dass die in Klimamodelle willkürlich eingebaute Wasserdampfrückkopplung falsch sein muss. Die Modelle fordern nämlich unabdingbar einen sog. *Hot Spot*. Dies ist eine Erwärmungszone in mehreren km Höhe in der oberen Troposhäre der Tropen. Das Vorhandensein dieses Hot Spot wäre ein starkes Argument dafür, dass die Modelle die Realität korrekt wiedergeben. Tatsächlich ist aber der Hot Spot bis heute auch in Zehntausenden von Radio-Sondenmessungen nicht aufzufinden. Allein schon aus dem fehlenden Hot Spot ist zutreffend zu folgern:

Die in Klimamodelle eingebaute positive Wasserdampfrückkoppelung ist nicht nur ein Fehler. Die Klimamodelle, die diese Annahme enthalten, sind grundlegend falsch.

Die geschilderten Fachpublikationen bedeuten das wissenschaftliche Ende der Hypothese einer vom Menschen verursachten gefährlichen globalen Erwärmung. Der temperatursteigernde Einfluss des anthropogenen CO_2 ist dann zu dem geworden, was bereits schon seit längerem viele Klimaforscher vermuten: zu einem unbedeutenden, geringfügigen *Erwärmungseffekt*, der in den natürlichen Temperaturfluktuationen un-

4.9 Treibhauseffekt und CO_2

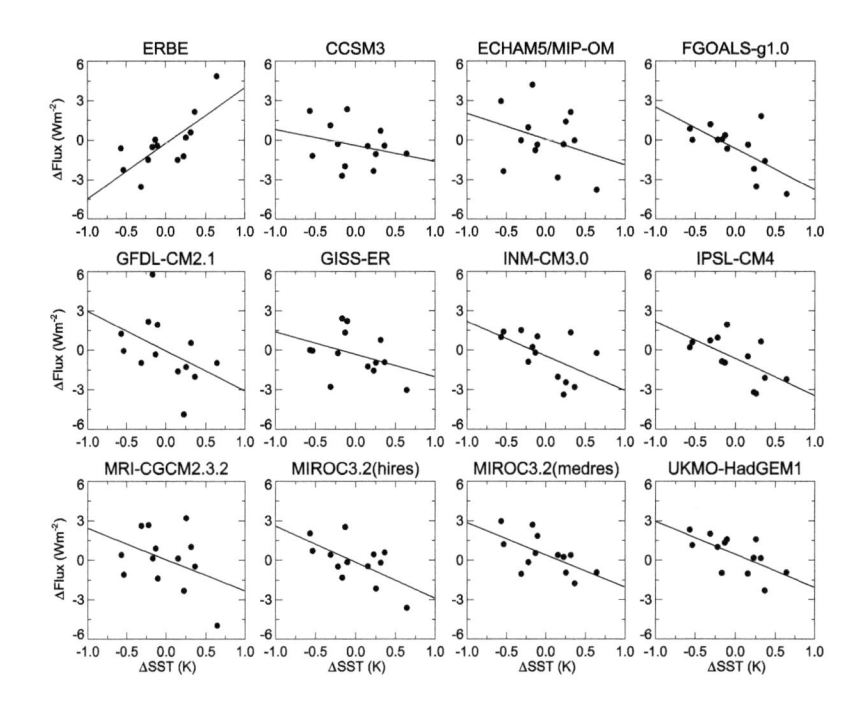

Bild 4.17: Die vom ERBE-Satelliten gemessene Abstrahlungs-Leistungsdichte der Erde ΔFlux in Abhängigkeit von der Oberflächentemperatur des Ozeans ΔSST (links oben) im Vergleich zu 11 IPCC-Modellen [165].

tergeht. Halten wir also fest: Es existiert aus physikalischen Gründen ein Erwärmungsanteil durch anthropogenes CO_2, allerdings ein äußerst kleiner. Irgendeine Gefährdung durch anthropogen induzierte, globale Temperaturänderungen, die sich weit unterhalb der natürlichen Variabilität bewegen, ist weder erkennbar noch messbar. Für eine Wasserdampfrückkopplung, die zu gefährlichen Temperatursteigerungen Anlass geben könnte, fehlen die Messbelege. Diese weisen sogar im Gegenteil auf Gegenkopplungen hin. Dagegen ist der Nutzen von mehr CO_2 in der Atmosphäre für das Pflanzenwachstum und damit die Ernährung der Weltbevölkerung real und bedeutsam [246]. Aus diesem Grunde wird in diesem Buch das Scheitern aller bisherigen Klimakonferenzen, die so gut wie als einziges Ziel die Vermeidung anthropogener CO_2-Emissionen propagieren, nachdrücklich *begrüßt*. Es wird höchste Zeit, dass sich Politik und Medien wieder dem *wirklichen Naturschutz* zu- und von der Pseudowissenschaft „Klimaschutz" abwenden.

4.10 Ursachen von Klimaänderungen

Here comes the Sun.
Here comes the Sun and I say
It's alright.
Little darling, it's been a cold, long, lonely winter,
Little darling, it feels like years since it's been here.
Here comes the Sun. Here comes the Sun and I say
it's alright.
Little darling, the smiles returning to their faces.
....
Sun, Sun, Sun here it comes.
(The Beatles)

Unter 3.6 wurde bereits beschrieben, dass man unter Klima das mindestens 30-jährige Mittel von Wetterparametern, wie von Temperaturen, Niederschlagsmengen, Windgeschwindigkeiten und weiteren Parametern mehr versteht. Über die Prozesse, die das Wetter steuern, berichtet die Meteorologie. Der Kenntnisstand ist heute relativ hoch. Unzählige Messungen von meteorologischen Stationen in aller Welt und die etablierte Atmosphärenphysik haben dafür gesorgt. Beim Klima ist dies leider anders, dies ist aber nicht den Klimaforschern anzulasten. Welche Prozesse steuern in welcher Weise das Klima? Diese Frage kann heute leider nur ausgesprochen bruchstückhaft beantwortet werden. Der weitaus größte Ursachenteil bleibt nach wie vor unbekannt. Die Ursache der wohl einzigen, allerdings kurzen und die genannte 30-Jahresfrist unterschreitenden Änderungen, die zweifelsfrei geklärt ist, besteht in extrem großen Vulkaneruptionen mit globalen Auswirkungen. Bei einer solchen Explosion werden gigantische Mengen von Material kilometerweit in die Luft geschleudert. Der Rauchpilz, der dann über dem Vulkan hängt, besteht

4.10 Ursachen von Klimaänderungen

aus Gasen (unter anderem aus Wasserdampf, Kohlendioxyd und Schwefeldioxyd) und feinen Staubteilchen. Millionen Tonnen Gas geraten in die Stratosphäre. Aus dem Schwefeldioxid entstehen kleine Schwefelteilchen, sog. Aerosole. In der Atmosphäre können sie das Licht reflektieren und teilweise absorbieren, wobei nur ein Teil der Sonnenstrahlen die Erde erreicht. Beispiele solcher Ausbrüche sind:

▷ 1813 die Eruption des Vulkans Tambora in Indonesien. Das darauf folgende Jahr wurde noch oft das Jahr ohne Sommer genannt. Der Staub in den höheren Luftschichten leitete die Sonnenstrahlen jahrelang um und verursachte rot glühende Sonnenuntergänge auf der ganzen Erde. Missernten und Hungersnöte waren die Folgen.
▷ 1883 der Ausbruch des Krakatau in Indonesien,
▷ 1992 der Ausbruch des Pinatubo auf den Philippinen.

Die Belege für den Zusammenhang von kurzfristigen Klimaänderungen und extremen Vulkanausbrüchen besitzen als eine der wenigen Klima-Erklärungen Beweisqualität. Zunächst ist es die mathematische Korrelation zwischen Vulkanausbruch und einer globalen Temperaturabsenkung. Hinzu kommt die physikalische Erklärung. Asche und Aerosole absorbieren Sonnenlicht und verursachen Abkühlung. Unter günstigen Umständen kommen Nachweise von Vulkanascheteilchen in Sedimenten aus der betreffenden Zeit hinzu. Es sei betont, dass nur einer der genannten Faktoren nicht ausreicht, um von einem Beweis zu sprechen. Insbesondere trifft dieser Mangel für die anthropogene CO_2-Hypothese zu.

Einziges plausibles Argument ist der Gleichklang von atmosphärischer CO_2-Zunahme und einer deutlichen globalen Erwärmung der Nordhalbkugel in den letzten 30 Jahren des vorigen Jahrhunderts (s. hierzu die Bilder 4.14 unter 4.8 und 4.15 unter 4.9.1). Mehr gibt es nicht! In der Klimageschichte gab es dagegen immer wieder weit heftigere Temperaturanstiege in vergleichbaren Zeiträumen, stets ohne anthropogenes CO_2.

Einige wenige, dem IPCC nahe stehenden Forscher propagieren sogar die Extrem-Hypothese, CO_2 steuerte auch in der Vergangenheit primär und maßgebend die klimatische Entwicklung. Diese Position hat sich als unhaltbar erwiesen. Die Analysen historischer Klimaänderungen zeigen

4 Klima

nämlich, wie Temperatur- und Kohlendioxidkonzentrationen zwar parallel, aber stets zeitversetzt verliefen, wobei die CO_2-Konzentration dem Temperaturverlauf immer hinterherhinkt [305]. Höhere CO_2-Werte der Klimavergangenheit konnten daher nur die Folge, niemals die Ursache von Temperaturerhöhungen sein. Dies ist nachvollziehbar, denn Wasser bindet CO_2 bei tieferer Temperatur besser. Temperaturerhöhung führt daher zu Entgasung von CO_2 aus den Weltmeeren.

Schauen wir uns nun Klimaänderungen an, die sinnvolle Hypothesen erlauben. Zuerst ist dabei der extrem langfristige Zusammenhang zwischen kosmischer Strahlung und Erdtemperaturen zu nennen, der einen Zufall praktisch ausschließt (Bild 4.18). Die Autoren haben für diesen gleichmäßigen Klimazyklus als Erklärung das regelmäßige Eintauchen unseres Sonnensystems in Staubwolken-Zonen bei ihrem viele Millionen Jahre dauernden Kreislauf innerhalb unserer Galaxis. Die zugehörige Fachpublikation der Autoren Jan Veizer und Nir Shaviv hat bei den Klima-Alarmisten helle Panik ausgelöst, obwohl die Zeiträume nun wirklich nicht in die Problematik des anthropogenen CO_2 passen (s. unter 5.4.5).

Schaut man sich „kürzere" Zeiträume an, womit tausend bis einige Millionen Jahre gemeint sind, wird jedem unvoreingenommenen Naturforscher Folgendes klar:

Die maßgebende Klimakraft, die bis herunter auf kurze Klimazeiten wirkt, ist die variable Sonne.

Die Belege sind zu überwältigend. Nachfolgend aus Platzgründen nur zwei Belege, in Abb. 4.19 und 4.20. Bild 4.19 zeigt die Anzahl der Sonnenflecken in dem historischen Zeitraum ab etwa dem Jahre 1600. Ab dieser Zeit existieren zum Teil bereits schriftlich dokumentierte Temperaturaufzeichnungen, und es begannen die systematischen Sonnenbeobachtungen. Wiederum ist erkennbar, wie die Sonnenaktivität auf längerfristiger Skala treibende Kraft für Temperaturänderungen gewesen ist. Das Fehlen von Sonnenflecken von 1650 und 1700 (Maunder-Minimum) fällt mit der „kleinen Eiszeit" des 17. Jahrhunderts zusammen. Ihre sehr tiefen Temperaturen beeinflussten insbesondere die flämische Malerei mit weltberühmten Winterbildern. Man erkennt im Bild 4.19 auch den

4.10 Ursachen von Klimaänderungen

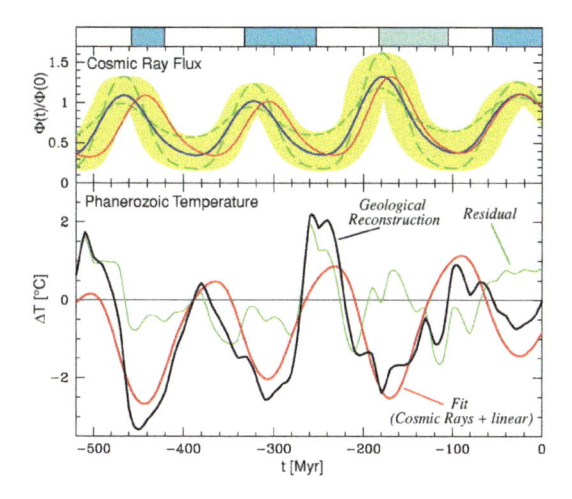

Bild 4.18: Intensität der kosmischen Strahlung (oberes Teilbild) und Temperatur (unteres Teilbild). Der Zusammenhang – Maxima der kosmischen Aktivität fallen auf Minima der Erdtemperaturen – ist unübersehbar. Die Zeitachse ist in Millionen Jahren vor heute. Bildquelle: Shaviv und Veizer [102]

bekannten 11-jährige Sonnenfleckenzyklus. Die Sonne strahlt übrigens bei weniger Flecken schwächer, bei mehr Flecken stärker! Bild 4.20 zeigt schließlich die Änderungen von Temperaturen und Sonnenfleckenzahlen – als Steigungen der linearen Regressionen über jeweils 500 Jahre Temperatur – zusammen mit den Sonnenfleckenzahl-Verläufen für die Jahre 500 bis 2000 n.Chr [167].

Entgegen der denkbar einfachsten Vorstellung reichen aber die sehr kleinen Änderungen der solaren Strahlungsintensität nicht aus, um den Einfluss der Sonne auf Erdtemperaturen zu erklären. Der *indirekte* Mechanismus, wie eine nur relativ wenig strahlungsvariierende Sonne dennoch hohe Klimavariabilität erzeugt, wurde zuerst von den Forschern Eigil Friis-Christensen, Knud Lassen und jüngst von Henrik Svensmark und weiteren Forschern untersucht [306]. Maßgebend ist hierbei die bereits erwähnte kosmische Strahlung. Diese wird vom variablen Magnetfeld der Sonne sowie deren Weg durch die Spiralarme unserer Galaxis be-

4 Klima

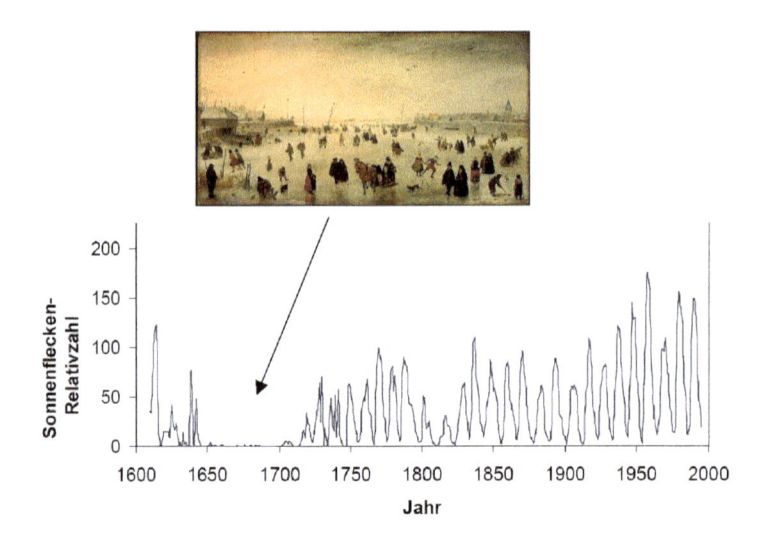

Bild 4.19: Sonnenfleckenaktivität seit Beginn des 17. Jahrhunderts [299].

einflusst. Bei schwacher solarer Aktivität tritt vermehrt kosmische Strahlung auf, weil ein schwächeres solares Magnetfeld die ankommende Korpuskularstrahlung weniger abschirmt. Es werden dann mehr Wolken erzeugt, die die Sonnenstrahlung abschirmen und für Abkühlung sorgen. Die physikalischen Details des Mechanismus sind allerdings noch nicht vollständig bekannt. Am Centre Européen des Recherches Nucléaires (CERN) bei Genf läuft ein Experiment mit der Bezeichnung *Cloud*, das im Jahre 2014 bereits weitgehend Klärung verschafft hat [42].

Der schon erwähnte Klimaforscher Henrik Svensmark präsentierte zusammen mit seinen Mitautoren in 2009 Messungen, die belegen, dass kosmische Strahlung die Bildung atmosphärischer Aerosole und Wolkenkeime beeinflusst (Bild 4.21) [258]. Neuere grundlegende Arbeiten zum gleichen Thema haben Dr. Alexander Hempelmann vom astronomischen Institut der Universität Hamburg und Prof. Werner Weber von der Universität Dortmund vorgelegt [282]. Neben dem klimarelevanten Einfluss der Wolken ist die Klimawirksamkeit des variierenden Sonnenmagnetfeldes und der hierdurch induzierten Bildung von Wolkenkeimen in der Erdatmosphäre das Teilgebiet der Klimatologie, auf dem in naher Zukunft ver-

4.10 Ursachen von Klimaänderungen

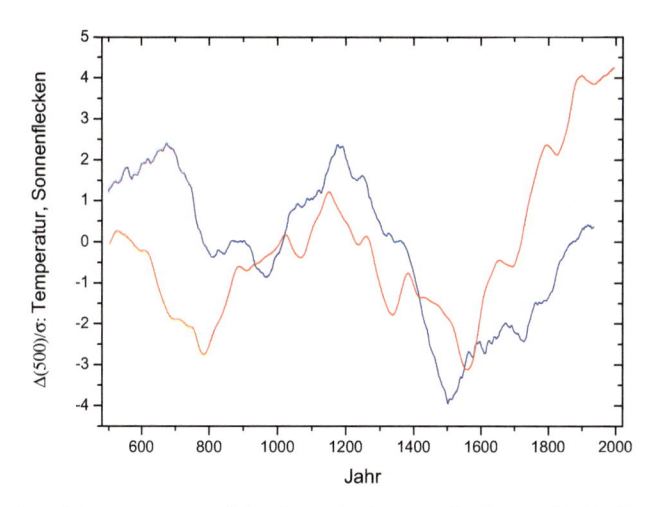

Bild 4.20: Temperatur- (blau) und Sonnenfleckenzahl-Differenzen (rot) über 500 Jahre Intervallänge von 500 bis 2000 n.Chr. [172].

mutlich interessante und wichtige Ergebnisse zu erwarten sind. Auch in der mathematischen Korrelationsanalyse werden hier inzwischen neue Verfahren versucht [231].

Noch zwei bemerkenswerte Entdeckungen: Von Astrophysikern wurde eine Erwärmung des Mars und des Jupitermondes Triton beobachtet [190]. Es schien in dem betrachteten Zeitraum, der sich mit der globalen Erwärmung gegen Ende des 20. Jahrhunderts deckt, auch anderswo in unserem planetaren System wärmer geworden zu sein. Die zweite Entdeckung betrifft die zur Zeit ungewöhnliche Aktivität der Sonne. Sie wurde für den Verlauf der letzten 11.400 Jahre, also zurück bis zum Ende der letzten Eiszeit, erstmals von einer internationalen Forschergruppe um den Sonnenforscher Sami K. Solanki durch Isotopenanalyse von tausende Jahre alten Baumfossilien und von Polareis rekonstruiert. Wie die Wissenschaftler des Teams aus Deutschland, Finnland und der Schweiz berichten, muss man über 8000 Jahre in der Erdgeschichte zurückgehen, bis man einen Zeitraum findet, in dem die Sonne im Mittel so aktiv war wie Ende des vergangenen Jahrhunderts [189]. Aus dem Studium früherer Perioden mit hoher Sonnenaktivität sagen die Forscher vor-

4 Klima

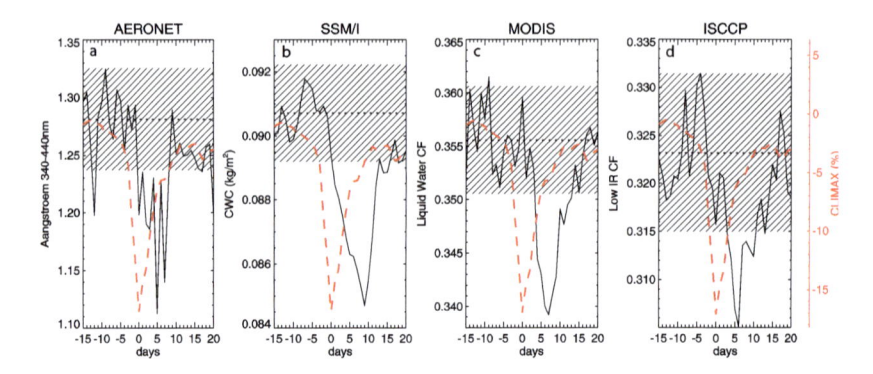

Bild 4.21: Für Abnahmen der kosmischen Strahlung (Forbush Decreases [84]) gemittelte Werte von Wolkenwassergehalt SSM/I, Wolkenanteil MODIS und tiefen Wolken ISCCP, verglichen mit der Entwicklung von Aerosolpartikeln AERONET. Die rote Kurve ist ein Maß der Sonnenaktivität [258].

aus, dass die gegenwärtig hohe Aktivität der Sonne wahrscheinlich nur noch wenige Jahre, allenfalls einige Jahrzehnte, andauern wird [175]. Dies kann durch eine Aussage von K. Solanki wie folgt ergänzt werden:

„Zeitreihenanalysen zeigen, dass die Wahrscheinlichkeit einer gleichbleibend hohen Sonnenaktivität in den nächsten Jahren bis Jahrzehnten unter 1% liegt" [89].

Wir haben es daher mit einer Abkühlung zu mehr als 99% Wahrscheinlichkeit in naher Zukunft zu tun, und die Befürchtungen vieler russischer Klimaforscher, dass eine neue Kaltperiode droht, sind daher leider nicht grundlos. Sollte anthropogenes CO_2 tatsächlich in maßgebender Stärke klimaerwärmend wirken – dafür spricht nach gegenwärtiger Messlage allerdings nichts –, müssten wir, falls die Sonnenforscher des Max-Planck-Instituts in Katlenburg-Lindau richtig liegen, den heutigen zivilisatorischen „CO_2-Sünden" der Menschheit sogar ausgesprochen dankbar sein. Die allerjüngste, von den bekannten Zyklen stark abweichende Abnahme der Sonnenflecken deutet tatsächlich bereits eine abnehmende Sonnenstrahlstärke an [164].

Beim Thema „Sonne und Klima" darf das unverzichtbare Buch der Autoren Fritz Vahrenholt und Sebastian Lüning, *„Die kalte Sonne"* nicht unerwähnt bleiben. Es ist mit Gewinn zu lesen und stellt ein umfangreiches Nachschlagewerk zum Thema des Sonneneinflusses auf Klimaentwicklungen auf dem heutigen Stand dar. Bei allen Indizien und Hinweisen auf den Sonneneinfluss kann aber von Gewissheit immer noch keine Rede sein. Die Mechanismen, mit denen sich die Sonne im Klimageschehen als Hauptakteur durchsetzt, sind nicht immer offenkundig und in der Regel schwer nachweisbar. So variiert beispielsweise die Solarkonstante (Gesamtstrahlungsstärke der Sonne), wie schon ihre Bezeichnung aussagt, nur wenig und kommt daher als Ursache für kurzfristige Klimaänderungen kaum in Frage. Nur der UV-Bereich des Sonnenspektrums unterliegt stärkeren Variationen. Es sind aber ganz offensichtlich die indirekten Sonnen-Mechanismen, die hier dominieren.

In der jüngsten Fachpublikation des Buchautors zusammen mit Koautoren ergaben sich Hinweise, dass Eigendynamik ein Faktor für die Klimaentwicklung sein könnte [169]. Damit ist es nicht ohne weiteres möglich, die Ursachen von Klimaänderungen auf eindeutig ermittelbare physikalische Einflüsse zurückzuführen. Das extrem komplexe System von Atmosphäre, Hydrosphäre, Lithosphäre, Kryosphäre und Biosphäre gerät bei Energiezufuhr durch die Sonne in Temperaturschwingungen und offenbart dann Eigenschaften zwischen deterministischem und chaotischem Verhalten. Dennoch gilt auch hier grundsätzlich: *Der primäre Antriebsmotor all dieses Geschehens ist stets die Sonne.*

4.11 Klima-Computer-Modelle

„Die Messdaten sind nicht maßgebend. Wir begründen unsere Empfehlungen nicht mit Daten. Wir begründen Sie mit Klimamodellen."
(Prof. Chris Folland, Hadley Centre for Climate Prediction and Research)

Computer-Klimamodelle sind fiktive theoretische Gebilde ohne durchgängige physikalische Begründungen. Sie enthalten Annahmen und Korrekturfaktoren, deren Mechanismen den Vorstellungen der Modellpro-

4 Klima

grammierer, nicht aber der durch Messungen belegten physikalischen Realität entsprechen. Diese Schwäche wird durch ihre fehlende Aussagekraft bestätigt. Computer-Klimamodelle haben ohne massive Manipulationen der Randbedingungen und Flussparameter niemals eine befriedigende Übereinstimmung mit Vergangenheitsdaten liefern können. Da sie bisher nicht verlässlich waren, entstehen berechtigte Zweifel, warum man ihnen zur Vorhersage der zukünftigen Klimaentwicklung Glauben schenken soll. Es besteht kein Grund dazu.

Diese Einschätzung bestätigt das IPCC selbst. Der Beleg findet sich im IPCC-Report vom Jahre 2001, sec. 14.2.2.2 auf S. 774, wo über Klima-Modelle gesagt wird: „.... *we are dealing with a coupled nonlinear chaotic system, and therefore that the long-term prediction of future climate states is not possible*". Klimamodelle basierten in der Tat ursprünglich auf Wettermodellen, die bekanntlich nur etwa 14 Tage vorhersagen können. Die Eigenschaft einer grundsätzlich begrenzten Zeit, für die die berechneten Lösungen sinnvoll sind, teilen Klimamodelle immer noch mit den Wettermodellen. Was verursacht die so kleine Vorhersagezeit? Könnte man die Modelle nicht verbessern? Nein, es liegt an einer grundsätzlichen Eigenschaft der zugrunde liegenden Mathematik. Die in diesen Modellen verwendeten Methoden zur Lösung gekoppelter, partieller Differentialgleichungen in Raumgittern sind grundsätzlich und irreparabel chaotisch. Damit ist gemeint, dass sich beliebig kleine Variationen in den Anfangswerten des Gleichungssystems, mit denen das Modell nun einmal „gefüttert" werden muss, zu beliebig großen Fehlern auswachsen. Populär, aber nicht ganz zutreffend, ist dieses Phänomen der Meteorologie als „Schmetterlingseffekt" berühmt geworden.

Hinzu kommt, dass Klimamodelle unzählige Kompromisse bemühen müssen. Sie berücksichtigen zwar immer noch punktuell physikalische Gesetze, verwenden aber für den unbekannten Rest zwangsweise heuristische Modellannahmen, die weder durch Physik, noch durch Messungen ausreichend abgesichert sind. *Computer-Klimamodelle besitzen daher die inhärente Schwäche, dass ihre Aussagen nur zum Teil auf Physik beruhen und ihre Ergebnisse auf physikalischer Basis unbeweisbar sind.* Oder anders ausgedrückt: mit solchen Modellen kann so gut wie alles bewiesen werden, und niemand vermag solche Beweise nachzuprüfen, denn komplexe Computer-Modellrechnungen sind im allgemeinen nicht nachvoll-

4.11 Klima-Computer-Modelle

ziehbar. Der schon erwähnte theoretische Physiker Prof. Gerhard Gerlich drückt diese Verhältnisse zutreffend wie folgt aus: „.. *beruhen also die Computersimulationen der Klimarechenzentren nicht auf physikalischen Grundlagen...Selbstverständlich war und ist dies allen Klimasimulierern klar. Trotzdem gaukeln sie den Politikern vor, sie könnten den Einfluss der Kohlendioxid-Konzentration auf das Wetter simulieren."*

Der bereits genannte Meteorologe und Klimaforscher Horst Malberg, em. Prof. für Meteorologie an der FU Berlin, formuliert ebenfalls seine Bedenken: *„Mit diesen Modellen ist z. B. für die nächsten 100 Jahre ausgerechnet worden: Es könnte eine Erwärmung von eineinhalb Grad geben, es könnte auch eine Erwärmung von drei bis vier Grad geben, es könnte aber auch eine Erwärmung von elf Grad geben. Diese ganz unterschiedlichen Szenarien sind alle mit Hilfe von Modellen errechnet worden. Da frage ich mich eben, was denn solche Aussagen eigentlich noch wert sind, wenn man mit einer Modellrechnung alles Mögliche herausbekommt an Ergebnissen."*

Das Kind darf aber nicht mit dem Bade ausgeschüttet werden. Aus der Unmöglichkeit mit Computer-Klimamodellen langfristige Klimavorhersage zu betreiben ist nicht auf die Unbrauchbarkeit numerischer Modelle schlechthin zu schließen. Numerische Modelle sind in vielen Wissenschaftszweigen, aber vor allem in technischen Anwendungen sehr zuverlässig und dort infolgedessen unverzichtbar. So besitzen beispielsweise Wetter-Modelle inzwischen eine bemerkenswerte Güte in ihren Vorhersagen für ca. eine Woche. Ein numerisches Modell wird erforderlich, wenn die Systemgleichungen nicht mehr geschlossen analytisch, sondern nur noch numerisch mit dem Rechner lösbar sind. Die Lösung ist dann nur noch in diskreten Raum und Zeitpunkten erhältlich, und genau genommen ist jede Änderung dieser Diskretisierung wieder ein neues Modell. Prof. H. von Storch führt hierzu aus:

„Es ist naiv zu glauben, es käme in den Modellen ein Satz wahrer Differentialgleichungen vor. Die gibt es nicht. Es werden immer wieder Parametrisierungen hinzugefügt: Die Parametrisierung hängt von dem Gitterabstand ab. Die Modelle kann man mit verschiedenen Gleichungen betreiben, weil es verschiedene Parametrisierungen gibt. Es gibt im Modell keine Differentialgleichungen, sondern nur Differenzengleichungen und diese hängen von der Auflösung ab. Der Übergang „Δx gegen Null"

4 Klima

ist nicht möglich, weil man nicht weiß, wie die Parametrisierung sein soll, wenn der Gitterabstand um den Faktor 10 kleiner ist. Die Diskretisierung ist das Modell" [279]

Oft enthält ein Modell noch zusätzliche Parameter, die unbekannte oder zu komplexe physikalische Vorgänge pauschal durch Heuristik ersetzen. Das ist zunächst nichts Verwerfliches. Jedem Ingenieur sind solche Parameter unter der Bezeichnung „Beiwerte" bekannt. So ist etwa die Verwendung eines sog. Reibungsbeiwerts für die Beschreibung von Strömungen in Flüssigkeitspipelines erforderlich, denn die Physik der turbulenten Strömung ist bis heute unverstanden. Die Formel für den Reibungsbeiwert von technischer Rohrströmung ist empirisch. Sie wurde aus abertausenden Messungen hergeleitet, besitzt somit eine solide Messgrundlage und hat sich entsprechend bestens im Einsatz bewährt.

Von solch verlässlichen Verhältnissen kann aber angesichts der unzähligen, willkürlichen Korrekturfaktoren von Klimamodellen nicht die Rede sein. Klimamodellen fehlt eine ausreichende Messgrundlage. Jeder, der mit numerischer Modellbildung komplexer Vorgänge bereits einmal näher befasst war, kennt weitere Grenzen von Modellen. Sie rühren nicht nur von den vorgenannten zu vielen Parametern, sondern auch noch von unvollständigen, oft sogar fehlenden Daten her. Bei Computer-Klimamodellen wird man vermutlich nie so weit sein, um von befriedigenden Werkzeugen zur Klimamodellierung sprechen zu können. Hierfür ist die Komplexität des Klimas zu groß. Die Sonneneinstrahlung, der Sonnenwind, vor allem der extrem schwer fassbare Einfluss der extrem klimarelevanten Wolken, die atmosphärische Wärmebilanz, die Atmosphärenchemie, Aerosole, die Ausgasung und Absorption von CO_2 in bzw. aus unzähligen Quellen und Senken, die Zirkulationsströme der Ozeane, der Wärmeaustausch des Ozeanwassers, die Mechanismen der Gletscherbildung durch Neuschnee und des Gletscherabschmelzens, der Einfluss weiterer Treibhausgase usw. – die Liste lässt sich praktisch endlos fortsetzen – sind modellmäßig zu erfassen.

Stellvertretend sei das Problem der Wolken näher betrachtet. Wolken können allein deswegen nicht zuverlässig in Klimamodelle einbezogen werden, weil sie sich über eine extrem große Skalenweite erstrecken. Sie reichen von mikroskopisch kleinen Tröpfchen bis hinauf zu Wetterfronten, die hunderte von Kilometern Ausdehnung annehmen können. Sie

4.11 Klima-Computer-Modelle

sind wirklich eine entscheidende Einflussgröße für die Strahlungsenergiebilanz der Erde und damit für ihre Temperaturentwicklung! Der Unterschied von wolkenbedecktem zu klarem Himmel ist unmittelbar spürbar und jedem von uns geläufig. Eine vom Klimaforscher Mark Webb im britischen Headley Center (CRU) vorgenommene Untersuchung weist nach, dass allein die Modellierung von Wolken für rund Dreiviertel der Unterschiede zwischen verschiedenen Klimamodellen verantwortlich ist [50]. Wolken sind deswegen so schwierig zu modellieren, weil sie ganz unterschiedliche Rollen spielen können. Auf niedriger Höhe wirken sie abkühlend, weil sie das Sonnenlicht abschirmen. Auf großer Höhe halten sie dagegen die von Boden abgestrahlte Wärme zurück und geben sie in die gleiche Richtung mit verminderter Wellenlänge wieder ab, sie wirken also aufheizend. So schreibt der US-Forscher Stott: *„Bei den vorhandenen Ungewissheiten in der historischen Strahlungsstärke, der Klimasensitivität und der Wärmerate, die von den Ozeanen aufgenommen wird, kann eine gute Übereinstimmung zwischen Klimamodell und Beobachtungsdaten auch auf sich gegenseitig aufhebenden Fehlern beruhen ... ".* Im Anhang *„Der Wolkeneffekt"* wird auf die Rolle von Wolken näher eingegangen [66].

Der weltbekannte Physiker Freeman Dyson führte anlässlich einer Ansprache in der American Physical Society zum Thema Computer-Klimamodelle aus [178]:

„Die schlechte Nachricht ist, dass Klimamodelle, in die so ein großer Aufwand hineingesteckt wurde, unzuverlässig sind. Die Modelle sind unzuverlässig, weil sie noch frisierte Faktoren (fudge factors) an Stelle von Physik verwenden, um Prozesse nachzubilden, deren maßgebliche Größen kleiner als die Skalenweite der Berechnungsgitter sind.... sie können nicht die Existenz des El Niño wiedergeben...., nicht die Stratuswolken vorhersagen, die weite Teile des Ozeans überdecken .... Daher ist der Fehler der Modelle größer als der Effekt der globalen Erwärmung, den sie vorherzusagen vorgeben ... sie sind keine adäquaten Werkzeuge zur Klimavorhersage. Wenn wir geduldig am Beobachten der realen Welt festhalten und dabei gleichzeitig die Klimamodelle laufend verbessern, wird die Zeit kommen, wo wir erst verstehen und dann vorhersagen können. Bis dahin dürfen wir nicht aufhören Politik und Öffentlichkeit

4 Klima

zu warnen: glaubt keinen Zahlen, wenn sie aus einem Supercomputer kommen!"

Aus der unzähligen Fachkritik von Klimawissenschaftlern an der Zuverlässigkeit von Klimamodellen nachfolgend eine stellvertretende Auswahl:

Prof. Hans-Otto Peitgen (Mathematiker und Chaosforscher):
„Jetzt reden wir von Glaubenssachen. Es gibt Leute, die glauben – und viele von denen sitzen in hoch bezahlten Positionen in sehr bedeutenden Forschungszentren –, dass man das Klima modellieren kann. Ich zähle zu denen, die das nicht glauben. Ich halte es für möglich, dass sich die mittlere Erwärmung der Ozeane in 50 Jahren mit einem bestimmten Fehler vorausberechnen lässt. Aber welche Wirkungen das auf das Klima hat, das ist eine ganz andere Geschichte" [209].

Dr. Klaus Dethloff, Alfred-Wegener-Institut (AWI):
„Klimaprognosen gibt es nicht, es gibt Klimaszenarien ... doch auch dabei kann es infolge der Nichtlinearitäten des Klimasystems Überraschungen geben. Wie soll man den menschlichen Einfluss auf ein System vorhersagen, wenn man noch nicht einmal dessen vertracktes Eigenleben richtig verstanden hat?" [47].

Prof. J. Negendank (GFZ Potsdam):
„Das Klima ist zur Zeit unberechenbar und unkalkulierbar" und weiter zu den Klima-Modellen *„... dass man sich bewusst bleiben muss, dass es sich um Szenarien handelt, die auf vereinfachten Annahmen beruhen. Das Klimasystem ist aber bei weitem komplexer und wird auch in Zukunft Überraschungen bereithalten"* [193].

Gerard Roe und Marcia Baker (Prof. der Univ. Washington, Seattle):
Sie stellen in ihrer Studie zur Prognosegüte der Klimamodelle fest, dass man die Computermodelle so viel erweitern mag wie man will, nie wird man zu brauchbaren Ergebnissen kommen [226]: *„Kleine Unsicherheiten in vielen einzelnen physikalischen Parametern verstärken sich zu großen Unsicherheiten, und es gibt nichts, was wir dagegen tun können"*.

4.11 Klima-Computer-Modelle

Prof. Hans von Storch (GKSS-Forschungszentrum Geesthacht):
„*Wir Klimaforscher können nur mögliche Szenarien anbieten; es kann also auch ganz anders kommen*" *[252]*. Und an anderer Stelle: „*Weder die natürlichen Schwankungen noch die mit dem vom Menschen verursachten Klimawandel ausgehenden Veränderungen können in Einzelheiten prognostiziert werden. Bei den natürlichen Schwankungen ist dies wegen der chaotischen Natur der Klimadynamik nicht möglich. Bei den anthropogenen Veränderungen kann es keine Vorhersagen geben, weil die Antriebe, d.h. die Emissionen von klimarelevanten Substanzen in die Atmosphäre, nicht vorhergesagt werden können*" *[253]*.

In Summa: Computer-Klimamodelle können weder die Klimavergangenheit erklären, noch plausible Prognosen der zukünftigen Temperaturentwicklung liefern. Dabei ist noch zu beachten, dass „Klima" nicht allein an der Temperatur festgemacht werden kann, sondern viele andere meteorologische Parameter umfasst. Als stellvertretendes Beispiel wurde von Freeman Dyson der berühmt-berüchtigte El Niño genannt, der alle zwei bis sieben Jahre auftritt und die Klimate der gesamten Welt beeinflusst. Selbst im April 2006 zeigten die Computermodelle noch nicht an, dass Ende 2006 ein El Niño entstehen würde. Die jüngste Abkühlungsperiode, die inzwischen fast schon zwei Jahrzehnte andauert, hat zu heftigen Kontroversen zwischen Klimaforschern und Klima-Modellieren geführt [75]. Wie das völlige Umschwenken der Modellprognosen (es wird nunmehr von einer weiteren 10-15-jährigen Abkühlungsperiode ausgegangen) mit den aus früheren Klima-Prognosen von der Politik gezogenen Konsequenzen zu vereinbaren ist, mag dem Leser selber überlassen bleiben. Die folgende Minimalliste von Forderungen enthält die maßgebenden Punkte für Brauchbarkeit von Klimamodellen [95]: Ein Klimamodell muss

 ▷ logisch konsistent sein.
 ▷ mit den Messdaten in Einklang stehen.
 ▷ empirisch evident sein.
 ▷ (darf) eine vernünftige Zahl von Annahmen nicht überschreiten.
 ▷ die beobachteten Phänomene erklären können.

4 Klima

▷ in der Lage sein, Vorhersagen zu machen.
▷ testbar und falsifizierbar sein.
▷ zumindest für Fachkollegen reproduzierbar sein.
▷ korrigierbar sein.
▷ verfeinert werden können.
▷ Versuchen zur Verfügung stehen.
▷ auch für Wissenschaftler anderer Fachgebiete verständlich sein.

Diesen Forderungen werden Klimamodelle niemals entsprechen können!

4.12 Fingerprints und Tipping-Points

Mit Statistik kann bekanntlich amüsanter Unfug getrieben werden, so auch wenn Klima-Modellrechnungen und lokale Temperaturdaten mit Hilfe der Fingerprint-Methode verknüpft werden. Die Finger-Print-Methode wurde von den Mathematikern Karp und Rabin entwickelt und hat sich zur Mustersuche in Computertexten bewährt [138].

Ob der Mensch an einer Klimaerwärmung maßgeblich beteiligt ist, kann die Fingerprint-Methode mit Hilfe von Klimamodellen nicht entscheiden. Wenn ein ordentliches statistisches Verfahren mit Klimamodellrechnungen von notorischer Fragwürdigkeit verknüpft wird (s. unter 4.11), kommt das populäre *Mist rein, Mist raus* dabei heraus. Die unschuldige Fingerprint-Methode zusammen mit Klimamodellen wird problemlos nachweisen können, dass steigende Scheidungsraten, steigende Verwendung von Mikrowellenherden, steigende Flugkilometer bei Fernreisen und weiteres mehr vom ansteigenden anthropogenen CO_2 verursacht wurden. Dieses Vorgehen ist nur ein komplizierteres Analogon zu der schon bekannten Geschichte über Storchhäufigkeit und Geburten. Ob eine lokale und innerhalb der natürlichen Schwankung liegende Temperaturerhöhung von menschgemachtem CO_2 verursacht wird, ist Fingerprint-statistisch nicht nachweisbar [79].

Tipping-Points in der Klimatologie bezeichnen Wendepunkte, die eine bislang mehr oder weniger stetige oder auch periodische Entwicklung in eine völlig neue Richtung treiben. Solche Tipping-Points gab es in der Klimavergangenheit immer wieder. Ein stellvertretendes Beispiel ist der plötzliche Wasserdurchbruch des Atlantik an der heutigen Meerenge von Gibraltar in das mediterrane Becken, der vor etwa 5,3 Millionen Jahren das ehemals noch nicht vorhandene Mittelmeer entstehen ließ und die klimatischen Verhältnisse von Südeuropa maßgebend veränderte. Dieser Vorgang lief erstaunlich rasch ab. Wie die moderne Forschung inzwischen weiß, hat das Auffüllen nur etwa 2 Jahre gedauert. Tipping-Points zeichnen sich durch grundsätzliche Unberechenbarkeit aus. Es ist daher nicht zielstellend, Vermutungen über Tipping-Points – denn Sicherheit gibt es hier nicht – zur Grundlage von Vorhersagen oder gar Gegenmaßnahmen machen zu wollen [262]. Oder, um ein populäres Bild zu gebrauchen: Auch im täglichen Leben jedes Menschen gibt es immer wieder Tipping-Points, negative wie positive. Ein gewünschtes Ermitteln, wann diese völlig unbekannten Ereignisse denn nun auftreten werden, oder gar ein versuchter Schutz gegen sie, ist unmöglich.

4.13 Der Mythos vom wissenschaftlichen Konsens

Es ist eine Sache, eine andere Meinung zu haben. Es ist aber etwas völlig anderes, vorzutäuschen, andere als die eigene Meinung würden gar nicht existieren, oder zu behaupten, solche Meinungen verdienten keine Aufmerksamkeit.
(Donna Laframboise)

Der Begriff „Konsens der Wissenschaft" ist unsinnig. Ob eine wissenschaftliche Hypothese vernünftig, richtig oder falsch ist, entscheidet keine Mehrheit. Dies haben immer wieder Forscher belegt, die sich angefeindet über Jahrzehnte gegen den wissenschaftlichen Mainstream durchsetzten, oft mit folgenden Nobelpreisen. Natürlich würde ein echter Konsens von vielleicht mehr als 95% aller Forscher eines Fachgebiets eine hohe Wahrscheinlichkeit für sachliche Richtigkeit beinhalten. Eine Garantie ist es aber nicht. Auf die Frage nach einem messbaren anthropogenen Einfluss auf Klimawerte lautet bis heute die Antwort *„nicht auffindbar"*. Daher bleiben jetzt nur zwei Fragen übrig:

- *Wie viele Klimaforscher teilen den Klima-Alarmismus des IPCC?*

4 Klima

- *Wie viele Klimaforscher („Klimaskeptiker") widersprechen?*

Klimaforscher sind Physiker, Meteorologen, Chemiker, Biologen, Mathematiker usw., also meist Naturwissenschaftler, die Klimaforschung betreiben und ihre Ergebnisse in begutachteten Wissenschaftsjournalen veröffentlichen. Auch der Buchautor gehört dazu, wenngleich nicht von der Pike auf in der Klimaforschung tätig, was von Laien oft als fehlndes Qualitätsmerkmal angesehen wird. Die Karrieren von unzähligen Naturwissenschaftlern, die ihr Forschungsgebiet wechselten, belegen den Irrtum. Leider ist Wechsel im heutigen Wissenschaftsbetrieb immer schwieriger geworden, und der Vorteil geht verloren neue Ideen ohne „Scheuklappen" zu entwickeln. Schauen wir nun einmal nach, wie viele Klimapublikationen, die dem IPCC widersprechen, in internationalen begutachteten Fachjournalen aufzufinden sind! Es sind momentan mehr als 1350 explizit aufgeführt [92]. Infolgedessen sind allein damit die Verlautbarungen von Medien und Politik über angeblich fehlende Gegenstimmen falsch.

Die Klimaskeptiker übertreffen die Klima-Alarmisten in Anzahl und wissenschaftlichem Ansehen um Längen, denn zu ihnen gehören die Physik-Nobelpreisträger Ivar Glaever und Robert Laughlin. Einen Physiker aus dem IPCC-Lager als Nobelpreisträger gibt es dagegen nicht. Ferner sind die weltberühmten Physiker Freeman Dyson, Edward Teller, Frederick Seitz, Robert Jastrow und William Nierenberg Klimaskeptiker, ähnliche Reputation ist von IPCC-Forschern unbekannt. Eine ausführliche Zusammenstellung, inklusive aller einschlägigen Klimapublikationen, ist auf der Internet-Seite von Popular Technology.net veröffentlicht [232]. Auf Anhieb können weiterhin 9000 promovierte Naturwissenschaftler und Hunderte fachnahe Professoren der klimaskeptischen Seite benannt werden. Es handelt sich um das Oregon Petitition Project [233]. Betrachten wir nun die Gegenseite! Das IPCC benennt gerade einmal 62 Personen, die das kritische Kapitel 9 des IPCC-Berichts von 2007 *„Understanding and Attributing Climate Change"* begutachteten, darunter viele, die nichts anders taten, als ihren eigenen Beitrag zu bestätigen.

Die Unterzeichner der vielen, unten aufgeführten Petitionen und Manifeste gegen die IPCC-Politik sind freilich nicht immer Klimawissenschaftler. Ist es hier gerechtfertigt, auch andere Naturwissenschaftler als

4.13 Der Mythos vom wissenschaftlichen Konsens

kompetente Skeptiker zuzulassen? Die Antwort muss „Ja" lauten. Die meisten Klima-Fachpublikationen decken nämlich physikalische Bereiche ab, die auch von physikalischen Nebenfächlern wie beispielsweise Chemikern oder Ingenieuren nach entsprechender Einarbeitung verstanden und nachvollzogen werden können. Das physikalische Abstraktionsniveau ist hier in der Regel nicht von einer nur für Spezialisten zugänglichen Höhe, wie etwa in der Quantenfeld-, allgemeinen Relativitäts- oder Stringtheorie. Dies heißt natürlich nicht, dass nicht auch in der Klimaforschung schwer zugängliche Spezialgebiete existieren.

Die historische Entwicklung der klimaskeptischen Verlautbarungen klärt über die wahren Verhältnisse auf. Es beginnt 1992 in Rio de Janeiro mit der ersten großen UN-Umweltkonferenz. Hier haben die Vertreter von 170 Regierungen und weiteren Nichtregierungsinstitutionen (NGO) vor einer gefährlichen globalen Erwärmung durch die steigende Emission von CO_2 in der Atmosphäre infolge Nutzung der fossilen Brennstoffe gewarnt. Drastische Maßnahmen, Energiesteuern und Umweltabgaben wurden gefordert.

1) Als erste Antwort auf die Forderungen von Rio de Janeiro haben 425 Wissenschaftler, darunter 62 Nobelpreisträger den *Heidelberg Appeal* unterschrieben. Sie fordern, die wissenschaftliche Ehrlichkeit nicht dem politischen Opportunismus und einer irrationalen Ideologie zu opfern. Inzwischen sind diesem Appell mehr als 4000 Wissenschaftler, darunter inzwischen insgesamt 72 Nobelpreisträger aus 106 Ländern beigetreten [107].

2) Das Global Warming Petition Project, auch als Oregon Petition bekannt, wurde bereits oben erwähnt [233]. Der NIPCC Report von 2009 listete 31.478 akademische Unterzeichner auf, davon 9029 promovierte Personen, meist Naturwissenschaftler [196].

3) Das *Leipziger Manifest* ging aus einem internationalen Symposium über die Treibhauskontroverse in Leipzig im November 1995 und 1997 hervor. Es wurde 2005 überarbeitet. Die Unterzeichner, 80 Wissenschaftler aus dem Bereich der Forschung zum Zustand der Atmosphäre und des Klimas sowie 25 Meteorologen, bekunden: *„Auf der Basis aller vorhan-*

denen Messungen können wir eine politisch inspirierte Weltsicht nicht akzeptieren, die Klimakatastrophen vorhersagt und überstürzte Aktionen verlangt... In einer Welt, in der die Armut die größte soziale Verschmutzung darstellt, sollte jegliche Einschränkung an Energie, die das ökonomische Wachstum verhindert (in diesen Ländern), mit äußerstem Bedacht vorgenommen werden." [173].

4) Im Dezember 2008 und ergänzt im März 2009 wendeten sich über 700 Wissenschaftler mit dem sogenannten *U.S. Senate Minority Report* (auch als Inhofe Report bezeichnet) an den Senat der USA. Die Unterzeichner wehrten sich gegen den vorgeblichen Konsens, dass der Mensch für die Erwärmung hauptsächlich verantwortlich gemacht werden kann. Der Report stellt fest, dass die 700 Wissenschaftler die Zahl der an der „Zusammenfassung für Politiker" des IPCC beteiligten Wissenschaftler (52) um das mehr als *13 fache* übersteigt. Sie führten insbesondere Messungen an, die die alarmistischen, von Modellen unterstützten Prophezeiungen widerlegen [275].

5) In einem *offenen Brief* vom Juli 2007 an die Physikerin und Kanzlerin Angela Merkel forderten 338 Wissenschaftler und engagierte kompetente Bürger, *„die Kanzlerin möge Ihre Position zum Klimakomplex gründlich überdenken und ein vom Potsdamer Institut für Klimafolgenforschung unabhängiges ideologiefreies Gremium einberufen."* [179]. Dieser Brief wurde bemerkenswerterweise nicht einmal einer Eingangsbestätigung des Bundeskanzleramts für würdig erachtet, obwohl in §17 des deutschen Grundgesetzes Bürgern ausdrücklich das Recht eingeräumt wird, sich bei drängenden Problemen oder Fragen an die zuständigen Stellen und an die Volksvertretung zu wenden [101].

6) Gegen die Aussage des US-Präsidenten Barrack Obama *„Wenige Herausforderungen denen sich Amerika und die Welt gegenübersieht, sind wichtiger als den Klimawandel zu bekämpfen. Die Wissenschaft ist jenseits aller Diskussion und die Fakten sind klar"* wendeten sich mehr als 150 fachnahe Wissenschaftler mit dem Protest: *„With all due respect Mr. President, that is not true"* [198].

4.13 Der Mythos vom wissenschaftlichen Konsens

7) In einem offenen Brief an den kanadischen Ministerpräsidenten wendeten sich 60 Klimawissenschaftler gegen die Unterzeichnung eines neuen Kyoto Vertrages. Sie heben hervor, dass *"es keine beobachtbaren Nachweise gibt, die die Computermodelle verifizieren. Deshalb gibt es keinen Grund, den Vorhersagen der Computermodelle zu vertrauen.... Wir schlagen vor, eine ausgewogene, umfassende, öffentliche Sitzung abzuhalten, um die wissenschaftliche Basis zu Plänen der Regierung in Bezug auf den Klimawandel zu schaffen"* [106].

8) Im Jahre 2007 veröffentlichten die Klimawissenschaftler *Hans von Storch* und *Dennis Bray* (GKSS Forschungszentrum Geesthacht) eine anonyme Umfrage unter ca. 1250 Klimawissenschaftlern, von denen 40% antworteten [273], was für derartige Umfragen als eine sehr hohe Antwortrate bezeichnet werden darf. Die Frage *"Ist der gegenwärtige Stand der Wissenschaft weit genug entwickelt, um eine vernünftige Einschätzung des Treibhausgaseffektes zu erlauben?"* beantworteten nur 69% mit Zustimmung. Die Frage *"Können Klimamodelle die Klimabedingungen der Zukunft voraussagen?"* beantworteten 64% ablehnend! Da die Vorhersagen der Klimakatastrophe alleine auf Klimamodellen beruhen und damit ebenfalls ein theoretisches Konstrukt sind, darf dieses Ergebnis für die Vertreter eines Klimakatastrophen-Konsens zutreffend als Schlag ins Gesicht bezeichnet werden. Denn umgekehrt ausgedrückt: Es besteht ein Konsens von 64%, dass die Vorhersage eines die Menschheit gefährdenden Klimawandels durch eine von Menschen gemachte Temperaturerhöhung infolge der anthropogenen CO_2 Emissionen auf der Basis von Klimamodellen wissenschaftlich unzulässig ist.

9) Im September 2008 veröffentlichten *Hans M. Kepplinger* und *Senja Post* von der Universität Mainz in deren Forschungsmagazin eine Online-Umfrage unter den 239 identifizierten deutschen Klimawissenschaftlern. 133 (44%) von ihnen nahmen an der Befragung teil. Kepplinger: *"Die Mehrheit der Wissenschaftler war der Ansicht, dass die Voraussetzungen für eine Berechenbarkeit des Klimas gegenwärtig noch nicht gegeben ist. Dies betrifft die Menge und Qualität der empirischen Daten, die Qualität der Modelle und Theorien sowie die Kapazität der verfügbaren Analysetechniken. Nur eine Minderheit von 20% glaubt, dass die empirischen*

4 Klima

und theoretischen Voraussetzungen für die Berechnung des Klimas heute schon gegeben seien" [143].

10) Am 30.Nov.2012 veröffentlichte die kanadische Financial Post einen offenen Brief von 125 Wissenschaftlern an den UN Generalsekretär H.E. Ban Ki-Moon. Die FP führt dabei alle Namen, Fachgebiete und Forschungsschwerpunkte der Unterzeichner detailliert auf [147]. Es handelt sich in der weit überwiegenden Anzahl um Klimawissenschaftler. Der Originaltext des offenen Briefs lautet: *„On November 9 this year you told the General Assembly: „Extreme weather due to climate change is the new normal – Our challenge remains, clear and urgent: to reduce greenhouse gas emissions, to strengthen adaptation to – even larger climate shocks - and to reach a legally binding climate agreement by 2015 – This should be one of the main lessons of Hurricane Sandy." On November 13 you said at Yale: „The science is clear; we should waste no more time on that debate." The following day, in Al Gore's „Dirty Weather" Webcast, you spoke of „more severe storms, harsher droughts, greater floods", concluding: „Two weeks ago, Hurricane Sandy struck the eastern seaboard of the United States. A nation saw the reality of climate change. The recovery will cost tens of billions of dollars. The cost of inaction will be even higher. We must reduce our dependence on carbon emissions". We the undersigned, qualified in climate-related matters, wish to state that current scientific knowledge does not substantiate your assertions".*

Alle hier aufgeführten Manifeste, Petitionen und Umfragen wurden von den deutschen Medien bis heute noch niemals zur Kenntnis genommen.

4.14 Résumé zur Klimapolitik Deutschlands

Denn sie wissen nicht was sie tun (US Filmtitel).

Mitte des 19. Jahrhunderts, um 1850, begann die industrielle Revolution, und die CO_2-Konzentration der Luft stieg von 280 ppm auf heute ca. 400 ppm an. Aktuell ist allenthalben von einer ernsten Bedrohung durch

4.14 Résumé zur Klimapolitik Deutschlands

eine angeblich unzulässige Erhöhung der globalen Mitteltemperatur auf Grund dieses anthropogenen CO_2-Anstiegs die Rede. Die Befürchtung hat einen nachvollziehbaren Hintergrund, denn CO_2 ist ein Infrarot absorbierendes Naturgas der Erdatmosphäre. Die deutsche Klimapolitik vertraut ohne erkennbare Überprüfung der IPCC-Hypothese von der menschgemachten globalen Erwärmung (kurz AGW, wie Anthropogenic Global Warming) und richtet danach ihre Politik aus.

Die AGW-Hypothese ist indes zwingend **falsch**. Warum? Sie ist mit dem modernen Paradigma unserer naturwissenschaftlichen Wahrheitsfindung nicht vereinbar. Unter Paradigma versteht man eine allgemein verbindliche Denk- und Vorgehensweise. Es handelt sich im vorliegenden Fall um die Art und Weise, wie zuverlässige Kenntnisse über die Physik, hier über die Physik von Klimaänderungen, erlangt werden können. Das Paradigma der modernen Naturwissenschaft ging von Galileo Galilei aus und kam unverändert über Newton, Einstein und alle Nachfolger bis hin zur modernsten Physik auf uns. Der Grund, warum die AGW-Hypothese falsch ist: Sie kann bis heute nicht durch Messungen belegt werden. Die bei der Anwendung unseres modernen Paradigmas aller Naturwissenschaften auf die AGW-Hypothese zu stellende Frage ist denkbar einfach, lässt überhaupt keinen anderen Weg zu und lautet:

„Sind ab der industriellen Revolution (1850) bis heute Klimawerte oder deren Veränderungen gemessen worden, welche die bekannte Klimavariabilität der Zeiten vor 1850 sprengen?"

Die Antwort kann nur JA oder NEIN lauten. Falls JA, müssen wir von hoher Wahrscheinlichkeit eines anthropogenen Klimawandels ausgehen. Falls NEIN, können wir zumindest einen maßgebenden anthropogenen Klimawandel ausschließen. Natürlich ist ein NEIN kein Beweis für das Nichtvorhandensein einer anthropogenen Klimaerwärmung, sie kann in diesem Fall aber, weil nicht messbar, allenfalls unmaßgeblich klein sein. Physikalische Labormessungen zeigen die Infrarot-Rückstrahlung des CO_2, und die Fachliteratur bietet schlüssige Detailuntersuchungen, welche die AGW-Hypothese bestätigen – aber auch sehr viele, die gegen sie sprechen. Dieser Streit ist übliche, notwendige Wissenschaft. Das moderne Wissenschaftsparadigma schneidet alle Spekulationen jedoch radikal ab, denn es sagt bei einem NEIN als Antwort auf die oben aufgeführte, einzig maßgebende Frage kurz, bündig und unmissverständlich:

Bevor eine physikalische HYPOTHESE nicht durch MESSUNGEN belegt ist, ist sie als FALSCH anzusehen!

Es ist gemäß unserem Wissenschaftsparadigma sinnlos eine bestimmte Hypothese zu favorisieren, wenn keine bestätigenden Messwerte für sie beigebracht werden können. Ergo: Wenn wir nichts Klima-Ungewöhnliches seit 1850 im Vergleich mit der Zeit davor messen, müssen wir zwingend von einer **natürlichen** Klimaänderung seit 1850 ausgehen! Zur Beseitigung von Missverständnissen: Es gibt Hypothesen über Details von Klimavorgängen, die mit Messungen belegt sind (z.B. Abkühlung nach großen Vulkanausbrüchen), und es ist physikalisch durchaus vertretbar, eine maßgebende anthropogene Erwärmung anzunehmen, wenn man sich ausreichend viele, passende und mit Messungen bestätigte Details zusammensucht. Es geht hier aber tatsächlich nur um die Hypothese, anthropogene CO_2-Emissionen würden die Erde unzulässig erwärmen. Und für diese Hypothese gibt es eben keine Messbelege. Eine plausible Erklärung dafür ist nicht schwer. Das Gesamtgeschehen „Klima" ist zu komplex, um aus vielen, sogar gesicherten Details auf das Ganze schließen zu können. Das funktioniert beim „Klima" einfach nicht. Es ist gemäß der bisherigen Messlage anzunehmen, dass Gegenkoppelungen die erwärmende Wirkung des anthropogenen CO_2 aufheben. Unter 4.9.3 wurde dieser Aspekt vertieft und die zugehörigen Fachveröffentlichungen genannt. Dies wäre dann aber wieder eine weitere Detail-Hypothese.

Die seit etwa 350 Jahren verfügbaren Thermometermessungen lassen tatsächlich keine ungewöhnlichen Klimaereignisse erkennen. Sie zeigen Temperaturschwankungen, wie sie in Stärke und Schnelligkeit auch schon in den Zeiten davor auftraten – nicht selten sogar weit heftiger. Betrachtet man das 20. Jahrhundert mit erweitertem Blick auf die letzten 2000 oder gar 8000 Jahre, wird lediglich die relativ geringfügige Rückerwärmung von wenigen Zehntel Graden seit Ende der „kleinen Eiszeit" ab Mitte des 17. Jahrhunderts sichtbar. Zu diesem Befund passt, dass bis heute keine Veränderungen im Auftreten von Extremwettern über Klimazeiträume (mindestens 30 Jahre) aufgefunden wurden [128].

4.14 Résumé zur Klimapolitik Deutschlands

Der menschgemachte Anteil am Klimawandel ist daher gemäß gültigen wissenschaftlichen Kriterien als vernachlässigbar klein anzunehmen und stellt keine Veränderung der natürlichen Verhältnisse oder gar eine Gefährdung dar.

„Klimaschutz" ist ein sachlich unsinniger Begriff, denn das Klima hat sich zu allen Zeiten und in allen Klimazonen der Erde stets gewandelt. Kein Klima irgendeiner Klimazone der Erde – von polar bis tropisch – ist jemals konstant gewesen. Ein Phänomen, das naturgesetzlich in stetem Wandel begriffen ist, kann man logischerweise nicht schützen. Die erwärmende Wirkung des **anthropogenen** CO_2 ist unbekannt, was im Buch bereits ausführlich belegt und unabhängig davon auch vom IPCC bestätigt wurde [126]. Das weitaus stärkste Treibhausgas ist ohnehin der Wasserdampf.

Inzwischen ist die Sachlage des Fehlens von ungewöhnlichen Temperatur-Messwerten seit 1850 so weit unter den Klima-Alarmisten akzeptiert, dass inzwischen auf „Nebenkriegsschauplätze" ausgewichen wird. In Mode sind jetzt geheimnisvolle Wärmemengen, die sich in den Ozeanen verstecken und weiteres mehr. Alles schön und gut, hier eröffnen sich noch weite Forschungsvorhaben. Dennoch immer wieder zur Erinnerung: es muss zwingend nachzuweisen sein, dass die Klimadaten seit 1850 im Vergleich mit der Zeit davor unnatürliche Werte aufweisen. Dieser Nachweis ist mit Ozeanmessungen, die schließlich erst am Anfang stehen, wohl noch schwieriger als mit Messdaten von Landtemperaturen. Ob man je wissen wird, welche Temperaturverteilungen die Ozeane in den mittelalterlichen oder gar römischen Warmperioden aufwiesen?

Für alle immer noch Unsicheren und Ängstlichen die Aufmunterung: Lassen Sie sich durch die mediale und politische Klima-Katastrophen-Trommelei nicht verunsichern! Es handelt sich um pure, mit sachlich nicht stichhaltigen Argumenten verbrämte Ideologie oder um Glauben. Seien Sie in Diskussionen mit Klima-Alarmisten oder in den an sie gestellten Fragen nach Vorträgen nicht zimperlich, indem Sie unnachgiebig auf den folgenden drei zutreffenden Grundsätzen beharren:

1. Das moderne Wissenschaftsparadigma von der Priorität der Messung vor dem theoretischen Modell ist gültig. Der Klima-Alarmist muss nachweisen, dass seine Hypothese mit Messun-

4 Klima

gen belegt ist, nicht Sie, dass seine Hypothese falsch ist, denn nachzuweisen, dass es etwas nicht gibt (hier AGW), ist unmöglich.

2. Bestehen Sie auf der Nennung begutachteter Publikationen, die auf der Basis von Messungen noch nie vorgekommenen Klimaveränderungen seit 1850 im Vergleich mit den Zeiten davor nachweisen (es gibt sie nicht).

3. Weisen Sie Klimamodell-Argumentationen Ihres Gegenübers entschieden zurück. Da keines dieser Modelle maßgebende Klimavorgänge beschreiben kann, sind sie gemäß dem verbindlichen Wissenschafts-Paradigma alle falsch.

Es gibt keinen sachlich fundierten Grund, eine gefährliche anthropogene Erwärmung zu befürchten. Geld, das für CO_2-Vermeidung zum Zweck des „Klimaschutzes" verausgabt wird, ist zum Fenster hinausgeworfen. Es fehlt dem echten Umweltschutz.

Das oft zu vernehmende Argument des anscheinend vernünftigen Vorsichtsprinzips – man baue um einen tiefen See auf einer Farm ein hohes Gitter, damit ja niemand hineinfällt – geht fehl. Dann nämlich, wenn das Gitter so teuer wird, dass der gesamte Viehbestand der Farm dafür über die Klinge springen muss und der Besitzer der Farm danach pleite ist. Sinnvoller ist es, den Bewohnern der Farm das Schwimmen beizubringen. Analog verhält es sich mit Klimaschutzmaßnahmen – irrsinnige Kosten und hier noch nicht einmal ein erkennbarer Schutz.

Wir lassen Hunderttausende Menschen in den ärmsten Entwicklungsländern verhungern, um damit einen nach gültigem Wissenschaftsparadigma unbegründbaren Klimaschutz und die Energiewende zu finanzieren. Das ist nicht nur verantwortungslos, sondern grenzt an kriminelles Handeln der politisch Verantwortlichen, weil diese sich nicht ausreichend informiert haben oder es vielleicht sogar besser wissen, aber bewusst nicht berücksichtigen.

5 Kollateralschäden

Glaube denen, die die Wahrheit suchen.
Bezweifle jene, die sie gefunden haben.
(André Gide)

Zu diesem letzten Buchkapitel eine Vorbemerkung: Das Buch ist ein Sachbuch, und in Sachbüchern haben persönliche Meinungen und politische Bewertungen in den Hintergrund zu treten. Allerdings enthalten die Themen *Klimaschutz* und *Energiewende* viel politischen Zündstoff. Die Klima-Alarmisten und die Klimaskeptiker gehen nicht fair miteinander um. Auf die sich daraus ergebenden Begleiterscheinungen überhaupt nicht einzugehen, erscheint nicht sachgerecht. Da aber nach Auffassung des Buchautors Sachschilderungen hiermit nicht vermischt werden dürfen, sollen nunmehr – in diesem einzigen Kapitel 5 – auch einmal diese Nebenaspekte zur Sprache kommen. Sie lassen nämlich aufschlussreiche Strukturen in Medien, Politik und dem Wissenschaftsbetrieb erkennen. Vollständigkeit ist dabei weder möglich, noch angestrebt.

Beginnen wir mit der frei übersetzten Schilderung des kürzlich verstorbenen polnischen Klimaforschers Zbigniew Jaworowski mit dem Titel *„CO_2: The Greatest Scientific Scandal of our Time"* [134]. Jaworowski schreibt:

Am 2. Februar 2007 erfolgte der große Auftritt des IPCC, in dem der Mythos von der Katastrophe einer globalen Erwärmung verkündet wurde. Wochen lauter, publikumswirksamer Propaganda gingen voraus. In Paris wurde der Bericht „Summary for Policymakers", begleitet von Medien, Politikern und sonstigem Publikum, vorgestellt. Sogar die Beleuchtung des Eiffelturms wurde kurz ausgeschaltet, um zu zeigen, wie schlecht elektrische Energie für die Menschheit sei. Der Bericht löste einen publizistischen Erdrutsch aus, der noch lange nicht abgeebbt ist. Die Herausgabe des wissenschaftlichen zweiten Teils von insgesamt 1600 Seiten erfolgte

5 Kollateralschäden

einige Monate später. Grund hierfür war die Notwendigkeit, den wissenschaftlichen Teil so zu justieren, dass keine Widersprüche zum politischen Teil mehr erkennbar waren. Man darf daher von einer perfekten politischen Inszenierung sprechen, in der die Wissenschaft das Nachsehen hat. Mit wertfreier und unabhängiger Wissenschaft hat dies alles nichts mehr zu tun. Bereits aus diesem Grund ist eine hohe Ideologielastigkeit aller Veröffentlichungen des IPCC in Rechnung zu stellen. Das IPCC ist überreichlich mit Mitteln versehen und liegt auf gleicher Linie mit der UN Politik, die zur Zeit von Grünen und misanthropen Fanatikern beherrscht wird. Die Geldmittel sind so hoch, dass der Meteorologe P. Corbyn im Weather Action Bulletin, Dez. 2000 ausführte: „The problem we are faced with is that the meteorological establishment and the global warming lobby research bodies which receive large funding are now apparently so corrupted by the largesse they receive that the scientists in them have sold their integrity......."

Soweit Zbigniew Jaworowski, der im weiteren Verlauf seines Artikels wichtige Politiker in internationalen und nationalen Klimagremien unter die Lupe nimmt. Stellvertretend werden von ihm drei hochrangige UN-Vertreter genannt, aus deren Aussagen er Richtung und Motive der klimapolitischen Agenden, wie im Folgenden geschildert, ableitet:

MAURICE STRONG:
Er verließ die Schule im Alter von 14 Jahren und errichtete ein esoterisches, globales Hauptquartier für die New Age Bewegung in San Louis Valley, US-Colorado. Er war ferner am Brundtland Report von 1987 beteiligt, der als Ausgangspunkt der heutigen grünen Bewegung angesehen werden kann. In späteren Jahren wurde er Berater von Kofi Annan und hatte den Vorsitz bei der UN-Konferenz „On Environment and Development" in Rio de Janeiro in 1992 mit 40.000 Teilnehmern. Er war schlussendlich verantwortlich für die Erstellung des Kyoto-Protokolls, das immer noch Tausende von Bürokraten, Diplomaten und Politikern propagieren. Sein Statement zum Thema Kyoto: „We may get to the point where the only way of saving the world will be for industrial civilisation to collapse"

TIMOTHY WIRTH:
Er ist US-Unterstaatssekretär für „Global Issues" und unterstützt die Politik von M. Strong. Seine Auffassung geht aus folgendem Statement

hervor: „We have got to ride the global warming issue. Even if the theory of global warming is wrong, we will be doing the right thing in terms of economic policy and environmental policy".

RICHARD BENEDICK:
Er ist Deputy Assistant Staatssekretär und steht der Politikabteilung des US State Departments vor. Seine Aussage zum Thema: „A global warming treaty must be implemented even if there is no scientific evidence to back the greenhouse effect".

5.1 IPCC und Politik

Ein weit verbreiteter Irrtum über das bereits mehrfach erwähnte IPCC, in dem viele Forscher bei der Veröffentlichung regelmäßig erscheinender Klima-Berichte mitarbeiten, muss ausgeräumt werden: *Das IPCC ist eine politische Organisation unter dem Dach der UN. Es leistet keine eigene Forschungsarbeit, sondern sichtet, selektiert und wählt Forschungsergebnisse der sich zur Verfügung stellenden Wissenschaftler aus. Diese Arbeit mündet in die bereits erwähnten IPCC-Berichte. Das IPCC macht infolgedessen Politik, nichts weiter.* Die IPCC-Veröffentlichungen werden grundsätzlich zuerst für Politiker herausgegeben, und erst darauf folgen die umfangreichen Fachberichte. Diese sollten, entgegen dem üblichen wissenschaftlichen Vorgehen, keine zu den politischen Berichten abweichenden Auffassungen mehr enthalten, was oft nicht gelingt. Das unübersehbare Bemühen des IPCC, Wissenschaft für politische Ziele zu instrumentalisieren, wird von Kritikern zu Recht angeprangert. Nach bisher verbindlicher Wissenschaftsethik besonders fragwürdig ist aber insbesondere die Mithilfe von öffentlich bestallten Forschern beim politischen Feldzug des IPCC gegen das anthropogene CO_2. Sie lassen sich als aktiv Beteiligte in eine politische Kampagne ein und helfen bei ihr mit. Übersetzt man dies in Klartext, kann man zutreffend von *Auftragsforschung* sprechen. Dagegen ist einzuwenden:

Wertfreie Wissenschaft ist ausschließlich der Wahrheit verpflichtet, muss sich stets in Frage stellen und darf sich grundsätzlich nicht an industrielle, politische oder ideologische Interessen verkaufen.

5 Kollateralschäden

Die dabei zugrunde liegenden Motive der Wissenschaftler sind unrelevant. Sie lassen sich immer als für die menschliche Gemeinschaft nützlich oder gar unverzichtbar angeben. Die Wirklichkeit sieht anders aus. In einem heute kaum noch vorstellbaren Extremfall wurde aus unvollständig gesicherten wissenschaftlichen Erkenntnissen eine Kampagne geschmiedet, die Menschenleben gekostet hat. Es war die Eugenik des dritten Reichs. Das damals ehrenwerte Motiv der beteiligten Forscher war die Reinhaltung der arischen Rasse. Mit diesem Extrembeispiel soll keine Verbindung zwischen der heutigen CO_2-Kampagne und einem der dunkelsten Punkte der deutschen Wissenschaft hergestellt werden. Es zeigt nur, wie gefährlich es ist, wenn sich Forscher außerwissenschaftlichen Institutionen zur Verfügung stellen, die ihre Forschungsergebnisse vereinnahmen. *Jeder Verkauf wertfreier wissenschaftlicher Erkenntnisse an Interessengruppen ist ein Faustischer Handel.*

Das IPCC hat sich fast ausschließlich auf das menschverursachte CO_2 als Ursache für gefährliche Klimaänderungen festgelegt. Das stärkste Treibhausgas Wasserdampf, das weit klimawirksamer als CO_2 ist und in ungleich höherer Konzentration in der Erdatmosphäre vorkommt, wird im IPCC-Bericht für Politiker (im Gegensatz zu den wissenschaftlichen Berichten) nicht wahrgenommen. Nahezu völlig ignoriert wird ferner die immer mehr in den Mittelpunkt der Klimaforschung rückende Hypothese vom Einfluss des Sonnenmagnetfeldes auf Klimavorgänge, das über einen noch nicht vollständig geklärten Verstärkungsmechanismus seit jeher bis zum heutigen Tage alle Klimavorgänge steuert (s. unter 4.10). Dass es die Hypothese vom maßgebenden Einfluss der Sonne vermag, zur Erklärung von Klimaänderungen auf eine Mitwirkung von anthropogenem CO_2 völlig zu verzichten, wird in keinem IPCC-Bericht erwähnt. Nur mit einer einseitigen Betrachtungsweise kann nämlich anthropogenes CO_2 als Hauptursache einer zukünftigen, gefährlichen globalen Erwärmung propagiert werden. Ferner sind politisch nur aller einfachste, nicht etwa differenzierte Erklärungen brauchbar. Die Beschränkung auf ein einziges maßgebendes Agens – das CO_2 – zur Erklärung der fast unendlich komplexen fortwährenden Wandlung des Klimas greift mit Sicherheit zu kurz.

5.1 IPCC und Politik

Die IPCC-Berichte für Politiker versuchen in einem einzigen Grundtenor und mit Ausblenden aller entlastenden Fakten die Schuld des anthropogenen CO_2 an einer globalen Erwärmung nachzuweisen.

Eine akribisch recherchierte Arbeit über die Methoden und die Qualifikation der Mitarbeiter des IPCC hat jüngst die kanadische Journalistin Donna Laframboise vorgelegt. Das Buch ist inzwischen ins Deutsche übersetzt und hat den etwas sperrigen Titel „Von einem Jugendstraftäter, der mit dem besten Klimaexperten der Welt verwechselt wurde". Aufschlussreich ist in diesem Zusammenhang eine Frage des bekannten deutschen Journalisten Günter Ederer an den damaligen Generalsekretär des IPCC, Yvo de Boer: „Warum berücksichtigt und nennt das IPCC nicht die wissenschaftliche Literatur, die andere, zum Teil sogar gegenteilige Ergebnisse zeigt, als die Lesart von der Erwärmung durch anthropogenes CO_2"? Die offenherzige Antwort des IPCC-Generalsekretärs darauf: „Das ist nicht unser Auftrag".

Die überwiegende Mehrzahl der deutschen Medien hat sich längste positioniert und freiwilliger Selbstgleichschaltung unterworfen. Durch Einsatz kommerzieller Werbemethoden ist CO_2 heute zur Ikone von „Umweltschaden" geworden. Die religiösen Züge dieses Glaubens schließen Sachargumenten aus. Völlig übersehen wird, dass der Glaube nur auf den Aussagen unsicherer Computermodelle gründet (s. unter 4.11). Inzwischen ist vom kristallklar durchsichtigen Spurengas CO_2 sogar von einem industriellem Schmutzgas die Rede. CO_2 ist dagegen das Hauptagens der Photosynthese, ohne die es keine Pflanzen, Tiere und Menschen gäbe. Man sollte sich beim Trinken von CO_2 ausperlendem Mineralwasser darüber einmal Gedanken machen.

Wie bei jedem neuen Trend gibt es Mitfahrer der CO_2-Kampagne, die sich in immer größeren Katastrophen zu überbieten suchen. Ein stellvertretendes Beispiel hierfür liefert die mediennahe Volkswirtin Prof. Claudia Kemfert, Leiterin der Abteilung Energie, Verkehr, Umwelt des deutschen Instituts für Wirtschaftsforschung. Frau Kemfert prognostizierte im Jahre 2004 den Untergang Sylts bis zum Jahre 2050 sowie die Überschwemmung von halb England und schätzte die Wahrscheinlichkeit, dass Extremwetterereignisse häufiger vorkommen, zu 80 - 90% ein [69]. In einem Zeitungsinterview des Jahres 2007 führte sie zur Klima-

5 Kollateralschäden

sensitivität des CO_2 aus: *„Klimatheorien sind relativ einfach zu berechnen. Wenn der CO_2-Gehalt um 25 Prozent steigt, dann hat das eine Erwärmung von 2 °C zur Folge"* [303]. Bei einer Verdoppelung des CO_2-Gehalts kommen wir mit dieser Phantasterei dann auf 8 °C. Dieser Wert übersteigt sogar die ungünstigsten Projektionen des IPCC noch um das Doppelte.

Ähnlicher sachlicher Schwachsinn kennt keine Grenzen mehr. Liegen die prognostizierten globalen Meeresspiegelanstiege bis zum Jahre 2100 in den IPCC-Berichten grob um 10 cm bis maximal 90 cm, so werden daraus in Al Gore's weltberühmten Buch „Die unbequeme Wahrheit" mehrere Meter [99]. Von dieser überbordenden Klimahektik hebt sich nur unser Altbundeskanzler Helmut Schmidt ab, der, als Politpensionär von allen Rücksichtnahmen befreit, offenherzig und zutreffend formulierte: *„Die Annahme, dass der Klimawandel durch irgendeine Maßnahme beim G8-Gipfel in Heiligendamm geändert werden kann, ist idiotisch"* [283]. Wäre Helmut Schmidt noch im aktuellen politischen Geschäft, hätte man diese private, völlig zutreffende Meinung wohl nicht von ihm vernommen.

Kommissionen von Fachexperten, die oft politisch nicht unabhängig sind, weisen in aller Regel keine hohe Qualität auf. Prof. Gerhard Gerlich drückt dies in seiner Kritik am heutigen Klimageschäft zutreffend wie folgt aus: *„Grundlage teurer Maßnahmen sollten endlich wieder wirklich gemessene Größen sein und nicht aus schlechten Modellvorstellungen geschätzte und hochgerechnete Zahlen (Szenarien). Dazu kommt die moderne Praxis mit der Kommissionspolitik, die die Entscheidungsprozesse der Demokratie aushöhlt. Solche Kommissionen (wie Hartz, PISA, IPCC, ...) produzieren Spesen und beweisen immer nachträglich ihre Existenzberechtigung. Sie finden immer überzeugende Gründe für ihr Weiterbestehen. Diese Kommissionen entlassen die gewählten Abgeordneten aus ihrer Verpflichtung, mit ihrem eigenen Verstand und Gewissen Gesetze zu verabschieden. Stattdessen berufen sich die Politiker auf „Expertenmeinungen" anonymer Kommissionen und stehlen sich so aus ihrer Verantwortung. Die von „Kommissionen" beauftragten „Wissenschaftler" liefern dann die politisch gewünschten, mit angeblich „berechneten" Unsicherheiten verzierten „Ergebnisse". Es handelt sich hier um die typische, unfreie „Proposal-Wissenschaft", die ihre Existenzberech-*

5.1 IPCC und Politik

tigung nur ihrem politischen Auftrag verdankt.". Das Wechselspiel von Expertenkommissionen und Volksvertretern in Klimadingen sieht auch der bereits erwähnte, renommierte US-Klimaforscher Richard S. Lindzen gemäß Bild 5.1 ähnlich. In den deutschen Medien sind die kritischen Stimmen inzwischen verstummt. Zu stark ist der Konsens aller politischen Parteien, zu stark die verständliche Übernahme dieses Konsens von fast allen Medienredaktionen. Zu stark ist auch der Druck auf große Unternehmen, sich für „Klimaschutz" zu erklären, um Imageschädigung zu vermeiden oder Profit mit dem Label des Klimaschutzes zu machen. Beiträge, wie den in der FAZ vom 6.4.2007 mit dem Titel „Für den guten Zweck" [71], gibt es in überregionalen Tageszeitungen nicht mehr. In ihm werden die Motive von mithelfenden Wissenschaftlern analysiert. Der Buchautor empfiehlt seine Lektüre.

Aufschlussreich ist auch die CO_2-Politik der deutschen physikalischen Gesellschaft (DPG). Sie sollte eigentlich hierzulande an erster Stelle für eine Klimadiskussion fachlich zuständig sein. Ein ehemaliges Vorstandsmitglied der DPG, Konrad Kleinknecht, Professor für Elementarteilchenphysik an der Universität Mainz – kein Klimaspezialist, der entsprechende Fachveröffentlichungen aufweisen kann – hat immerhin die Buchveröffentlichung „Wer im Treibhaus sitzt" vorgelegt. Sie gibt im Wesentlichen die IPCC-Auffassung wieder, wird von Kleinknecht aber unübersehbar dazu instrumentalisiert, die CO_2-freie Kernenergie zu propagieren. Die IPCC-Meinungsrichtung scheint aber keineswegs allgemeiner Konsens im DPG-Vorstand zu sein. Im Aprilheft 2007 des Physikjournals der DPG mahnt nämlich der DPG-Präsident, Prof. Eberhard Umbach, unter dem Titel „Fakten für die Klimadebatte", wie folgt: *„Wir müssen ohne Vorurteile und ohne ideologische oder rein ökonomische Befangenheit handeln, und zwar auf der Grundlage von stichhaltigen technischen und wissenschaftlichen Fakten"*. Dies war unmissverständlich. Es war aber auch irritierend, weil keine Hinweise darauf erfolgten, wie diese Fakten von der DPG gesehen wurden. Warum diese Vorsicht? Die Antwort ist nicht schwer. Die DPG sprach sich vor Fukushima für eine stärkere Nutzung der Kernenergie aus und vertrat diese Meinung auch öffentlich.

Es ist freilich bemerkenswert, dass die DPG, die in jedem ihrer „Physik-Journale" aus den unterschiedlichsten physikalischen Gebieten populär

5 Kollateralschäden

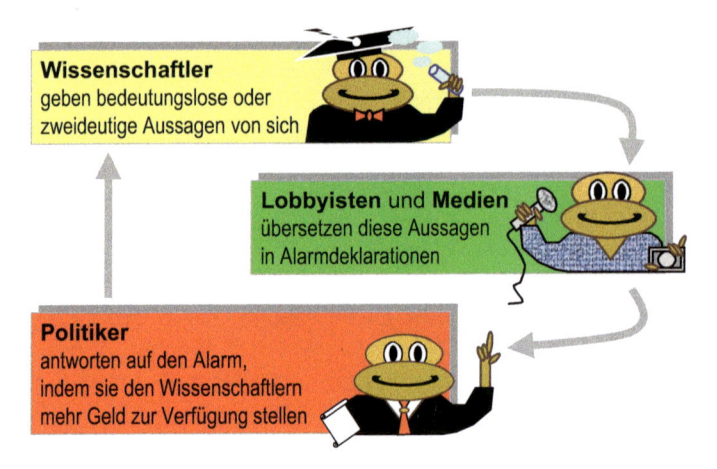

Bild 5.1: : Der Kreislauf von politischem Alarmismus und Wissenschaft. Bildidee: Lindzen [162].

gestaltete Fachartikel höchsten Niveaus veröffentlicht, seit Jahren noch niemals etwas über die wohl wichtigste physikalische Frage der deutschen Gegenwart publiziert hat – „Ist anthropogenes CO_2 klimaschädlich, oder nicht"? Diese Zurückhaltung belegt den starken politischen Einfluss, dem die DPG sich beugen muss. Immerhin erteilt sie auch nicht, wie es sonst in den Medien erfolgt, den wissenschaftlichen Klima-Alarmisten das Wort. Dies liegt sicher auch daran, dass diese an solider Physik kaum etwas zu bieten haben. Zur DPG-Politik gehört es konsequenterweise auch, die Klimaskeptiker zu ignorieren. Kurz, die DPG hält sich aus diesem verminten Gebiet vorsichtig heraus.

Die geschilderten Vorgänge geben zu der dringenden Warnung Anlass, Klima-Aussagen der Medien ohne eigene Internet-Recherchen auf keinen Fall mehr Glauben zu schenken. Als Beleg für diese Empfehlung braucht man sich nur einmal die einseitigen und damit leider indiskutablen Beiträge zur Energiewende und zum Klima des früher sehr guten „Spektrum der Wissenschaft" anzusehen. Diese Zeitschrift ist inzwischen zur Hauspostille des Potsdamer Instituts für Klimafolgenforschung (PIK) verkommen und plappert die dort verbreiteten Fragwürdigkeiten nach. Für Laien bis hin zu naturwissenschaftlich Gebildeten ist nur noch die

5.1 IPCC und Politik

eigene Informationsbeschaffung und eigenes Nachdenken auf dem jeweils gegebenen Kenntnisniveau zielstellend. Zuverlässige Anhaltspunkte für diesen Prozess liefern zuerst einmal die Fragen nach den *Interessen der Aussagenden* und die kritische Beobachtung *der bei diesen Aussagen angewandten Methoden.* Die beiden Fragen „kommen auch Gegenmeinungen vor" und „werden bestimmte Meinungsrichtungen diskreditiert" sind beim kritischen Lesen hilfreich. Der Informationsgewinn durch Anwendung dieser beiden Kriterien kann nicht überschätzt werden. Leider ist auch in unserer vorgeblich offenen, freien Gesellschaft die Fähigkeit unverzichtbar geworden, zwischen den Zeilen zu lesen.

Es ist ferner ein Fehler anzunehmen, die Wissenschaft sei gegen Irrtümer und Vorurteile gefeit. Insbesondere das immer wieder hervorgeholte, uralte Fehlargument, man sei heute eben weiter als in der Vergangenheit und wisse inzwischen alles viel besser, ist ein Trugschluss. Nachfolgend einige stellvertretende Beispiele für kräftig irrende Wissenschaft:

▷ Die Zurückweisung der Kontinentaldrifthypothese des deutschen Forschers Alfred Wegener. Heute kennt jeder Oberschüler den Begriff der Plattentektonik.

▷ Die nicht eingetroffenen Katastrophenszenarien des Club of Rome.

▷ Die als unumstößlich angesehene Tatsache, dass Bakterien im sauren Magenmilieu nicht überleben können und Magengeschwüre daher psychosomatisch verursacht sein müssen. Heute weiß man, dass Magengeschwüre von Bakterien ausgelöst werden, wozu erst ein gefährlicher Selbstversuch, der den Nobelpreis für Medizin einbrachte, nötig war.

▷ Das deutsche Waldsterben, an dem angeblich kein ernsthafter Wissenschaftler zweifelte. Heute sind sowohl das Phänomen als auch der Begriff stillheimlich verschwunden.

▷ Die „wissenschaftlich begründeten" Warnungen vor einer neuen Eiszeit noch vor wenigen Jahrzehnten.

Besonders an den letzten Irrtum, der heute nur noch den Älteren unter uns bekannt ist, möchte die Klimaforschung ungern erinnert werden.

5.2 Die deutschen Medien

Auch bei größter Nachsicht kann man nicht ernsthaft behaupten, die deutschen Medien würden im Klimageschäft ihrer verpflichtenden Aufgabe nachkommen, sachlich und neutral zu berichten. Es wurde schon betont, dass sich die Mehrheit der Medien-Redaktionen zu *freiwilliger Selbstgleichschaltung* in Berichten über Klima, CO_2, Extremwetter, Arktiseis etc. entschlossen haben. Wenn man sich wenigstens mit den wissenschaftlichen IPCC-Berichten gleichgeschaltet hätte – nicht mit denen für Politiker natürlich! Es ist aber leider eine Gleichschaltung mit den übelsten Klima-Alarmisten. Die Gründe für eine Berichterstattung, die keine ordentlichen journalistischen Recherchen und keine nüchterne sachliche Sicht mehr zulassen, sind:

1) In den deutschen Medienredaktionen sitzen weit überwiegend Redakteure, die Journalismus, Soziologie oder dergleichen studiert haben. Es herrscht die Farbe grün vor. Technische oder naturwissenschaftliche Ausbildungshintergründe mit ihrem bekanntermaßen sehr viel kleineren öko-ideologischen Touch sind dagegen bei Redakteuren extrem selten.
2) TV- und Radio-Aufsichtsräte werden nach politischen Kriterien installiert und müssen infolgedessen ihren Redakteuren eine verbindliche Korrektheits-Linie vorgeben.
3) Insbesondere die Printmedien sind auf Einkünfte durch grüne Annoncen angewiesen.

Zum letztgenannten Punkt: Sieht man sich die Annoncen und insbesondere die oft viele Seiten umfassenden Beilagen von großen Tageszeitungen an, fällt der hohe Werbeanteil für grüne Energien auf. Hier scheint es kaum Mittelbeschränkungen der Inserenten zu geben. Das Annoncengeschäft ist für die mit wirtschaftlichen Schwierigkeiten kämpfenden Zeitungen aber überlebenswichtig. In nachvollziehbarer Konsequenz werden Artikel, die die geschäftliche Basis von Werbekunden kritisieren, nicht gebracht.

Man darf fachfremden Redakteuren und ihren Arbeitgebern keinen Vorwurf für Unzulänglichkeiten machen, wohl aber für fehlende Recherchen und ihre Weigerung, Berichtigungen in Form von Leserbriefen zu veröffentlichen. Ausnahmen von der Regel „journalistische Fachfremdheit", wie etwa die TV-Wissenschaftsmoderatoren Prof. Harald Lesch oder Ranar Yogeshwar (beide Physiker), sind zwangsweise *Wissenschaftsadvokaten*, wenn es um die brisanten Themen „Klima" und „Energiewende" geht. In ihrer unübersehbaren Klima-Alarm-Mission kommen wissenschaftliche Gegenstimmen grundsätzlich nicht vor. Hier dominiert zweifellos eine politische Redaktionslinie, wie es der Fall des Moderators Joachim Bublath (ebenfalls Physiker) mustergültig belegt. Er war bislang der einzige TV-Wissenschaftsmoderator, der Objektivität und Neutralität mit fachlicher Korrektheit vereinte. Bublath wurde nach einer klimakritischen Sendung über das anthropogene CO_2 vom ZDF umgehend in den vorzeitigen Ruhestand entlassen.

Inzwischen sind die Missstände und Einseitigkeiten der Klima- und Energieberichterstattung auch von Blinden nicht mehr zu übersehen und fangen an peinlich zu werden. Als Beispiel nehme man den August 2012, in dem die explodierenden Stromkosten endgültig in den Medien angekommen waren. Wohin immer man sah, es waren nur Interview-„Experten" zu vernehmen, die fachlich komplett inkompetent waren. So ließ der Qualitätssender Phönix den Politiker Cerm Özdemir in den Abendnachrichten vom 28.8.2012 Minuten lang sinnleere Worthülsen über die Ursachen der Strompreiserhöhungen produzieren. Dies ist keine Kritik am Interviewten, wohl aber an den Redakteuren, denn woher sollte es ein fachfremder Politiker wissen können? Danach kam ein Verbraucherschutz-Vertreter als vehementer Befürworter der Energiewende zu Wort, eine Absurdität, denn die Energiewende hat mit Verbraucherschutz so viel zu tun wie der Teufel mit einer katholischen Messe. Über die Aussagen dieses „Verbraucherschützers" kann nur noch der Mantel des gnädigen Vergessens gelegt werden.

Beim „zappen" auf alle Sender stets das gleiche Bild: Sachkundige Energie- oder Wirtschaftsexperten gab es nicht. Man möge den Vergleich nachsehen: aber diese Berichterstattung erinnerte an die Propagandaberichte des „Neuen Deutschland" (DDR) über den real existierenden Sozialismus. Gegenstimmen oder substantielle Kritik waren unbekannt. Die technische und wirtschaftliche Fragwürdigkeit der Energiewende und die daraus unvermeidbar folgenden Verwerfungen im Strompreisgefüge wagten die Medien nicht anzusprechen. Dabei herrscht an Fachleuten,

5 Kollateralschäden

die dies tun könnten, kein Mangel. Man fürchtet die politischen Folgen ehrlicher, schonungsloser Fakten-Aussagen.

Manche Medien beließen es nicht bei dem geschilderten Mangel, sondern gefielen sich darin, kritische Stimmen zu diskreditieren. Stellvertretende Beispiele sind *„Wir brauchen keine Klimaforscher"* der Süddeutschen Zeitung, *„Die Gehilfen des Zweifels"* und *„Die Klimakrieger"* der ZEIT [256]. Man braucht jetzt nicht mehr in Archiven nach Prawda-Beiträgen über den Klassenfeind zu suchen um Propagandastil zu studieren. Die genannten drei Artikel sind Prawda-Originalstil vom feinsten: Ausblendung von ordentlichen Sachrecherchen, von Fakten und von neutraler Berichterstattung über die reale Welt, dagegen Verunglimpfung anderer Meinungsgruppen, ad hominem Attacken gegen vermutete Drahtzieher und Verschwörungstheorien sind die Methoden. Die peinlichen Entgleisungen zweier Qualitätszeitungen werden später einmal interessanten Stoff für Historiker liefern. Aktuell zielstellender erscheint die Erinnerung an die tiefsinnige Erkenntnis des deutschen Physik-Nobelpreisträgers Werner Heisenberg: *„Will man den Wahrheitsgehalt einer Aussage beurteilen, sollte man sich zuerst die Methoden des Aussagenden ansehen".*

Ein weiteres Vorgehen ist die Irreführung des Publikums mit angeblich wissenschaftlich gesicherten Ergebnissen. Hierbei sind markante Bilder, die Berufung auf Autoritäten und sogar plumpe Fälschungen beliebt. Als stellvertretendes Beispiel betrachten wir das angebliche Abschmelzen des Nordpols, worüber die Rhein-Neckar-Zeitung (RNZ) Nr. 279, vom 1./2. Dezember berichtete. Gezeigt wurde dabei Bild 5.2. Worin besteht die Täuschung? Zunächst einmal wurde der RNZ das Bild von der Nachrichtenagentur entweder unvollständig zugesandt, oder aber die RNZ hat die etwas schlecht erkennbare Bildlegende einfach abgeschnitten. Diese sagt bereits Wichtiges aus: Die weiße Farbe bedeutet „Eis", die rote Farbe „geschmolzenes Eis". Mehr erfährt man dann aus der Originalmeldung der NASA [188]. Der Satellit kann nur für die wenigen Millimeter Dicke der *Eisoberfläche* zwischen „Eis" und „Schmelzwasser" entscheiden. Der gesamte Vorgang vom linken zum rechten Teilbild spielte sich gemäß der NASA in nur 4 Tagen vom 8. Juli bis zum 12. Juli 2012 ab; die Angabe der RNZ, dass der relevante Zeitraum 4 Jahre von 2008 bis 2012 betrage, könnten wir noch wohlwollend als „Irrtum" durchgehen lassen,

5.2 Die deutschen Medien

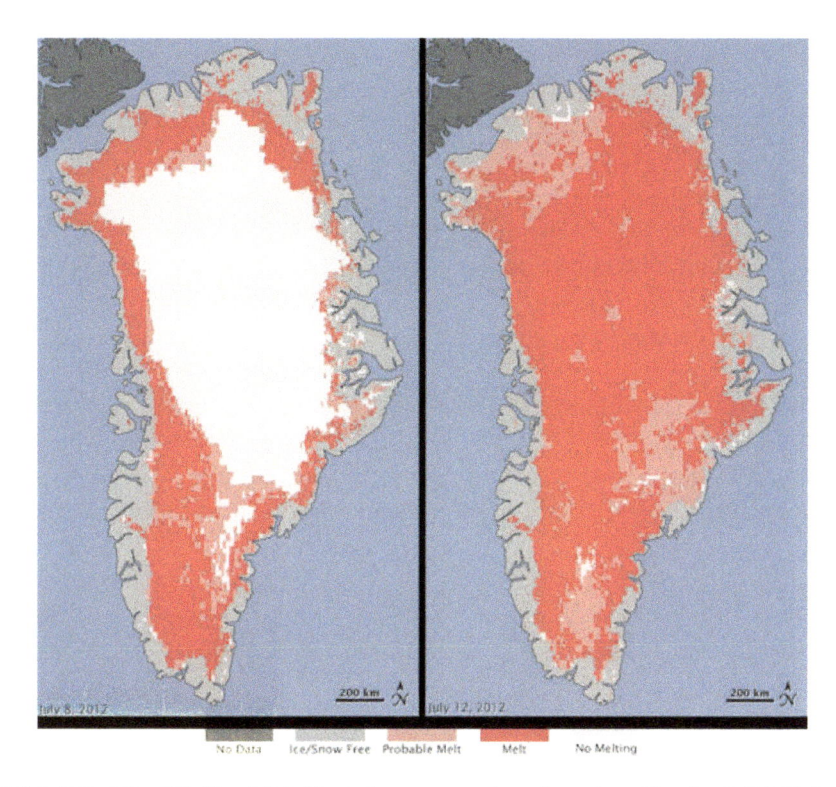

Bild 5.2: Ein Medienbild über den „wegschmelzenden Nordpol [188]."

den Rest aber nicht mehr. Ein Warmlufteinbruch, wie er im grönländischen Sommer immer wieder einmal vorkommt, hatte 97% der Eisoberfläche schmelzen lassen. Das resultierende Satellitenbild, entsprechend eingefärbt, suggeriert daraus dann das Schreckensszenario. In Wirklichkeit wird in Bild 5.2 ein normaler Wetter-Vorgang mit Auswirkungen auf wenige Millimeter Eisoberfläche gezeigt. Die geschmolzene Eismenge kann mit entsprechenden Annahmen über die Dicke von in 4 Tagen geschmolzenen Oberflächeneises leicht abgeschätzt werden. Der grönländische Eispanzer hat dagegen ein Gesamtvolumen von knapp 3 Millionen Kubik-Kilometern. Somit zeigt jede Abschätzung, dass der Schmelzvorgang in Bild 5.2 ein „Nichts" ist. Hinzu kommt noch, dass nur ein verschwindender Bruchteil dieses „Nichts" der großen Entfernungen zur

5 Kollateralschäden

Küste wegen überhaupt ins offene Meer gelangte. Auch die Suggestion der RNZ, das Bild hätte etwas mit einem Artikel der angesehenen Wissenschaftszeitschrift Science zu tun oder sei dort gar erschienen, trifft nicht zu. Der Zweck, beim Leser Ängste zu erzeugen, ist erfüllt, auch wenn die Aussagen noch so absurd sein mögen. Freilich ist der RNZ-Redaktion wohl kein Vorwurf zu dieser Falschmeldung zu machen. Die RNZ-Redakteure verfügen weder über die Zeit noch das fachliche Wissen, die Fehler zu erkennen[3].

Der Weg, wie solcher Unsinn in die Lokalblätter gelangt, ist leicht nachvollziehbar. Grüne NGO's, auch die Führung der NASA unter dem Klima-Aktivisten James E. Hansen kann man fast schon zu dieser Gruppe zählen, lancieren durch ihren politischen Einfluss solche Alarmmeldungen in die großen Nachrichtenagenturen wie dpa etc. Von dort finden sie den Weg in die lokalen Redaktionen. Da Klimawandel, Klimaschutz und alle dazugehörigen Themen zu einer stark „wahrheitsbedrohten Spezies" gehören, sollte jeder intelligente Leser bei Schreckensmeldungen über Klimakatastrophen eine gehörige Portion Skepsis mitbringen. Kurz vor jeder internationalen Klimakonferenz nehmen Klima-Schadensereignisse in erstaunlichem Ausmaße zu. Woher kennt die Natur die Termine dieser Konferenzen?

5.3 Wikipedia

Die Wikipedia ist ein sehr hilfreiches Instrument zur Informationssuche. Beiträge für Wikipedia können von jedermann geschrieben werden. Sie werden dann von freiwilligen Wikipedia-Sichtern geprüft, die in einer Wikipedia-Hierarchie eingebunden sind. Man wird durch lange, bewährte Mitarbeit zum Sichter, die untere Stufe ist dabei der sog. „passive" Sichter. Sichter sind oft Fachleute für ein bestimmtes Spezialgebiet. Generell herrscht sowohl bei den Sichtern als auch den Autoren Anonymität. Die deutsche Wikipedia hat nun leider ihre dunklen Seiten in Gestalt von mehrheitlich ökoideologisch ausgerichteten Sichtern, die ihre Position zu Zensurzwecken ausnutzen. Dies betrifft *Sachbeiträge*, die ih-

---

[3]Sie sind aber leider auch nicht bereit, Fehler zu korrigieren, denn ein berichtigender Leserbrief des Buchautors wurde nicht veröffentlicht.

nen politisch unerwünscht sind – Kernenergie und Klimaskepsis gehören dazu. Um keine Missverständnisse aufkommen zu lassen: die Entfernung von politischer Hetze, Beleidigung von Minderheiten usw. ist angebracht und korrekt. Es sind hier aber tatsächlich reine Sachbeiträge gemeint, deren Zensur im Herkunftsland von Wikipedia (USA) unbekannt ist.

Man erkennt gut, wie die angesprochenen, ökoideologisch voreingenommenen Wikipedia-Sichter arbeiten, wenn man sich die Zeit nimmt, die begleitenden Auseinandersetzungen zum Wikipedia-Artikel über das Europäische Institut für Klima und Energie (EIKE) einzusehen [287]. Hierzu öffne man den Beitrag und klicke dann oben links auf „Diskussion" oder oben rechts auf „Versionsvorgeschichte". Was sich hier zwischen den Wikipedia-Sichtern und den freien Autoren und Kommentatoren – auf die Wikipedia schließlich angewiesen ist – abgespielt hat, hat mit einer Erfüllung der Aufgaben von Wikipedia-Sichtern gemäß den eigentlich verbindlichen Wikipedia-Regeln (neutral, sachgemäß, unvoreingenommen) nichts mehr zu tun. Es kommt aber noch schlimmer. Nach einer kurzen Pseudo-Diskussion [289] wurde EIKE von Wikipedia auf die Blacklist [290] gesetzt. Damit ist es nicht mehr möglich, in irgendeinem Wikipedia-Artikel auf einen EIKE-Beitrag zu verlinken. Die gesamte EIKE-Seite wird von Wikipedia als „Spam" behandelt. Bemerkenswerterweise richtet sich diese Wikipedia-Aktion gegen einen rechtlich als gemeinnützig anerkannten e.V.!

Wikipedia geht es unübersehbar darum, eine politisch unerwünschte Seite (EIKE) – wenn sie schon nicht gänzlich unterdrückt werden kann – wenigstens so weit als irgend möglich zu diskreditieren und ihren Ruf zu schädigen. In der Wikipedia-Gemeinschaft sind solche fragwürdigen Tendenzen im Übrigen bestens bekannt und haben dazu geführt, dass Wikipedia-Spendenaufrufe mit auf diese Verhältnisse hinweisenden Internet-Kommentaren bedacht wurden, was dem Spendenwillen geschadet hat. Und noch etwas: Den *Heidelberger Aufruf* und die *Leipziger Deklaration* gibt es in Wikipedia nur auf Englisch (s. unter 4.13). Beide Ereignisse fanden in Deutschland statt und sind dem US-Wikipedia ausführliche Sachberichte wert [107], [173]. Im deutschen Wikipedia ist hierüber noch nichts aufzufinden. Ein weiteres Beispiel ist die Kontroverse um die sog. Hockey-Schläger-Kurve (s. unter 5.4.1), die ebenfalls nur auf Englisch erhältlich ist [129]. Vielleicht findet sich der eine oder andere Leser des Buchs, der sich an die Übersetzungsarbeit macht und deutsche Versionen einstellt. Man darf gespannt darauf sein, ob dann Veröffentlichungsprobleme auftauchen. Dennoch: Nimmt man diese unerfreulichen Begleiterscheinungen aus, ist Wikipedia eine Aktion, die sich bewährt hat und vom Buchautor sehr geschätzt wird.

5.4 Wissenschaftliche Etikette

In der Wissenschaft ging es noch nie stets gesittet zu. Sogar ein so großer Mann wie Isaac Newton ließ sich zu einem erbitterten Prioritätenstreit mit Gottfried Leibniz herab. Bei der Bekämpfung wissenschaftlicher Gegner werden schon einmal die Glaceehandschuhe abgestreift und die gute Kinderstube zurückgelassen. Was aber in jüngster Zeit in der Klimaforschung vor sich ging, sprengt die bislang gewohnten Maßstäbe. Der Fülle wegen können stellvertretend nur wenige dieser aufschlussreichen Vorkommnisse betrachtet werden.

5.4.1 Climategate

Den ersten wissenschaftlichen Skandal der Klimaforschung, der in die Medien drang, verursachte die sog. Hockey-Stick-Kurve des US-Klimaforschers Michael Mann [177]. Den Spitznamen erhielt diese Globaltemperaturkurve von ihrer Form, die einem umgekehrten Hockey-Schläger ähnelt. Vor dem 20. Jahrhundert ein weitgehend glatter Verlauf (Schlägerschaft) und dann ein steiler Anstieg (Schlägerblatt). Natürlich war diese Temperaturkurve in einem bereits absurden Maße falsch. Das mittelalterliche Wärmeoptimum und die kleine Eiszeit waren in ihr nämlich nicht zu sehen. Dennoch wurde dieses Diagramm im IPCC-Bericht des Jahres 2001 als letztes und wichtigstes Beweismittel für eine vom Menschen gemachte Erderwärmung aufgenommen. Nach massiven Einwänden und mit statistischen Beweisen von Stephen McIntyre and Ross McKitrick [129] wurde die Hockey-Kurve schließlich als vermutliche Fälschung entlarvt. Die Autoren Mann, Bradley und Hughes hatten die Daten manipuliert. Der „Hockey-Stick" musste schließlich im Jahre 2007 aus dem wissenschaftlichen IPCC-Bericht entfernt werden. Die spannende Geschichte dieses Skandals ist ausführlich in einem (leider nur in

5.4 Wissenschaftliche Etikette

Englisch erhältlichen) Buch festgehalten worden [185]. Im Jahre 2007 folgten dann Schlag auf Schlag die folgenden Ereignisse:

▷ Das Scheitern der Kopenhagener Klimakonferenz.

▷ Der E-Mail-Skandal des englischen Headley Klimazentrums CRU, wobei hunderte brisante E-Mails an die Öffentlichkeit gelangten.

▷ Die Falschaussage im wissenschaftlichen IPCC-Bericht von 2007 über den Zustand der Himalaya-Gletscher.

▷ Die Falschaussage im wissenschaftlichen IPCC-Bericht von 2007 über den Zustand des Amazonas-Regenwaldes.

▷ Fragwürdigkeiten bei der Berechnung von Globaltemperaturen.

▷ Das jahrelange Zurückhalten von Temperaturdaten des englischen Headley Klimazentrums CRU, um eine unabhängige Kontrolle. zu verhindern.

Im Folgenden wird stellvertretend auf einige dieser Ereignisse eingegangen. Zunächst der *E-Mail-Skandal*. Im November 2009 wurden 61 MByte Daten aus dem CRU Hadley Center der East Anglia University von Unbekannten entwendet und frei ins Internet gestellt. Sie enthielten 1079 vertrauliche E-Mails und 72 oft hochbrisante Dokumente. Die E-Mails zeigen, in welchem Ausmaß Wissenschaftler zur Durchsetzung ihrer ideologisch geprägten Auffassung fähig waren. Sie machten ihre Meinungsgegner mit gelegentlich sogar die Grenzen der Legalität überschreitenden Mitteln mundtot, diffamierten sie oder sorgten durch ihren Einfluss dafür, dass sie beruflichen Schaden erlitten und in Einzelfällen ihre Arbeitsstelle verloren. Eine der E-Mails bekundete Genugtuung über den Tod von John Daly im Jahre 2004, eines Marineoffiziers aus Tasmanien, der als wissenschaftlicher Laie durch seine äußerst gründlichen und vorbildlichen Meeresspiegelmessungen in der Wissenschaft Anerkennung fand. Eine weitere E-Mail enthüllte die internen Diskussionen darüber, wie die ermittelten Daten, die eine Temperaturabnahme zeigten, in den

Diagrammen versteckt werden könnten, eine weitere, wie das mittelalterliche Wärmeoptimum wegdiskutiert werden könne. Die für die Peer-Review-Verfahren von Fachzeitschriften beauftragten Wissenschaftler, die diese Funktion eigentlich als unabhängige Referees wahrzunehmen haben, blockierten kritische Ausarbeitungen von Kollegen. Ausführliche Einzelheiten finden sich auf der Webseite von EIKE. Der hohen Anzahl der einschlägigen Artikel zu diesem Skandal wegen, ist es empfehlenswert in der EIKE-Suchfunktion den Begriff Climategate einzugeben und dann selber unter den zahlreichen Beiträgen auszusuchen. Nachfolgend nur zwei E-Mails:

Phil Jones, der Leiter des Headley-Zentrums über die Zurückhaltung von unabhängigen Temperaturstudien in einer beruhigenden Antwort an seinen verärgerten Kollegen Michael Mann: *„I can't see either of these papers being in the next IPCC report. Kevin and I will keep them out somehow – even if we have to redefine what the peer-review literature is!"*

2005 gerieten die Geophysical Research Letters ins Fadenkreuz. Der Herausgeber James Saiers wurde verdächtigt, ein Skeptiker der anthropogenen Erderwärmung zu sein. Wigley und Mann in einem E-Mail Austausch: *„If you think that Saiers is in the greenhouse skeptics camp, then, if we can find documentary evidence of this, we could go through official AGU channels to get him ousted..."*

Selbstredend und bei dem aktuell obwaltenden politischen Einfluss der Klima-Alarmisten gut nachvollziehbar, wurden alle Beteiligten an diesen Durchstechereien in den – ohnehin sehr seltenen – disziplinarischen Untersuchungen dieser Vorfälle entlastet, whitewash im Webjargon [286]. Es waren keine wirklichen Untersuchungen, sondern unübersehbar Reinwaschungs-Verfahren mit offiziellem Label und vorhersehbarem Ausgang. Keine Forschungsinstitution und keine Universität sieht es nämlich gerne, wenn sich solche Vorfälle in ihrem Verantwortungsbereich ereignen. Man versucht daher, in der Regel erfolgreich, diese unangenehmen Dinge unter der Decke zu halten. Wohlhabende Spender, die diese Institute regelmäßig mit Mitteln bedenken, dürfen nicht verstimmt werden. Jeder Fachmann und jeder nachdenkende Laie, der die Climategate E-mails nicht nur oberflächlich liest, kann sich sehr gut ein eigenes Bild von Climategate machen.

5.4.2 Die Falschaussage des IPCC über den Zustand der Himalaya-Gletscher

Im Januar 2010 wurde die Weltgemeinschaft mit der Meldung überrascht, dass das vom Weltklimarat angekündigte Verschwinden der Himalayagletscher auf einem Fehler beruhe. Natürlich kann in einem wissenschaftlichen Bericht immer einmal eine Zahl falsch sein. Jedoch muss man dann dazu auch stehen, die falsche Aussage unverzüglich revidieren und nicht alle Hebel in Bewegung setzen, den Fehler zu verteidigen. Genau dies geschah aber seitens der politischen IPCC-Führung. Im November 2009 setzte eine sehr scharfe Auseinandersetzung zwischen dem indischen Umweltminister und dem früheren Eisenbahningenieur der TATA-Company und jetzigen IPCC-Chef, Rajendra Pachauri, ein. Der Umweltminister und indische Klimaforscher waren über die Aussage in dem IPCC-Bericht erstaunt, dass die Himalayagletscher im Jahre 2035 fast verschwunden sein sollen. In der Diskussion bezichtigte Pachauri den indischen Umweltminister der Arroganz, er berücksichtige nicht die Arbeiten seriöser Wissenschaftler. Und überhaupt: anders lautende Aussagen als die des IPCC seien „Vodoo"-Wissenschaft. Was war geschehen? Der russische Gletscherforscher V. M. Kotlyakov hatte 1996 einen umfangreichen Bericht für die UNESCO geschrieben und die Vermutung geäußert, durch die Erderwärmung könnten die Himalayagletscher im Jahre 2350 um 80% geschrumpft sein [152]. Diese Jahreszahl wurde ohne Kritik vom WWF (World Wildlife Fund), der über keine Klima-Expertise verfügt, akzeptiert und als Zahlendreher 2035 an das IPCC weitergegeben. Sie stand dann in dem IPCC-Bericht von 2007.

Tatsächlich war es kein Zahlendreher, denn auf die katastrophalen Konsequenzen dieser Zahl kam es dem IPCC an. Es ist unglaubwürdig, dass sich niemand im wissenschaftlichen Stab des IPCC, der für Kontrolle verantwortlich zeichnet, die Herkunft dieser Zahl näher angesehen hätte! Die Himalaya-Gletscherschmelze gehörte zu den meist zitierten Katastrophenszenarien überhaupt. Millionen Mensch in Asien würden an Wassermangel leiden, an Durst sterben oder als Klimanomaden und Umweltflüchtlinge die westliche Welt überfluten. Es war kein Zahlendreher, es war kalkulierte Propaganda einer IPCC-intern bestens bekannten Unwahrheit mit Hilfe einer falschen Zahl von zentraler Bedeu-

5 Kollateralschäden

tung! Im Januar 2010 war die Position von Pachauri unhaltbar geworden. Er räumte „Prognosefehler" ein. Den einzig angemessenen Schritt nach diesem IPCC-Informations-Desaster unternahm Pachauri nicht – seinen Rücktritt.

5.4.3 Die Fragwürdigkeit von „Globaltemperaturen"

Unter 4.8 wurde bereits auf die Fragwürdigkeit des Begriffs „globale" Erwärmung hingewiesen. Diese Unsicherheit wird, wie aus den durchgesickerten E-Mails des CRU hervorgeht, intern auch von den einschlägigen IPCC-Experten bestätigt, aber keinesfalls öffentlich bekannt gemacht. So schrieb Ex-CRU-Direktor Jones dazu in einer der „Climategate Mails" *„Even with the instrumental record, the early and late 20th century warming periods are only significant locally at between 10-20% of grid boxes"*. Diese E-Mail von P. Jones sollte ihrer Wichtigkeit wegen etwas näher beleuchtet werden. „Grid-Boxes" sind die – in der Regel gleichgroß gewählten – Zonen der Erdoberfläche, in denen Temperaturen zur Erstellung von Global-Temperaturkurven rechnerisch gemittelt werden. Wenn daher eine signifikante Erwärmung nur in 10-20% dieser Grid-Boxes feststellbar ist, so ist die Extrapolation dieser Erwärmung auf die gesamte Erdoberfläche mehr als fragwürdig. Die E-Mail des Ex-CRU-Direktors Phil Jones ist bemerkenswerterweise sehr gut mit den Bildern 4.13 und 4.14 unter 4.8 vereinbar, die anzeigen, dass die 30-er Jahre des vorigen Jahrhunderts schon einmal knapp so warm waren wie seine 90-er Jahre, was nicht zur CO_2-Erwärmungshypothese passt. Diese starke Erwärmung der 30-er Jahre ist sogar, was nur wenigen Lesern des betreffenden Romans Lolita von V. Nabokov (erschienen 1955) aufgefallen sein dürfte, in die Weltliteratur eingegangen. Hier wird nämlich beschrieben, wie der Hauptprotagonist an einer Expedition in den Norden Kanadas zur Erforschung der „ungewöhnlichen globalen Erwärmung" teilnimmt - die Handlung spielt in den 30-er Jahren.

Bei der Erwärmung in der zweiten Hälfte des 20. Jahrhunderts könnte es sich im Extremfall sogar um einen Methoden-Artefakt handeln, der durch selektive Auswahl von Messstationen und durch Stadterwärmungseinflüsse in den Daten verursacht wurde. Diese hochinteressante Frage wird leider erst in Jahren, wenn das umfangreiche Datenmaterial einmal von unabhängigen Experten geprüft und ausgewertet sein wird, endgültig entschieden werden können. Der Meteorologe Joseph D'Aleo hat seine Bedenken in folgenden vier Punkten zusammengefasst [6]:

1.) Die Computerprogramme zur Berechnung der Durchschnittstemperaturen wurden massiv verändert. Dadurch ist das Endergebnis nicht mehr der Durchschnitt von wirklichen Temperaturen an realen Orten. Stattdessen nutzen die Forscher Daten von Orten, die hunderte Kilometer entfernt sein können und wenden sie auf ein anderes Gebiet an.
2.) Die Anzahl der Messstationen ist dramatisch reduziert worden, von etwa 6000 bis in die späten 80er Jahre auf heute etwas mehr als 1000. Dabei sind vor allem solche Stationen eliminiert worden, die in kühleren Gegenden, in höheren Breiten oder höheren Höhen lagen, also solche, deren Temperatur niedriger ist.
3.) Die Temperaturen selbst wurden durch sogenannte „Homogenisierung" verändert, einem Prozess, der fast ausschließlich zu höheren Temperaturen zu führen scheint.

5.4.4 Fragwürdiges vom PIK-Direktor H.-J. Schellnhuber

Zweifellos hat es sich in vielen Gegenden der Erde im Laufe des 20. Jahrhunderts allenfalls in einem Maße erwärmt, das sich in die bekannten Temperaturfluktuationen der letzten 2000 Jahre zwanglos einfügt. Wie bereits erwähnt, gibt es daher bis heute keine als wissenschaftlich beweisfest anerkannten Messdaten oder Analysen, die einen Einfluss des Menschen auf den Globaltemperaturverlauf belegen können. Es gibt natürlich zahlreiche Fachveröffentlichungen zu dieser Fragestellung. Zwei von ihnen wurden unter 4.8 besprochen, die des Klimaforschers Prof. Hans-Joachim Schellnhuber vom Potsdamer Institut für Klimafolgenforschung PIK [236] (Koautor) und die des Buchautors mit Mitautoren [166]. Es soll hier auf sie noch einmal unter anderen als reinen Sachaspekten eingegangen werden, denn es ist ein bemerkenswerter Widerspruch aufzufinden.

In der von Schellnhuber gezeichneten Fachpublikation vom Jahre 2003 wurden 95 weltweit gestreute Stationsdaten (bodennahe Temperaturen) von z.Teil über 100 Jahren Länge mit der sog. Persistenzanalyse [211] ausgewertet und untersucht. Das Ergebnis der Arbeit findet sich in der „discussion" unter (iii). Hier heißt es: *„in the vast majority of stations we did not see indications for a global warming of the atmosphere"* (in der weit überwiegenden Zahl von Stationen sahen wir keine Anzeichen für eine globale Erwärmung der Atmosphäre). Das ist eindeutig. In der Publikation des Buchautors vom Jahre 2011 wurde ebenfalls die Persistenzanalyse verwendet. Sie konnte in den Jahren zwischen 2003 und 2011 wesentlich verfeinert werden [158]. Dadurch war es möglich geworden, nunmehr zwischen einem natürlichen Temperaturverlauf und einem Temperaturverlauf, der unnatürlichen Einflüssen unterlag, zu unterscheiden. Das Ergebnis war dementsprechend differenzierter als das von Schellnhuber, unterschied sich aber von dem Schellnhubers nicht wesentlich. Im Jahre 2009, nur 6 Jahre nach Erscheinen seiner Publikation des Jahres 2003, gab dann Schellnhuber der ZEIT ein Interview. Es wurde unter dem Titel *„Manchmal könnte ich schreien"* veröffentlicht [235]. In diesem lässt sich Schellnhuber über die Gefahren und bereits eingetretenen Folgen eines menschgemachten Klimawandels aus. Auf die Frage der ZEIT *„Wie ist die Lage"* antwortet Schellnhuber: *„Verdammt ungemütlich ... viele Worst-Case Szenarien werden von der Wirklichkeit übertroffen"*. Gibt es eine Erklärung für den irritierenden Widerspruch zwischen Schellnhubers Interview und Fachpublikation? Wie kann sich in nur 6 Jahren – von Klimaveränderungen darf frühestens nach Verstreichen einer 30-Jahresfrist gesprochen werden – diese dramatische wissenschaftliche Erkenntnisänderung vollzogen haben?

In den Protokollen und Kommentaren, die dem gemeinsamen Kolloquium von EIKE und PIK folgten [213], antwortet das PIK auf die Frage von EIKE nach dem hier in Rede stehenden Widerspruch: *Er sei auf die Grenzen der damals angewandten Methode zurückzuführen* [230]. Diese Erklärung ist freilich absurd. Das Verfahren (Persistenzanalyse) ist zwar, wie oben erwähnt, verfeinert worden, hat sich aber keineswegs grundlegend verändert, so dass völlig andere Ergebnisse entstehen können. Derartiges ist in der Fachliteratur unbekannt. Damit wären nämlich die unzähligen, bis zum Jahre 2003 gewonnenen Ergebnisse aus Persistenzanalysen, insbesondere auch die anderer Fachgebiete wie der Medizin oder der Wirtschaftswissenschaften falsch und zu revidieren.

Allerdings kann man den Redakteuren der ZEIT, die das Interview

5.4 Wissenschaftliche Etikette

mit Schellnhuber durchführten, den Vorwurf unzureichender Recherchen nicht ersparen. Eine ordentliche Vorbereitung hätte bei so einem wichtigen Thema wie den Folgen des Klimawandels auf der Basis einer vorherigen Sichtung der einschlägigen Publikationen der Interviewperson durchgeführt werden müssen. Die „Abstracs" und die „Discussions" dieser Publikationen hätten für die Redakteure der ZEIT Pflichtlektüre sein müssen. Dann wären bei einem objektiven Interview interessante Fragen an Schellnhuber über die Widersprüche zwischen seinen wissenschaftlichen und seinen medialen Verlautbarungen entstanden.

Ein weiterer Klimabegriff, dessen Ursprung nicht ganz klar ist und dessen Erfindung meist Schellnhuber zugeschrieben wird, ist das sogenannte Zwei-Grad-Ziel. Damit ist gemeint, dass 2 °C globaler Erwärmung sozusagen eine Temperaturschwelle darstellen, ab deren Überschreitung einer weiteren ungebremsten Erwärmung nicht mehr Einhalt geboten werden könne. Umgekehrt würde bei Einhaltung des Zwei-Grad-Ziels unser Planet noch zu „retten" sein. 2 °C stellen sozusagen einen Wendepunkt dar. Über ein Zwei-Grad-Ziel ist allerdings in der wissenschaftlichen Fachliteratur nichts aufzufinden. Es ist ein künstlich geschaffenes Symbol zum Zweck politischer Klimapropaganda, das von den Alarmisten auf Grund seines starken Erkennungsgehalts gewählt wurde. Auf diese Weise hoffen sie, die Bevölkerung bei der „Klima-Stange" zu halten. Als wenn das Zwei-Grad-Ziel nicht schon absurd genug ist, werden von den Klima-Alarmisten mit ihm auch noch aus der Luft gegriffene CO_2-Reduktionsziele verknüpft. Das Zwei-Grad-Ziel hat gewirkt, es ist aus den Medien nicht mehr wegzudenken. Es bildet heute mit dem ebenso durchschlagenden „Klimaschutz" eine Einheit von kaum zu überbietender Absurdität und darf als Beleidigung für den Verstand jedes einigermaßen naturwissenschaftlich Gebildeten gelten. Solche Begriffe sind rein propagandistischer Natur, geschickt gewählt und bei arglosen Laien, die die Rattenfänger nicht erkennen, erfolgreich.

Unsere politischen Parteien sind glücklicherweise noch nicht so weit, den Forderungen des WBGU-Vorsitzenden H.-J. Schellnhuber nach einer „großen Transformation" Folge zu leisten. Diese wird vom WBGU in der Schrift *„Welt im Wandel, Zusammenfassung für Entscheidungsträger"* [269] gefordert, Sie besagt im Klartext nichts anderes als die Abschaffung der Demokratie zur Durchsetzung ökologisch gesteuerter

Regierungsformen. Es ist eine Wiederkehr des Totalitarismus, diesmal nicht unter kommunistischen sondern unter ökologischen Vorzeichen. Die Methoden, aber auch die Folgen sind dann die gleichen.

Man staunt, wie im deutschen Parlament auf der einen Seite angemessen über ein Verbot der NPD diskutiert wird, aber der WBGU mit seinen offen verkündeten undemokratischen Zielen als Beirat der Bundesregierung unbehelligt bleibt. Der WBGU kopiert nicht nur Eins zu Eins das ideologische Programm der „Grünen", welches als sein Hauptziel die Abschaffung eines ganzen Industriezweiges definiert (Kernenergie). Der WBGU stellt sich zudem gegen den Teil der Industrie, die uns bislang vorwiegend mit Strom versorgte (Kohleindustrie) und macht sich zum Handlanger der Windrad- und Photovoltaikbranche. Dies entspricht nicht der Verpflichtung unserer öffentlichen Institutionen zu Neutralität, Objektivität, Sachbezogenheit und Befolgung geltenden Rechts. So heißt es im Originaltext des WBGU auf S. 3: *Der Ausstieg aus der Kernenergie darf aus Sicht des Beirats aber nicht durch den Einstieg oder die Verstärkung von Energieerzeugung aus Braun- oder Steinkohle kompensiert werden.* Das skandalöse WBGU-Dokument wurde im Jahre 2011 unter der CDU/FDP-Regierungskoalition veröffentlicht und stieß nach Kenntnislage des Buchautors insbesondere auch bei der freiheitlich-liberalen FDP weder auf Empörung noch auf Widerspruch. Hier von einem seit Bestehen der Bundesrepublik beispiellosen Niedergang von demokratischer Kultur und Rechtsempfinden zu sprechen, ist nicht überzogen.

5.4.5 Das PIK vs. Jan Veizer und Nir Shaviv

Die im Folgenden geschilderte Affäre traf die beiden renommierten Klimawissenschaftler Jan Veizer und Nir Shaviv unverschuldet und aus heiterem Himmel. Der gebürtige Slowake Prof. Jan Veizer – zur Zeit, in der das hier geschilderte Ereignis stattfand, Professor an der Universität Bochum – ist ein Geowissenschaftler von Weltruf. Er wurde mit zahlreichen Ehrungen bedacht, so 1992 mit dem 1,55 Millionen Euro dotierten Gottfried-Wilhelm-Leibniz-Preis und der Logan Medal, der höchsten Ehrung der Geological Association von Kanada [277]. Prof. Nir Shaviv ist israelischer Physiker und lehrt an der hebräischen Universität Jerusalem. Veizer und Shaviv hatten im Juli 2003 eine bahnbrechende Veröffentli-

5.4 Wissenschaftliche Etikette

chung über die Klimafolgen des zyklischen Laufs unserer Erde durch die Galaxis veröffentlicht. Der Titel: *„Celestial Driver of Phanerozoic Climate?"* [102]. Aus dieser Arbeit stammt übrigens das Bild 4.17 unter 4.10.

Vorauszuschicken für das bessere Verständnis des Weiteren ist ferner: Unter aktiven, noch im Dienst einer Hochschule oder eines Instituts befindlichen Forscherkollegen gibt es so etwas wie eine verbindliche Etikette. Auseinandersetzungen werden auf wissenschaftlicher Publikationsebene ausgetragen. Persönliche Angriffe sind dabei verpönt. Ist ein Forscher der Auffassung, ein Kollege oder Konkurrent hätte in einer begutachteten Fachpublikation Unzutreffendes geschrieben, gibt es hierfür das Einspruchsmittel des sog. „Debate Papers". Dieses wird beim betreffenden Verlag eingereicht, begutachtet und, falls fachlich in Ordnung, veröffentlicht.

Daher sind die im Folgenden geschilderten Ereignisse skandalös. Die Veröffentlichung von Veizer/Shaviv erschien den Klima-Alarmisten zu brisant, obwohl sich diese Arbeit nur auf die viele Jahrmillionen währende Klimavergangenheit bezog und das 20. Jahrhundert gar nicht angesprochen wurde. Aber dennoch: Von einer Gruppe von Klimaforschern, unter Federführung des Potsdamer Instituts für Klimafolgenforschung (PIK), wurde eine Schmutzkampagne gegen die Autoren Veizer und Shaviv in Gang gesetzt. Das IDW veröffentlichte am 24.10.2003 eine Pressemitteilung des PIK mit dem Titel *„Spekulation zum Einfluss der kosmischen Strahlung auf das Klima wissenschaftlich nicht haltbar"* [214]. Hierin heißt es unter anderem *„Dieses fundierte Wissen* (Anm.: das Wissen der IPCC-Fraktion) *wird durch eine einzelne, spekulative, auf unsicheren Daten fußende und methodisch sehr fragwürdige Publikation in keiner Weise in Frage gestellt"*. Veizer und Shaviv waren weit davon entfernt, irgendein Wissen in Frage zu stellen. Sie hatten lediglich eine interessante wissenschaftliche Publikation verfasst, die immer noch viel zitiert wird und inzwischen zum Standard gehört. Mit wissenschaftlicher Etikette hatte die Presseaktion nichts zu tun.

Unterzeichner der PIK-Pressemitteilung waren Dr. J. Beer, EAWAG, ETH Zürich; Prof. U. Cubasch, Institut für Meteorologie, Berlin; Prof. O. Eugster, Weltraumforschung und Planetologie, Bern; Dr. C. Fröhlich, Weltstrahlungszentrum, Davos; Prof. G. Haug, GeoForschungsZentrum,

Potsdam; Dr. F. Joos, Klima- und Umweltphysik, Bern; Prof. M. Latif, Institut für Meereskunde, Kiel; Dr. U. Neu, ProClim, Schweiz. Akademie der Naturwissenschaften; Prof. C. Pfister, Historisches Institut, Bern; Prof. S. Rahmstorf, Potsdam-Institut für Klimafolgenforschung; Dr. R. Sartorius, Schutz der Erdatmosphäre, UBA, Berlin; Prof. C. D. Schönwiese, Institut für Meteorologie und Geophysik, Frankfurt; Prof. W. Seiler, Meteorologie und Klimaforschung, Garmisch-Partenkirchen; Prof. T. Stocker, Klima- und Umweltphysik, Bern.

Die Pressestelle der Ruhr-Universität Bochum veröffentlichte daraufhin eine Gegendarstellung [27]. Eine Zusammenfassung aus der Sicht eines Betroffenen finden sich auf dem Blog von N. Shaviv [242]. Insbesondere J. Veizer war durch den Druck der PIK-Pressemitteilung und deren Folgen von nun an auch persönlichen Anfeindungen ausgesetzt. Glücklicherweise kam es nicht zu einer gerichtlichen Auseinandersetzung, von der J. Veizer heute übrigens bedauert, sie nicht unternommen zu haben [278]. Veizer verließ schließlich die Universität Bochum und nahm einen Ruf an die kanadische Universität von Ottawa an. Wie weit seine Entscheidung durch die geschilderte Affäre bestimmt wurde und ob auch anderweitige Motive mit eine Rolle spielten, kann hier nicht beurteilt werden.

Immerhin ist wissenschaftlicher Exodus auf Grund öffentlichen Drucks in der Vergangenheit Deutschlands nicht unbekannt. Man durfte zumindest vor dieser Affäre davon ausgehen, dass so etwas hierzulande nicht mehr vorkommen könnte. Pikant, dass einer der Betroffenen (Nir Shaviv) auch noch jüdischer Staatsbürger ist. Insbesondere der Beitrag von S. Rahmstorf an dieser Affäre, der auf Grund seiner „ungewöhnlichen" Methoden gegen Meinungsgegner und seine Nähe zur Münchner Rückversicherung vom SPIEGEL und immer wieder von skeptischen Blogs kritisiert wurde [217], kann den folgenden Fakten und Ereignissen entnommen werden. Das PIK als Arbeitgeber Rahmstorfs hatte die Pressemitteilung verfasst. In den an die Öffentlichkeit gelangten E-Mails des *Climategate-Skandals* findet man dann S. Rahmstorf im Zusammenhang mit der Veizer-Affäre wieder. So zitiert der Gastbeitrag von Michael Krüger im WordPress.com, der auch im ReadersEdition erschien, Rahmstorfs Vorschläge an befreundete Wissenschaftsaktivisten (daselbst vom Englischen ins Deutsche übersetzt) [218]:

5.4 Wissenschaftliche Etikette

„Ich glaube, dass eine andere Veröffentlichung eine ähnliche wissenschaftliche Antwort erfordert, die von Shaviv u. Veizer. Diese Veröffentlichung macht in Deutschland die große Runde und könnte ein Klassiker für Klimaskeptiker werden...".
Und weiter:
„Ich glaube es wäre eine gute Idee, eine Gruppe von Leuten zusammenzustellen, um auf die Veröffentlichung zu reagieren (in GSA today, Geological Society of America, der veröffentlichenden Zeitschrift). Meine Expertise ist für einen Teil ausreichend und ich wäre bereit diese beizusteuern. Meine Fragen an Euch:
1. Gibt es schon andere Pläne, um auf die Veröffentlichung zu reagieren?
2. Wer von Euch möchte an einer Gegendarstellung beteiligt sein?
3. Kennt von Euch jemand Leute, welche die dazu notwendige Sachkenntnis haben?
Dann bitte ich um Weiterleitung dieser Mail.
Mit besten Grüßen, Stefan".

Diese E-Mail ist – formal und ohne Hintergrund-Kenntnisse überflogen – anscheinend nicht zu beanstanden. Freilich wird aus ihr die jedem Eingeweihten bekannte Strategie des weltweiten Netzwerks der Klima-Alarmisten sichtbar. Sofort nach jeder skeptischen Veröffentlichung, die ihnen der befürchteten öffentlichen Wirkung wegen als gefährlich erscheint, wird sofort eine Gegenveröffentlichung verfasst. Die Argumente sind dabei, allein schon der Eile wegen, meist nicht übermäßig stichhaltig, was auch gar nicht primär bezweckt ist. Die Öffentlichkeit soll über skeptische Resultate verunsichert werden. Das Lager der Alarmisten möchte sichtbar demonstrieren: *„Die betreffende skeptische Veröffentlichung ist umstritten, falsch und daher zu ignorieren"*. Damit keine Missverständnisse entstehen: Wissenschaftlicher Streit ist immer notwendig und wünschenswert. Die hier zum Vorschein kommende Taktik des sofortigen unabdingbaren "Zurückschießens" ist aber fragwürdig. In der Klimawissenschaft stehen eben zu viel Geld, Macht und politische Verflechtung auf dem Spiel. Ein US-Blogger hat es mit einer Anmerkung über das unabwendbare Schicksal jeder guten skeptischen Fachveröffentlichung, die von den Klima-Alarmisten als zu brisant für ihre Sache angesehen wird, in schöner Ironie auf den Punkt gebracht:

> *The paper will be thoroughly refuted. I do not know as yet by who, or on what grounds, or where the definitive refutation paper will appear. But it will be refuted and dismissed in no time, never to be talked about again (except by „deniers" and „flat-earthers"). That is thankfully the way we operate in climate science. Trust us, we're scientists. Everything is under control. Nothing to see here, move on.*

5.5 Wer profitiert von der Klima-Hysterie?

Welche Interessen treiben die Klima-Alarmisten an? Zuerst ist die Klimaforschung selber zu nennen, deren Interessen auf der Hand liegen: endlos fließende Forschungsgelder, Planstellen, Reputation, Medien-Präsenz bis hin zu eitler Selbstdarstellung. Dann haben wir die Klimabürokratie. Solch eine mächtige Bewegung wie der Klimaschutz bringt neue Arbeitsgebiete und Stellen mit sich. Selbst kleinere Städte haben heute schon Klimaschutzbeauftragte mit Mitarbeiterstab. Desweiteren sind Umweltgruppen zu nennen, die mit politischen Parteien, ökologisch orientierten Sponsoren, industriellen Interessengruppen, Profiteuren des Ökowahns und ideologisch orientierten Gruppen (z.B. der evangelischen Kirche Deutschlands EKD) verflochten sind und zusammenwirken (Ökoenergie-Netzwerk). Eine Übersicht über diese Verflechtungen schildert der bekannte Journalist Günter Ederer in einem sehenswerten Vortrag [53]. Danach können wirtschaftliche Interessen genannt werden: Viele Industriezweige, sogar die Erdöl-, Kohle-, aber auch der Automobilindustrie, sind längst auf den Ökozug aufgesprungen und fahren dabei nicht schlecht. Große Versorgungsunternehmen und die Industrie (ausgenommen stromintensive Firmen) kommen mit technischen Einschränkungen und den daraufhin erforderlichen Investitionen beim Bau neuer Anlagen zurecht und verdienen nicht selten gut daran.

Die in Deutschland entstandene Wind- und Photovoltaikbranche liefern weitere Paradebeispiele von Interessengruppen. Eine wirtschaftlich nachhaltige Entwicklung liegt hier nicht vor, denn Arbeitsplätze und Managergehälter werden über Subventionen vom Steuerzahler aufgebracht.

5.5 Wer profitiert von der Klima-Hysterie?

Die Herkunft eines Profits ist einem Unternehmen aber immer gleichgültig. Voraussetzung ist nur, dass alle gesetzlichen Vorschriften eingehalten werden. Diese Haltung ist in unserem profitorientierten Gesellschaftssystem nachvollziehbar und wird hier keineswegs kritisiert. Auch die Automobilindustrie ist nicht unglücklich. Der Einsatz immer sparsamerer Motoren und neue Leichtbauweisen – alles sehr vernünftige, wünschenswerte Maßnahmen – bringen neues Leben in die Produktpaletten. Der erhoffte Ersatz ganzer Generationen von Fahrzeugen durch Hybrid- und, Elektroantriebe (letztere sind, wie hier unter 3.3 gezeigt wurde, nicht sinnvoll) lässt zudem auf einen völlig neuen Aufschwung hoffen. Aus dem Lager der Alarmisten ist ferner die *Versicherungswirtschaft* zu nennen. Sie kann höhere Prämien einfordern.

Das Ausblenden der Wahrnehmung jedweder Kritik an den vom IPCC vorgegebenen Ursachen des Klimawandels seitens der *Politik* ist besonders auffällig. Es ist undenkbar, dass zumindest denjenigen Mitgliedern der politischen Parteien, die über eine naturwissenschaftliche Ausbildung verfügen, unbekannt sein sollte, dass es sich bei den IPCC-Klimakatastrophen um ungesicherte Fiktionen handelt. Diese Beobachtung führt uns zu den weiteren Interessengründen und der folgenden Frage: Woran liegt es, dass die Politik (von wenigen Ausnahmen abgesehen) über alle Parteigrenzen hinweg die weder durch Messungen, noch durchgehend durch physikalische Gesetze abgedeckte Erwärmungshypothese des menschgemachten CO_2 favorisiert und alle Gegenstimmen *auffallend konsequent* ignoriert? Der Umweltjournalist Edgar L. Gärtner meint dazu[91]: *„Jede erfolgreiche Politik braucht eine Feindbildbestimmung .... Denn ohne Feindbild lässt sich gar nicht mehr begründen, warum Probleme des menschlichen Zusammenlebens überhaupt oberhalb des mehr oder weniger überschaubaren kommunalen Niveaus angegangen werden sollen ...... "*.

Dieses Feindbild ist heute in Deutschland zweifellos der Klimawandel und die globale Erwärmung. Er gehört zu den von der Politik benötigten und wegen ihrer Wirkung so geschätzten *Symbolen*. Das politische Festhalten an diesem Feindbild hat inzwischen religiöse Züge angenommen. Es ist wohl kaum noch Übertreibung, wenn man vom Klimaschutz nicht nur von einem politischen Symbol, sondern von einer neuen Staatsreligion spricht. Hierzu äußern sich stellvertretend:

5 Kollateralschäden

Prof. Norbert Bolz (Medien-Theoretiker der FU Berlin):
Moderne Wissenschaftsdebatten, etwa über die Klimakatastrophe, sind nichts anderes als „civil relegion", der aus den Kirchen ausgezogene Glaube der Massengesellschaft. In ihr waltet nichts als moderner merkantiler Priesterbetrug. Sie erlaubt gute Geschäfte für politische Ablassverkäufer, wie die Fundraiser von Greenpeace und füllen nicht zuletzt den Opferstock Al Gores. Er ist der Oberpriester des gegenwärtigen Katastrophenkults [68]

Prof. Gerhard Schulze (Soziologe, Univ. Bamberg):
„Wir haben keine Erfahrung mehr im Umgang mit wirklichen Ernstfällen. Das führt dazu, dass wir Katastrophen geradezu lustvoll herbeiphantasieren. Zum Beispiel die Klimakatastrophe, die ich für ein erstaunliches Phänomen massenhafter Verblendung halte. Es ist in keiner Weise nachgewiesen, dass die Erderwärmung vom Menschen verursacht ist. Doch ausgerechnet die Naturwissenschaft, für die Skepsis konstitutiv ist, lässt keine offene Diskussion zu, sondern hält mit einem an die römische Kurie gemahnenden Dogmatismus an einem einzigen Erklärungsansatz fest ..." [240]

Der Begriff Religion trifft auch aus folgenden weiteren Gründen zu: Sowenig wie in das Wirken einer Gottheit kann der Mensch in den Klimawandel eingreifen. Ferner ist die absolute Unerreichbarkeit in der gestellten Aufgabe des Klimaschutzes zu nennen, denn etwas, das sich dauernd ändert, kann man nicht schützen. Und schlussendlich wird heute fast jedes Produkt mit entsprechender „Klimawerbung" versehen und jede menschliche Tätigkeit („CO_2-Fußabdruck") unter dem Aspekt des Klimaschutzes bzw. der Klimaschädlichkeit betrachtet.

Die prinzipielle Unerreichbarkeit jedes Klimaziels ist ein religiöses und daher höchst erwünschtes Merkmal der politischen Klima-Agenda.

Auch das in vielen anderen Religionen als Druckmittel geschätzte Symbol des „Teufels" begegnet uns nun wieder. Er ist in der Klimareligi-

5.5 Wer profitiert von der Klima-Hysterie?

on zweifellos das anthropogene CO_2 als Auslöser eines verderblichen „Klimawandels". Damit sind die notwendigen religiösen Versatzstücke beisammen: Die Schuld des Mensch (anthropogen) und die Strafe (sieben biblische Plagen = Klimawandel). Die relevanten, wahlpolitisch brisanten Themen können damit aus dem öffentlichen Bewusstsein besser ausgeblendet werden. Stellvertretend zu nennen sind die Systemlösungen von „Gesundheitskosten", „Renten", „Staatsfinanzen", „Straßenverkehr", „muslimischen Parallelgesellschaften", „Schulbildung" und „Zuwanderung". All dies verblasst gegenüber dem Phantom einer gefährlichen globalen Erwärmung durch anthropogenes CO_2, der jede Abwehranstrengung zu widmen ist.

Es erscheint nun an der Zeit, zu den politischen Richtungen und Motiven der Klima-Phantasierer die Meinung des weltbekannten Klimaforschers Richard S. Lindzen anlässlich eines Interviews der schweizerischen Weltwoche näher kennenzulernen. [284]:

HERR LINDZEN, MAN NENNT SIE EINEN „KLIMALEUGNER". FÜHLEN SIE SICH WOHL ALS AUSSENSEITER?
Ich bin kein Aussenseiter. Wenn Sie der Propaganda aufsitzen wollen, dann ist das Ihr Problem. Ich arbeite am weltberühmten Massachusetts Institute of Technology (MIT), bin im Spektrum der Ansichten meiner Kollegen, denken Sie also einen Moment nach, was da gesagt wird. Ich bin ein Holocaust-Überlebender, meine Eltern flohen 1938 aus Deutschland. Wer mich einen „Klimaleugner" nennt, beleidigt mich – und er beleidigt seine eigene Intelligenz.

WARUM?
Weil dieses Thema so komplex ist, so viele Facetten hat. Oder glauben Sie im Ernst, alle Wissenschaftler liefen im Stechschritt hinter Al Gore her? Alle seien seiner Meinung? Jeder, der irgendwelche Neuronen zwischen seinen beiden Ohren hat, sollte wissen, dass einem, der den Ausdruck „Klimaleugner" verwendet, die Argumente ausgegangen sind.

BEKOMMEN SIE TODESDROHUNGEN WIE EINIGE IHRER KOLLEGEN, DIE ÖFFENTLICH SKEPSIS ÄUSSERN?
Ach, ja, es gibt einige E-Mails, die mich zur Hölle wünschen, aber das sind noch keine Todesdrohungen.

TROTZDEM, WAS IST DENN DA LOS?

5 Kollateralschäden

Mit Hass muss man rechnen, wenn man Fragen stellt in einem solchen Klima. Die Leute werden glauben gemacht, sie seien bessere Menschen, wenn sie mit ihrem ganzen Herzen glauben, die Welt käme an ein Ende, wenn man sie nicht sofort rettete. Dann entwickeln die Menschen religiösen Enthusiasmus, dann werden sie wie Islamisten. Jeder, der die Menschen so hochschaukelt, sollte sich schämen.
    SIE HABEN ALSO MIT ANGRIFFEN GERECHNET?
Natürlich. Ich habe im Wall Street Journal geschrieben, dass Wissenschaftler unterdrückt wurden, ihre Arbeit verloren haben, weil sie Skepsis gegenüber einigen „Fakten" in der Klimafrage äußerten. Laurie David, die Produzentin des Filmes von Al Gore, hat einen Blog, in dem sie schrieb, sie sei froh, dass diese Wissenschaftler endlich unterdrückt würden. Sie schrieb auch, man sollte Wissenschaftler, die ihre Zweifel wissenschaftlich untersuchen wollen, nicht mehr finanziell unterstützen.
    DAS IST ABER GEGEN DAS SELBSTVERSTÄNDNIS DER WISSENSCHAFT, DIE IHRE THESEN IMMER WIEDER ÜBERPRÜFEN UND ALLENFALLS FALSIFIZIEREN SOLLTE.
Natürlich. Aber es ist leicht, die Wissenschaft zu korrumpieren, es ist schon zu oft passiert. Ich war am weltweiten Treffen der Geophysiker in diesem Winter in San Francisco. Al Gore sprach. Und seine Botschaft lautete: „Haben Sie den Mut, dem Konsens beizutreten, machen Sie das öffentlich, und nehmen Sie sich die Freiheit, Abtrünnige zu unterdrücken." Das Publikum war begeistert.
    WAS HABEN SIE GEMACHT?
Ich habe mit den Schultern gezuckt, bin rausgegangen und habe George Orwell gelesen.
    WAS WOLLEN SIE SONST TUN? DENN SIE HABEN ES SCHWER GEGEN EINEN OSCAR-GEWINNER AL GORE, DER SÄTZE SAGT WIE: „AUF DEM SPIEL STEHT NICHT WENIGER ALS DAS ÜBERLEBEN DER MENSCHLICHEN ZIVILISATION."
Es steht mehr auf dem Spiel, nämlich Firmen wie Generation Investment Management, Lehmann Brothers, Apple, Google, bei allen hat Gore starke finanzielle Interessen. Al Gore ist eine Kombination von Verrücktheit und Korruption.
    HALT MAL, DAS SIND SCHWERE VORWÜRFE.
Erstens fördert er die Hysterie, was nie gut ist in einer Demokratie.

5.5 Wer profitiert von der Klima-Hysterie?

Und zweitens hat er starke finanzielle Interessen. Er ist einfach nicht unabhängig.

NUN MAL ZU IHNEN. SIE SAGEN, DER KLIMAWANDEL SEI NICHT SO ALARMIEREND, WEIL DIE MODELLE DEN EINFLUSS VON CO_2 AUF DAS KLIMA ÜBERSCHÄTZEN. DAMIT WIDERSPRECHEN SIE 95 PROZENT DER WISSENSCHAFTLER.

Aber es ist so. Der Einfluss von CO_2 ist weit geringer, als die Modelle vorausgesagt haben. Man hat dann zwei Möglichkeiten: Das Modell ist falsch oder das Modell ist richtig, aber etwas Unbekanntes macht die Differenz aus. Die Modelltheoretiker sind leider den zweiten Weg gegangen und haben gesagt, die Differenz seien die Aerosole. Aber wie das IPCC sagt: Wir wissen nichts über Aerosole. Die gängigen Modelle sind also anpassungsfähig: Gibt es ein Problem, dann heißt es Aerosole. Das ist eine unehrliche Herangehensweise. Der Chef des Natural Environment Research Council (Nerc) in Großbritannien sagte etwas Seltsames: Der Klimawandel müsse menschgemacht sein, da er sich nichts anderes vorstellen könne. Das ist eine Aussage von berührender geistiger Unfähigkeit, die ein Wissenschaftler nicht tun dürfte.

HERR LINDZEN, WAS SIND DENN DIE FAKTEN?

Die Physik leugnet den Treibhauseffekt nicht, die CO_2-Konzentration hat zugenommen, im 20. Jahrhundert ist es durchschnittlich 0,5 Grad wärmer geworden.

WIE ERKLÄREN SIE SICH DENN DIE JÜNGSTE ERWÄRMUNG?

Ich sehe die nicht. Die Erwärmung passierte von 1976 bis 1986, dann ist sie abgeflacht.

SIE AKZEPTIEREN ABER, DASS ES GENERELL WÄRMER WIRD?

Ja, aber wir sprechen da von Zehnteln. Wenn man die Unsicherheiten in den Daten berücksichtigt, hatte man Erwärmung von 1920 bis 1940, Abkühlung bis 1970, Erwärmung wieder bis Anfang der neunziger Jahre. Aber man kann das nicht so genau sagen, wie immer behauptet wird. Es gibt keine wesentlichen Unterschiede zwischen den Temperaturen von heute und jenen in den zwanziger und dreißiger Jahren. Das System ist nie konstant. Und das Ende der Welt auszurufen angesichts von ein paar Zehntelgraden, ist lächerlich.

GERADE DIESE ZEHNTELGRADE KÖNNTEN UNGEHEURE FOLGEN HABEN.

Ja, sie könnten – immer dieser Irrealis. Das Problem ist, dass die Medien ein Riesentheater um Temperaturunterschiede machen, die im Bereich der Ungewissheit liegen. Unsere Messmethoden sind zum Beispiel einfach noch zu ungenau. Um es noch mal zu sagen: Es ist wärmer geworden im letzten Jahrhundert, aber das Klima ist ein System, das immer variiert. Und es ist ein turbulentes System, da kann man nicht mit Dogmatismus kommen. Die Hauptfrage bleibt: Sind diese 0,5 Grad eine große oder eine kleine Veränderung, ist es ernst oder nicht? Wir wissen es nicht. Es sollte sich niemand schämen zu sagen, dass noch viel ungewiss ist. Und ein paar Zehntelgrade machen noch keinen ewigen Sommer.

Nehmen wir mal an, Sie hätten recht, es sei alles gar nicht so schlimm, die Datenbasis sei noch nicht gut genug – auch wenn das von den meisten heftig bestritten wird. Worum geht es also?

Viele Interessengruppen haben den Klimawandel entdeckt. Jeder wird davon profitieren außer die gewöhnlichen Konsumenten. Letztere müssen mit Propaganda zugeballert werden. Der Wissenschaftler profitiert, die Mittel haben sich mehr als verzehnfacht seit den frühen neunziger Jahren. Dann gibt es die Umweltbewegung, eine Multi-Milliarden-Operation, Tausende von Organisationen. Und die Schwierigkeit ist: Mit gewöhnlicher Luft- und Wasserverschmutzung kommen wir zurecht, das können wir beheben. Man braucht Probleme, die man nicht beheben kann. Der Klimawandel ist also attraktiv. Und die Industrie, von der man annimmt, sie sei gegen CO_2-Maßnahmen, sie profitiert auch. Sie ist vielleicht dagegen, weil es schon wieder etwas ist, das ihr Sorgen bereitet, auf das sie sich einstellen muss. Aber sie kann Geld damit machen, das weiß sie. Die großen Firmen lieben den Klimawandel. Letztes Jahr habe ich mit jemandem des großen Kohleproduzenten Arch Coal gesprochen. Er sagte, er sei für CO_2-Maßnahmen. Ich fragte ihn: Ist das Ihr Ernst, eine Kohlefirma, die CO_2-Restriktionen will? Er sagte: Sicher, wir werden damit zurechtkommen, aber unsere kleineren Mitbewerber nicht.

Der Energieriese Exxon Mobil war dagegen.

Ja, die hatten einen CEO, der CO_2-Restriktionen aus Prinzip bekämpft hat. Aber was die Industrie will, ist das: 1. Sie wollen die Restriktionen selbst bestimmen. 2. Alle Firmen sollen die gleichen Restriktionen

5.5 Wer profitiert von der Klima-Hysterie?

bekommen. 3. Sie wollen im Voraus wissen, worauf sie sich einstellen müssen. Dann können sie die mutmaßlichen Kosten auf den Konsumenten abwälzen.

UND WAS SIND IHRE INTERESSEN?
Ich arbeite seit Jahrzehnten in diesem Bereich, wir fingen an zu verstehen, wie die Dinge funktionieren. Dann wurden wir überrumpelt von der simplifizierenden Idee, dass das Klima nur vom CO_2 abhängt. Und so wurde jede Hoffnung zerstört, herauszufinden, wie genau zum Beispiel die Eiszeiten funktionierten. Plötzlich sagten die Leute, alle Wissenschaftler seien sich einig, als ob wir noch in der Sowjetunion lebten.

HEUTE SCHEREN GERADE RUSSISCHE WISSENSCHAFTLER AUS DEM KONSENS AUS.
Einige ja, andere nicht. Das ist eine Generationenfrage. Die Alten scheren aus, die Jungen ordnen sich ein. Russland hatte eine lange Tradition in der Klimaforschung, die heute älteren Wissenschaftler waren sogar weltweit führend. Und sie wissen, dass diese simplifizierende Sichtweise keinen Sinn macht. Die Jüngeren sind nicht herausragend, aber sie wollen Einladungen nach Europa – also kooperieren sie und machen, was Europa sagt.

IST DIE WELT SO EINFACH?
Manchmal, ja. Es gab ein Treffen in Moskau, organisiert von der russischen Akademie und David King, heute wissenschaftlicher Berater der englischen Regierung. Als er hörte, dass man auch Menschen wie mich eingeladen hatte, wollte er das Treffen absagen. Aber er war schon am Flughafen. Also kam er und sagte als Erstes, er habe für russische Wissenschaftler, die mit seiner Sicht übereinstimmten, eine Einladung nach England.

SIE LACHEN. FINDEN SIE DAS LUSTIG?
Nein, aber so ist die Welt.

WANN WURDEN SIE DAS ERSTE MAL WÜTEND?
1987 bekam ich einen Brief eines Mannes namens Lester Lave, ein geschätzter Ökonomieprofessor an der Carnegie-Mellon-Universität in Pittsburgh. Er schrieb, er hätte an einem Hearing im Senat ausgesagt, Al Gore sei auch anwesend gewesen. Lave sagte damals, die Wissenschaft sei noch sehr unsicher, was die Ursachen der Klimaerwärmung seien. Al Gore warf ihn aus dem Hearing mit den Worten, wer so etwas

5 Kollateralschäden

sage, wisse nicht, wovon er rede.
ABER AL GORE IST DOCH KEIN WISSENSCHAFTLER.
Nun, er war ja auch im Fernsehen, nachdem sein Film in die Kinos gekommen war. Der Moderator fragte ihn, warum er davon ausgehe, dass der Meeresspiegel um etwa sechs Meter steige, während die Wissenschaft von etwa 40 Zentimetern spräche. Er antwortete, die Wissenschaft wüsste es eben nicht. Er weiß es. Ich glaube, Al Gore ist verrückt.
ES MACHT SIE WÜTEND, WENN EIN POLITIKER SICH ÜBER DIE WISSENSCHAFT STELLT?
Ja. Ich versicherte Lester Lave, dass die Wissenschaft sich wirklich nicht sicher sei. Aber kurz nachdem Newsweek 1988 mit seinem Titelbild über Klimaerwärmung herauskam, wurde es ernst. Ich begann, öffentlich zu sagen, dass ich das Datenmaterial für zu arm hielte, als dass man endgültige Aussagen treffen könne. Viele Kollegen sagten, sie seien froh, dass einer dies endlich ausspreche. Aber als der ältere Bush die Mittel für die Klimaforschung von 170 Millionen Dollar auf zwei Milliarden erhöhte, merkten die Institutionen, dass ihre Zukunft mit dem Klimawandel verbunden war. Sogar am MIT gibt es Meinungsunterschiede bei diesem Thema, nicht über die Grundlagen, die Temperatur erhöht sich, CO_2 ist ein Treibhausgas. Aber man streitet sich, ob der Klimawandel ein seriöses Thema ist. Und da unterscheide ich mich von den meisten meiner Kollegen: Ich finde es kein seriöses Thema. Ich finde es seriös, über die Gründe für die Eiszeiten nachzudenken.
WAS WISSEN SIE ÜBER DIE EISZEITEN?
Sehr wenig. Die Eiszeiten korrelieren irgendwie mit den Erdbahn-Parametern, aber wir wissen nicht, wie diese den Klimawandel beeinflusst haben. Das sind seriöse Themen in der Atmosphärendynamik. Ich kann Ihnen sagen: Wir wissen so wenig.
WIE NÄHERN WIR UNS DER LÖSUNG?
Niemand will das Problem lösen, denn dann hörten die Gelder auf zu fließen.
HÖREN SIE MAL, HERR LINDZEN, WAS IST EIGENTLICH IHRE AUFFASSUNG VON DER MENSCHLICHEN NATUR?
Ich sehe sie so, wie sie ist, nicht, wie ich sie gern hätte. Nach dem Abschluss des Montreal-Protokolls 1987 zum Schutze der Ozonschicht versiegten die Forschungsgelder, Ozon war kein Problem mehr – obwohl

5.5 Wer profitiert von der Klima-Hysterie?

es immer noch eins ist. Die Stratosphären-Chemiker arbeiten heute im Bereich Stratosphäre und Klima. Die Politik bezahlt die Wissenschaft, wir sind da sehr abhängig.
WER BEZAHLT SIE?
Die Nasa. Sonst niemand. Ich sage Ihnen eins: Man will die Probleme gar nicht lösen. Denn Unsicherheit ist essenziell für den Alarmismus. Das Argument ist immer das Gleiche: Es mag vielleicht unsicher sein, aber deshalb ist es auch möglich.
SIE SAGEN, MAN KÖNNE NICHTS MACHEN GEGEN DEN KLIMAWANDEL. SIND WIR DEM UNTERGANG GEWEIHT?
Ich sage: Wir sollten nichts unternehmen. Wir haben wirklich andere Probleme. Wenn ich als Amerikaner Europa anschaue, dann sehe ich einen Kontinent, der sich keine Sorgen macht um den Terrorismus, eine mögliche Nuklearmacht Iran, den aufstrebenden Islamismus, sondern um die Klimaerwärmung. Das ist eine Form gesellschaftlicher Dummheit. Europa will sich gut und wichtig fühlen, das ist dumm. Und gleichzeitig wird kein europäisches Land die Kyoto-Kriterien erfüllen können. Nein, ich verstehe das alles nicht: Man soll sich jetzt neue Glühbirnen anschaffen. Was soll das helfen? Sind denn alle am Durchdrehen? Ich hoffe, das hört bald auf.
WARUM SOLLTE ES?
Das ist die menschliche Natur. Dass man alle paar Jahre den Weltuntergang ausruft und dann leider vergisst, dass er mal wieder nicht stattgefunden hat? Das kann nicht sein. Irgendwann werden die Leute des Themas müde sein und sich etwas anderem zuwenden. Die Meinungsumfragen hier in den USA zeigen schon so einen Trend. Die Wahrheit sieht so aus: Honda hat ein kleines, feines Hybridauto gebaut, es verkauft sich überhaupt nicht. Die Leute wollen einen dicken Toyota Prius, damit die Nachbarn wissen, dass sie einen Hybrid gekauft haben.
.....
.....
UND DESHALB KÖNNEN SIE AUCH NICHT SICHER SEIN, DASS DER MENSCH KEINEN EINFLUSS AUFS KLIMA HAT.
Das sagt auch niemand. Aber wer sagt, der Mensch sei der Grund für dieses oder jenes, liegt falsch. Niemand bezweifelt, dass CO_2 Infrarot absorbiert, es hat einen Einfluss. Aber verdoppelt man den CO_2-Gehalt,

sollte die Temperatur um ein ganzes Grad steigen. Wir konnten das nicht beobachten. Ich kann nicht glauben, dass die Welt so schlecht beschaffen ist, dass sie es nicht schafft, auch mit diesen Veränderungen umzugehen – sie hat schon viele Veränderungen gemeistert.

5.6 Die Zechpreller

Die Fragwürdigkeit der deutschen *Klimaschutz-* und *Energiewende-Politik* findet sich bei anderen Themen wieder. Es werden rücksichtslos Vorhaben umgesetzt und dabei die Bevölkerung über Fakten, Risiken und Kosten bewusst im Dunkeln gelassen. Musterbeispiel ist die „Rettung des Euro" (Sept. 2012). Abgeordnete, die gemäß unserer Verfassung nur ihrem Gewissen verpflichtet sind, werden in die Parteidisziplin gezwungen. Wer sich verweigert, riskiert seinen Wahl-Listenplatz. Auf diese Weise wird der Wählerwille ausgehebelt, für dessen Vertretung in unserer Demokratie die Parlaments-Abgeordneten vorgesehen sind.

Immerhin nehmen viele Medien ihre Rolle der Kritik bei der Eurorettung und der Energiewende wahr, bei letzterer allerdings extrem zurückhaltend. Kritik beim Klimaschutz gibt es allerdings in den deutschen Medien praktisch nicht mehr. Hier ist bereits der Bereich einer Staatsreligion mit Hilfe von Öko-Rechtsverordnungen und -Gesetzen erreicht. Ein Blick in die Werbung reicht aus, dies zu bestätigen. Der religiöse Glaube, wir könnten durch CO_2-Einsparung das „Weltklima" retten, wird inzwischen als selbstverständliches Werbeinstrument eingesetzt, ähnlich wie bei Lebensmitteln das unvermeidbare „Bio". Nur ein stellvertretendes Beispiel: ein großer Paketzusteller schreibt auf seine ganz normalen Lieferautos *„Wir liefern CO_2 frei"*. Ist noch etwas Unsinnigeres vorstellbar als diese Werbung? Die Ausrichtung der deutschen Klimapolitik ist tatsächlich ohne religiösen Hintergrund nicht mehr erklärbar. Bedenklich wird es freilich, wenn der niedersächsische Grünen-Fraktionschef Stephan Wenzel allen Ernstes die Einrichtung von Klimaschutzgerichten zur Aburteilung von Klimaschutzsündern fordert [285].

Von der Politik wird ohne Rücksicht auf Naturgesetze Energie „gewendet", „erzeugt", „erneuert" oder „vernichtet" und mit global unwirksamen Einsparungen an CO_2-Emissionen das Weltklima geschützt. Dabei

5.6 Die Zechpreller

werden die extremen Kosten dieser nutzlosen Aktionen billigend in Kauf genommen. Es ist ferner ein Irrtum anzunehmen, dass Ökologie noch etwas mit Naturschutz zu tun hat. Die Aussage eines der aktivsten deutschen Ökoideologen lässt hieran keinen Zweifel. So äußert sich Prof. Ottmar Edenhofer vom Potsdamer Institut für Klimafolgenforschung absolut unmissverständlich [52]: *„Zunächst mal haben wir Industrieländer die Atmosphäre der Weltgemeinschaft quasi enteignet. Aber man muss klar sagen: Wir verteilen durch die Klimapolitik de facto das Weltvermögen um. Dass die Besitzer von Kohle und Öl davon nicht begeistert sind, liegt auf der Hand. Man muss sich von der Illusion freimachen, dass internationale Klimapolitik Umweltpolitik ist. Das hat mit Umweltpolitik, mit Problemen wie Waldsterben oder Ozonloch, fast nichts mehr zu tun".* Dem ist wenig hinzuzufügen. Die Aussage Edenhofers erinnert an das kommunistische Manifest. Und tatsächlich: früher wurde der arbeitende Mensch ausgebeutet und heute, da inzwischen die Arbeiter zum Urlaub nach Mallorca fliegen, ist es die ausgebeutete Natur. Leider enden solche weltfremden Ideologien immer auf die gleiche Weise – in Unfreiheit, Diktatur und Terror.

Wenn es in naher oder ferner Zukunft an das Bezahlen der Schäden aus der neuen Öko-Ideologie (Energiewende/Klimaschutz) geht, verzehren die Verantwortlichen längst ihre Pensionen. Die gegenwärtige Generation in Deutschland ist ein *ZECHPRELLER*. Für die von ihr verantwortete Verwüstung durch Energiewende und Klimaschutz haften nämlich ihre Nachkommen. Wenn es wenigstens optimistische Zechpreller wären! Aber nein, es sind von den vielen Bedenklichkeiten Verängstigte, die es vergessen haben oder noch zu jung dafür sind, um zu wissen, was wirkliche Bedrohungen bedeuten. Und es sind Dummköpfe. Kleinste Risiken werden als existenzbedrohende Gefahren gefürchtet, dagegen die wirklich gefährlichen Entwicklungen ignoriert. Pessimismus gegenüber dem technischen Fortschritt, Optimismus gegenüber den völlig ungeeigneten Methoden zur Erzeugung von elektrischem Strom und schließlich schiere Dummheit beim Wegwerfen der wirtschaftlichsten und weltweit sichersten Kernkraftwerke sind die Triebkräfte. So schreibt der SPIEGEL vom 3.12.212 in einer Interview-Antwort des Max-Planck-Institutsdirektors und Regierungsberaters Kai Konrad *„Wir geben viel Geld aus, um die Kinder und Kindeskinder jener Menschen zu schützen, die wir gera-*

de verhungern lassen". Um dieses zum Fenster herausgeworfenes Geld locker zu machen, wird auf Propaganda gesetzt. So scheut sich eine kleine, aber mit dem bekannten politischen Rückhalt versehene Gruppe deutscher Klimaforscher nicht, sich auf der Webseite klimafakten.de mit fragwürdigen Aktionen zu engagieren [146]. Die im Vergleich mit der wissenschaftlichen Fachliteratur oft abstrusen Behauptungen auf diesem Blog verfolgt die Absicht Klimaskeptiker unglaubwürdig zu machen. Unter 6.5 werden die Aussagen von klimafakten.de einer nüchternen Realitätsüberprüfung unterzogen. Was schließlich unsere offensichtlich intelligenteren Nachbarnationen über den deutschen Klima- und Ernergiewendewahn denken, ist ein weiteres Thema. Es soll hier besser nicht vertieft werden.

In Diskussionen mit Anhängern der Energiewende ist das Argument zu hören, Deutschland zeige ein Beispiel und sei in der Welt ein Vorbild für Nachhaltigkeit. So ist es, aber anders, als es sich viele vorstellen. Wir werden tatsächlich zum nachhaltigen Beispiel werden: Dafür, wie es nicht funktionieren kann. Warum kommt hierzulande niemand öffentlich auf die Idee, dass ein deutscher Sonderweg, der von keinem Land dieser Erde geteilt wird, ein gefährlicher Irrweg sein könnte? Vielen Älteren unter uns läuft es immer noch kalt den Rücken herunter, wenn von einem deutschen Sonderweg, von einer deutschen Vorreiterrolle oder von einem deutschen Vorzeigebeispiel in der Welt die Rede ist.

Unser Land setzt dennoch in blinder Unbeirrbarkeit und beängstigender Begeisterung den begonnenen Weg fort, sich von energieintensiven Industrien und ökologisch inkorrekten Hochtechnologien zu verabschieden. Ob dies zielstellende Zukunftsorientierung ist? Die in den Köpfen der Bevölkerungsmehrheit betonartig verfestigte Ökoreligion erlegt der Politik Maßnahmen auf, die ohne Rücksicht auf Vermögensverluste, auf Naturgesetze, auf technisch-wirtschaftliche Grundregeln, auf den freien Markt, auf geltendes Recht und auf Natur- und Landschaftsschutz bis zum bitteren Ende durchgeführt werden müssen – mit bekannt deutscher Konsequenz.

Niemand, der die deutsche Geschichte kennt, kann sich der Erkenntnis verschließen, dass die deutsche Intelligenz zum wiederholten Male keine rühmliche Rolle spielt. Sie schaute ohne Gegenwehr zu, wie kalt kalkulierende Ökoideologen mit jahrelanger, geschickt gesteuerter Propaganda

5.6 Die Zechpreller

von „Klimakatastrophen" und "Kernkraftgefahren" die Meinungshoheit übernommen haben. Diese ist inzwischen in allen öffentlichen Bildungseinrichtungen, vom Kindergarten bis zur Hochschule, durch Mithilfe der Medien etabliert. Der Weg in die *Deindustrialisierung* Deutschlands und seine Umgestaltung in einen ökologisch gesteuerten *Überwachungs- und Zuteilungsstaat* ist längst beschritten. Bisher verbindliche demokratische Spielregeln werden über Bord geworfen und Rechtsbrüche bei der Verstaatlichung der Energiewirtschaft billigend in Kauf genommen. Wie es dazu unter der (ehemals konservativen) Regierungspartei CDU/CSU zusammen mit ihrem (ehemals liberalen) Koalitionspartner kommen konnte, wird in dem empfehlenswerten Buch „Die Patin" von Gertrud Höhler analysiert. Die Gleichschaltung aller maßgebenden Parteien, die dem Bürger keine Alternative an der Wahlurne mehr lässt, ist heute traurige Realität. Die Bevölkerungsmehrheit einer der größten Industrienationen ist in Angstpsychose vor der Kernenergie und einer fiktiven Klimakatastrophe erstarrt und erzeugt damit ungläubiges Kopfschütteln in aller Welt. Anderenorts erkennt man dagegen die Realität.

So schreibt die Züricher Weltwoche vom 04.10.2012 auf S. 4:
Seit der Klimakonferenz in Kopenhagen von 2009 machen die Chinesen und Inder klar, dass sie sich nicht einschränken lassen. Und sie stellen den Konsens innerhalb des von Amerikanern und Europäern beherrschten IPCC in Frage. „Es braucht viel mehr Forschung, um offene Fragen zu klären", schrieben führende chinesische Klimaforscher in einer Studie von 2011. Und Chefunterhändler Xie Zhenhua sagte gar an Konferenzen: „Es gibt alternative Positionen, die den Klimawandel auf natürliche Prozesse zurückführen. Wir müssen offen bleiben....

DIE ZEIT vom 28.01.2010 meldet:
In den USA muss sich wohl bald die Bundesumweltbehörde EPA vor Gericht fragen lassen, wie solide die wissenschaftliche Einschätzung sei, auf deren Basis sie CO_2 zum „Luftschadstoff" erklärt hat.

Die Naturwissenschaftliche Rundschau schreibt in Heft 1, S. 31 (2012):
Aufsteigende Industrienationen wie China, Indien und Brasilien stehen den weltweiten Bemühungen, den Ausstoß von CO_2-Emissionen zu sen-

ken, reserviert gegenüber ...... „dass wir noch zu wenig über die natürlichen Kohlenstoffsenken wüssten".

Schließlich gesellt sich auch noch der russische Regierungschef Wladimir Putin zu den Klimaskeptikern:
Putin flog am Montag (23.08.10) mit einem Hubschrauber auf die Insel Samoilowski in der Mündung des Lena-Flusses im Osten Russlands, um dort eine deutsch-russische Forschungsstation zu besuchen. Bei einem Tee mit den dort tätigen Wissenschaftlern bezweifelte der Regierungschef die weit verbreitete Annahme, dass der von Menschen verursachte Ausstoß von Treibhausgasen das Klima auf der Erde verändere [203].

So denkt die Welt – ausgenommen die EU und die Schweiz. Die EU-Mitglieder Polen und Tschechien sind allerdings Häretiker der EU-Klimareligion. Sie kennen sich mit den Folgen von roter Ideologie noch zu gut aus und wollen den Farbentausch von rot nach rot-grün nicht mitmachen. Wir in Deutschland sind wieder einmal im Irrtum konsequent und werden erst nach dem Energiewende-GAU aufgeben. Angesichts unserer Geschichte wäre diese Untergangslust nicht einmal etwas Neues. Die Mitglieder der Ethikkommission, weit überwiegend blutige technische Laien und Öko-Gläubige, beschlossen das Ende der Kernenergienutzung und damit einer sicheren deutschen Stromversorgung. Eines der wenigen fachnahen Mitglieder dieser Kommission, Dr. Jürgen Hambrecht, Vorstandsvorsitzender der BASF, wagte es nicht, sich dem Zeitgeist entgegenzustellen. Hier spielten sicher Befürchtungen eine Rolle, mit offenem Widerstand dem Ruf der BASF als einem ökologisch-bemühten Unternehmen zu schaden. Jürgen Hambrecht versäumte damit die Chance, sich gegen öffentliche Wahnvorstellungen mit hierzulande kaum bekanntem Widerstand in die deutschen Geschichtsbücher einzutragen.

Den für die Energieversorgung Deutschlands ehemals zuständigen Fachleuten verbleibt die Rolle, technisch abartige Pläne von Öko-Ideologen ausführen zu müssen. Die Energiewende muss auch ohne Beachtung der technischen und naturwissenschaftlichen Grundgegebenheiten funktionieren. Hier täuscht sich die Politik, denn solch ein dilettantisches Herumpfuschen funktioniert eben nicht. Man kann nicht Physik durch Politik ersetzen. Mit der „Energiewende" und dem noch unsinnigeren

5.6 Die Zechpreller

„Klimaschutz" werden ohne Sachverstand und mit deutscher Gründlichkeit nur unsere Wirtschaft, unsere Landschaften und unsere Natur ruiniert. Vorteile gibt es keine. Der Laie kann dies infolge unserer Medien, die sich fast alle zu freiwilliger Selbstgleichschaltung mit dem Klima- und Energiewahn entschlossen haben, nur schwer durchschauen; zumindest solange nicht, ehe Windräder vor seinem Haus, ein längerer Black-Out oder seine Stromrechnung ihm die Augen öffnen. Dann wird es zu spät sein. Freilich sollte wenigstens jeder nicht ganz auf den Kopf gefallene Naturschützer erkennen, dass Windturbinen für Flugtiere tödlich sind. Zumindest die Natur- und Tierschützer unter uns müssten daher die moralische Verpflichtung verspüren laut zu protestieren.

Nach historisch bekanntem Muster sieht die Mehrheit der deutschen Bevölkerung nicht nur zu, sondern begrüßt die schädliche Entwicklung auch noch begeistert. Infolgedessen werden nicht einmal mehr politische Mehrheiten benötig. Freiwillig und vorauseilend öffnen Behörden und Bürgermeisterämter ihre Türen der Ökobewegung, ebenfalls mit historisch bekanntem Vorbild. Man will nicht bei den Letzten sein und vom Subventionskuchen möglichst viel abbekommen. Und man möchte natürlich wiedergewählt werden.

Der Konformitätsdruck ist inzwischen so groß, dass sich eine ehemals wertekonservative große Volks- und Regierungspartei das Zerstörungswerk ihrer schärfsten politischen Gegner zu eigen macht. Der ursprünglich als emotionales Zugpferd eingesetzte Natur- und Umweltschutz ist freilich für die kühl rechnenden, zynischen Öko-Ideologen längst lästig und überflüssig geworden. Die Zerstörungen unserer Wälder, um Platz für riesige Windradungetüme zu schaffen, belegen es. Man hat den Umweltschutz sang- und klanglos aufgegeben, weil er dem wahren Zweck der Öko-Ideologie im Wege steht, nämlich die deutsche Industrie zu zerstören. Mit Energieversorgern, Kernkraftwerksunternehmen und der energieintensiven Grundstoffindustrie wie Kupfer, Aluminium und Stahl ist das Werk schon so gut wie vollbracht. Wenn der Weg so weiter geht, werden Chemie und schließlich Maschinenbau und Autoindustrie als nächste an der Reihe sein. Man darf gespannt sein, wer dann noch die Renten oder Pensionen der oft in staatlicher Berufsobhut stehenden Ökokrieger noch aufbringen kann.

Die deutsche Intelligenz in Medienredaktionen, Hochschulen und Führungsetagen von Unternehmen, die diese Entwicklungen und die entstehenden Ökostrukturen nicht billigt, schweigt dennoch, duckt sich weg und versucht zu profitieren. Man fürchtet, gegen die übermächtige Ökobewegung keine Chance zu haben, weil man erkennt, wie sich die Ökobewegung die Unterstützung einer überwältigenden Mehrheit der deutschen Medien und der Politik gesichert hat. Zum wiederholten Male in der deutschen Geschichte verweigert sich daher die deutsche Intelligenz dem entschiedenen Widerstand gegen Entwicklungen, deren Unheilspotential nicht zu übersehen ist. Die Gründe für das Gewährenlassen von Bewegungen mit undemokratischen Zielen waren und sind hierzulande immer die gleichen: *Unterschätzung der Gefahr, Bequemlichkeit, Karriere-, Konsens- und Profitstreben*. Zivilcourage ist kein deutsches Wort.

Die deutsche Klima- und Energiepolitik ist rational nicht mehr nachvollziehbar. Auffällig ist das sich über viele Jahre erstreckende Verlassen einer gemäßigt kritischen Klima-Sichtweise [14] bis hin zu einer an Diktaturen gemahnenden Klima-Doktrin, die wissenschaftliche Gegenargumente *„nicht einmal ignoriert"*. Das unaufhaltsame Umschwenken wurde nicht mit gesicherten wissenschaftlichen Erkenntnissen begründet, denn die gab es nicht. Die entlastenden Erkenntnisse über eine anthropogene Erwärmungshypothese traten im Gegenteil immer deutlicher hervor, wobei die Natur mit ihrer inzwischen 18 Jahre andauernden Abkühlungsphase mithalf. Die Politik scherte sich nicht darum. Infolge des heute geübten Fraktionszwangs in unseren Parlamenten ist von Abgeordneten, welche die offizielle Klima- und Energiepolitik nicht mittragen wollen, kein Widerstand zu erwarten. Würden sie ihn leisten, wäre ihr Listenplatz bei der nächsten Wahl weg.

Nicht nur in der Klima- und Energiepolitik hebelt der Fraktionszwang unsere Demokratie aus, denn er hindert die von uns gewählten Volksvertreter, ihrem geleisteten Amtseid folgend, nach eigenem Wissen und Gewissen politisch zu entscheiden.

Schlussendlich bietet die Klima- und Energiewende-Berichterstattung unserer Medien den besten Maßstab für die Beschädigung der demokratischen Kultur unseres Landes. Als stellvertretendes Beispiel sei die Frankfurter Allgemeine Zeitung (FAZ) angeführt, in welcher ihr ehemaliges „Markenkennzeichen", eine distanziert kritische Haltung und Berichterstattung, verschwunden ist. Die Auflagenstärke der FAZ ist vermutlich nicht zuletzt dieses Mangels wegen inzwischen im freien Fall. Internet-Zeitschriften oder -Foren übernehmen heute die für eine funktionierende Demokratie freier Bürger dringend benötigte Rolle schonungsloser kritischer Berichterstattung, welche die Printmedien und die öffentlich-rechtlichen Sender nicht mehr leisten wollen – oder dürfen? Der Mehltau politischer Korrektheit, des Verschweigens von nicht genehmen Fakten, ökoideologischer Belehrungen und einer an die ehemalige DDR erinnernden Klima- und Energiewende-Propaganda haben sich wie eine erstickende Decke über unser Land gelegt.

Wie sich die Entwicklung zu der neuen Pseudo-Religion des „Klimaschutzes" vollzog, schildert das ausgezeichnete Buch von Rupert Darwall, „The Age of Global Warming" (zur Zeit nur in Englisch erhältlich). Man erfährt in allen Details, wie und mit welchen Methoden sich Politiker weltweit die AGW-Hypothese zu eigen machten, um damit ihre politische Karriere voranzutreiben. Leider erfährt man von R. Darwall nichts über die Kräfte, die hinter diesen Politikern standen und immer noch stehen. Um Pseudo-Religionen für dedizierte politische Ziele zu etablieren, werden die schon von Friedrich Schiller, Friedrich Nietzsche und Karl Marx beschriebenen Mechanismen genutzt, welche bereits mehrfach in der Geschichte der Menschheit schlimme Zeitgeisterscheinungen verursachten, nämlich: *„Verstand ist stets bei wenigen nur gewesen", „Die Unvernunft einer Sache ist kein Grund gegen ihr Dasein, sondern eine Bedingung derselben",* und *„Die Idee wird zur materiellen Gewalt, wenn sie die Massen ergreift.".*

Was bleibt? Von fachnahen Naturwissenschaftlern und Klimarealisten erwartet, haben sich die IPCC-Voraussagen nicht erfüllt. Etwa um 1996 hat trotz steigender CO_2-Emissionen eine neue Abkühlungsphase begonnen, die noch andauert. In einigen Jahren werden wir den Klimawandel so beurteilen wie jetzt das Waldsterben. Und wir werden bedauern, dass soviel Geld für den praktischen Umweltschutz verloren gegangen ist, weil es für einen vermeintlich notwendigen Klimaschutz gegen jede Vernunft verausgabt wurde.

6 Anhang

Der Anhang enthält detailliertere technische Informationen, die im Buchtext der besseren Übersicht und Lesbarkeit wegen keinen Platz finden konnten. Neben den hier aufgeführten Anhängen werden aus Platzgründen auch noch „externe" Anhänge verwendet. Diese sind im Internet – auf der Webseite des Europäischen Instituts für Klima und Energie (EIKE) – als pdf-Dokumente abgreifbar. Die zugehörigen Internet-Links für den Zugriff werden im Buchtext angegeben [66]. Sollte sich an der Zugänglichkeit der externen Anhänge etwas ändern, wird eine entsprechende Information auf der Seite des expert-Verlags gegeben (s. hierzu das Vorwort zum Buch). Zu den Abschätzungsrechnungen ist anzumerken, dass es dabei um zutreffende Größenordnungen, nicht um Genauigkeit im Detail geht.

6.1 Windkraftanlagen und Solarzellen

Herleitung des Potenzgesetzes für Strömungsmaschinen
Die kinetische Energie eines Volumenelements dV [m^3] von Luft der Dichte ρ [kg/m^3] und der Geschwindigkeit v [m/s] ist $E = \frac{1}{2}mv^2 = \frac{1}{2}\rho v^2 dV$ [Ws]. Pro Zeiteinheit trifft auf die Fläche A senkrecht zum Luftstrom das Luftvolumen v · A, so dass die maximal zur Verfügung stehende Windleistung P$_W$, die frei wird, wenn der Wind vollständig abgebremst würde, durch $P_W = \frac{1}{2}\rho A v^3$ gegeben ist. Da der Wind nicht völlig abgebremst werden kann, ist dieser Ausdruck noch mit dem Wirkungsgrad zu multiplizieren, der etwa bei 0,4 liegt. P$_W$ ist also proportional zur dritten Potenz der Strömungsgeschwindigkeit v^3.

Wie viele Windräder entsprechen einem Kernkraftwerk?
Der Gesamtstromverbrauch der Bundesrepublik im Jahre 2010 betrug

6 Anhang

600 TWh. Es waren 17 Kernkraftwerke (KKW) im Einsatz, der Kernenergieanteil an der Gesamtstromerzeugung betrug 22% (Bild 3.8 unter 3.4), das sind insgesamt $6 \cdot 10^{11} \cdot 0{,}22 = 1{,}3 \cdot 10^{11}$ kWh. Pro einzelnes KKW ergeben sich daraus $1{,}3 \cdot 10^{11} / 17 = 7{,}6 \cdot 10^{9}$ kWh. Auf der anderen Seite waren in 2010 etwa 22.000 Windräder installiert, die etwa 6% der Gesamtstromerzeugung ausmachten. Jedes Windrad erzeugte daher im Schnitt $6 \cdot 10^{11} \cdot 0{,}06 / 22000 = 1{,}6 \cdot 10^{6}$ kWh pro Jahr. Jedem KKW sind daher rechnerisch $7{,}6 \cdot 10^{9} / 1{,}6 \cdot 10^{6} \approx 5000$ Windräder gleichwertig. Bei einem Rotordurchmesser von angenommenen 120 m und einem geforderten Mindestabstand in Windrichtung des 6-fachen Rotordurchmessers liefert unsere Abschätzung somit $5000 \cdot 700 = 3{,}5 \cdot 10^{6}$ m = 350 km Windräder in Windrichtung hintereinander, die **nur rechnerisch** ein Kernkraftwerk ersetzen könnten, denn der Fluktuationsausgleich ist noch nicht erfasst.

Welchen Flächenbedarf haben Windradparks?
Im Jahre 2014 brachten insgesamt 24.000 Windräder 9,14% der jährlichen deutschen Stromerzeugung von 614 TWh auf. Damit sind rund $100/9{,}14 \cdot 24.000 = 262.580$ Windräder für die Erzeugung der Gesamtstrommenge nötig. Wir gehen wieder von $700 \cdot 500 = 3{,}5 \cdot 10^{5}$ m² = 0,35 km² Flächenbedarf für ein einzelnes Windrad in einem Windradpark aus. Die Bundesrepublik müsste demnach eine Gesamtfläche von $0{,}35 \cdot 262.580 \approx 92.000$ km² für Windräder zur Verfügung stellen. Diese Fläche ist größer als die ganz Bayerns von 70.550 km². Die Abschätzung geht von jahres- und ortsgemittelten Werten über ganz Deutschland aus – inklusive Offshore. Eine brandneue wissenschafliche Publikation [182] bestätigt diese Abschätzung bestens. In ihr wird nachgewiesen, dass pro Quadratmeter Bodenfläche mit Windradparks nur weniger als 1 W Leistung zu „ernten" sind. Rechnet man damit, kommt man wieder auf mehr als die Fläche Bayerns um die Gesamtstrommenge Deutschlands vom Jahre 2014 zu erhalten.

Welchen Flächenbedarf haben Photovoltaik und Biosprit?
Die analoge Rechnung ist mit den unter 3.3 erwähnten jährlichen 90 kWh Jahresertrag pro m² Photofläche einfach. 614 TWh sind $630 \cdot 10^{9}$ kWh, dies durch 90 kWh geteilt, liefert $7 \cdot 10^{9}$ m² oder 7000 km². Das

ist etwa die dreifache Fläche des Saarlandes.

Biosprit braucht 0,5 ha (1 ha = 10.000 m^2) für 1 kW gemittelte Stromleistung [21], macht 17.520 kWh Stromenergie für 1 ha im Jahr. Der gesamte Strombedarf in 2014, geliefert von Biosprit, benötigt dann etwa die Gesamtfläche Deutschlands.

6.2 Abfall bei 100% Kernkraft aus Brutreaktoren

Wir gehen von dem unter 3.2.2 beschriebenen Vollszenario eines zukünftigen jährlichen pro Kopf Verbrauchs von 10 MWh elektrischen Stroms aus. Dieser Strom wird ausschließlich von Brutreaktoren erzeugt. Es ist nun zu zeigen, dass 100 g Kernbrennstoff ausreichen, um den Strombedarf eines zukünftigen Erdbewohners über seine gesamte Lebenszeit von angenommenen 80 Jahren zu decken.

Beim Spaltprozess werden etwa 0,1% der Atommasse des Kernbrennstoffs als nutzbare Energie freigesetzt. Die Masse eines Nukleons beträgt rund $1{,}6 \cdot 10^{-27}$ kg. Damit enthalten 100 g Kernbrennstoff $0{,}1/1{,}6 \cdot 10^{-27}$ $\approx 6 \cdot 10^{25}$ Nukleonen. Ein Nukleon entspricht gemäß der Einstein-Gleichung E = m·c^2 rund 1000 MeV Energie – das eV ist nur eine weitere, in der Kernphysik gebräuchliche Maßeinheit für Energie –, es gilt die Äquivalenz von 1 eV $\approx 1{,}6 \cdot 10^{-19}$ J. 0,1% von 1000 MeV sind 1 MeV, so dass die aus 100 g gewonnene Spaltenergie $6 \cdot 10^{25}$ MeV beträgt. Damit können wir jetzt wieder in die gewohnten J (= Ws) umrechnen: $6 \cdot 10^{25}$ MeV = $6 \cdot 10^{31}$ eV = $1{,}6 \cdot 6 \cdot 10^{31} \cdot 10^{-19}$ J $\approx 10^{13}$ J. Mit dem Wirkungsgrad 0,3 sind es schließlich $0{,}3 \cdot 10^{13}$ J. Die Umrechnung von Ws in kWh liefert $0{,}3 \cdot 10^{13}/(3600 \cdot 1000) \approx 800.000$ kWh. Der über 80 Jahre menschlicher Lebenszeit aufaddierte jährliche pro Kopf Verbrauch von 10.000 kWh liefert den gleichen Wert von 800.000 kWh.

Etwas umständlicher ist die Berechnung der Radioaktivität dieses Abfalls von 100 g mit dem Ergebnis von 700 mSv pro Jahr [227]. Diese Radioaktivität ist abzuschirmen, was wegen der hier maßgebenden „weichen" γ-Strahlung bereits mit Blei von 5 cm Dicke möglich ist. 100 g Substanz, mit Blei abgeschirmt, entsprechen Schokoladentafelgröße. Die langfristige Unterbringung eines solchen Volumens – eine „Schokoladentafel aus Bleiumhüllung mit 100 g Inhalt" pro Erdbewohner über seine gesamte Lebenszeit – dürfte wohl problemlos sein. Der überwiegende Teil der Spaltprodukte ist lediglich ein paar Jahrzehnte hochradioaktiv. Nur ca. 25 g müssen über Jahrhunderte gelagert werden und sind anschließend wertvolle seltene Metalle. Die wirklich endzulagernden langlebigen Spaltprodukte wiegen nur wenige Gramm.

6.3 Energiereserven und CO_2-Anstieg

Der Menschheit stehen gemäß Bundesanstalt für Geowissenschaften und Rohstoffe (BGR) grob 1300 GtC als Ressourcen (Kohle) zur Verfügung. Erdöl wird bei der Abschätzung vernachlässigt, Gas ebenfalls. Ferner wird vernachlässigt, dass die airborn fraction (AF) von heute 45% in Zukunft stetig abnimmt (s. unter 4.9.2). Die vorgenommene Schätzung dürfte demnach zu ungünstig ausfallen, d.h, zu hohe CO_2 Konzentrationen ergeben. Das Carbon Dioxide Information Analysis Center (CDIAC) gibt die Äquivalenz von 1 GtC in 0,47 ppm CO_2 an [38]. 1300 GtC entsprechen somit rechnerisch $1300 \cdot 0{,}47 = 611$ ppm Konzentrationsanstieg in der Atmosphäre. Da wir heute bereits eine AF von 45% messen, d.h. von 100% anthropogenem CO_2 gehen nur 45% in die Atmosphäre, werden aus den 611 ppm nunmehr grob 300 ppm. Dies ist ungünstig geschätzt, denn die AF wird zwangsweise noch weiter abnehmen. Fazit: Selbst eine Verdoppelung der heutigen CO_2-Konzentration ist durch fossile Brennstoffverbrennung nicht erreichbar.

6.4 Welche Klimawirkung hat CO_2-Vermeidung?

Blicken wir zunächst nur auf Deutschland! Als Berechnungsgrundlage dient der detaillierte EU-Beschluss, Deutschland solle bis zum Jahre 2020 seine Emissionen um 14% gegenüber dem Jahre 2005 verringern, ferner die ungünstigen Zahlenangaben des Weltklimarats IPCC über die Klimawirkung des CO_2 mit fiktiven Rückkoppelungen – wir nehmen hilfsweise den unrealistisch hohen Wert von 3 °C globaler Erwärmung bei CO_2-Konzentrationsverdoppelung an. Gemäß dem IPCC betrug der Kohlendioxidgehalt der Erdatmosphäre im Jahre 2005 etwa 380 ppm oder 0,038%. Der Konzentrationszuwachs beträgt rund 2 ppm pro Jahr.

6.4 Welche Klimawirkung hat CO_2-Vermeidung?

Das ergibt eine Steigerung von 15·2 = 30 ppm in den 15 Jahren von 2005 bis 2020. Der deutsche Beitrag an den weltweiten CO_2-Emissionen beläuft sich aktuell (2012) auf 2,5% (s. Bild 3.2 unter 2). Man erhält als deutschen Anteil an den besagten 30 ppm demnach 30·0,03 = 0,9 ppm. Hiervon sollen nun gemäß EU-Beschluss 14% eingespart werden. Das sind 0,9·0,14 ≈ 0,13 ppm. Wir nehmen, wie eingangs erwähnt, die globale Temperatursteigerung von 3 °C bei CO_2-Konzentrationsverdoppelung an. Der oben berechnete deutsche Einsparungsanteil von 0,13 ppm entspricht demnach einer Temperaturabsenkung von 3·(0,13/380) ≈ 0,001 °C. Dieser Wert ist unmessbar!

Nehmen wir hilfsweise an, alle Länder der Welt würden sich dem EU-Beschluss anschließen, was mit Sicherheit nicht erfolgen wird. Wie würde sich dann die globale Mitteltemperatur bis 2020 verringern? Hierzu ist in die obige Rechnung an Stelle von 0,9 ppm der volle Wert von 30 ppm einzusetzen. Man kommt damit auf grob 0,03 °C. Wirft man nun gar einen Blick auf das Jahr 2100, sind es beim letztgenannten, weltweiten Einsparungsszenario gemäß den EU-Umweltkommissaren 0,03·(95/15) ≈ 0,2 °C. Hierbei waren gleichbleibende CO_2-Emissionen weltweit angenommen, ferner ein entsprechender linearer Anstieg des CO_2 in der Atmosphäre. Beide Annahmen treffen aber in längeren Zeiträumen als 15 Jahren nicht mehr zu. Zumindest von der Annahme eines zu den anthropogenen CO_2-Emissionen proportionalen CO_2-Anstiegs der Atmosphäre wissen wir sogar definitiv (s. unter 4.9.2), dass sie falsch ist. Wir wissen auch, dass 3 °C oder gar mehr bei CO_2-Verdoppelung eine Klima-Modell-Fiktion ist (s. unter 4.9.3 und 4.11). Daher erweist sich selbst der hier unter den ungünstigsten Annahmen berechnete, sehr kleine Wert von 0,2 °C Temperaturerhöhung bis zum Jahre 2100 als hoffnungslos überschätzt. Daraus folgt weiter, dass **die CO_2-Vermeidungspolitik der EU und der wenigen, sich dieser absurden Politik anschließenden Länder nichts als ein sehr kostspieliger, auf unzureichender Sachinformation beruhender und von grünen Ideologen propagierter Irrtum ist. Mit Umweltschutz hat diese Politik nichts zu tun**.

6.5 Realitätsüberprüfung von klimafakten.de

Die den Klimaskeptikern zugeschriebenen und zum Teil in den Mund geschobenen Behauptungen, welche der Blog klimafakten.de [146] zu widerlegen behauptet, sind nachfolgend kursiv gesetzt. Darunter steht der Kommentar des Buchautors. In ihm wird der Klima-Alarmismus von klimafakten.de gemäß Realität und Stand der wissenschaftlichen Fachliteratur zurechtgerückt. Wenn man sich die Namen im wissenschaftlichen Beirat dieses Blogs ansieht, staunt man nicht schlecht über den verzapften sachlichen Unsinn. Der Qualität der deutschen Klimaforschung stellt der Beirat, so er für den Bloginhalt verantwortlich zeichnen sollte, nicht gerade ein leuchtendes Zeugnis aus.

1) *Skeptiker: Klimawandel gibt es nicht.*
Dem Buchautor ist kein ernst zu nehmender Klimaskeptiker bekannt, der solches behauptet. Wie mag wohl klimafakten.de auf diesen Unsinn kommen? Jeder aufgeweckte Schüler weiß es: Steter Klimawandel ist naturgesetzlich, es gibt kein konstantes Klima. Es gibt auch kein globales Klima, nur Klimazonen von tropisch bis polar.

2) *Skeptiker: Die Temperaturdaten sagen etwas anderes/sind nicht verlässlich.*
Die Temperaturdaten sagen etwas anderes/sind nicht verlässlich? Welcher Klimaskeptiker soll denn so etwas behaupten? Fakt und Aussage der Klimaskeptiker ist dagegen: Es hat sich im 20. Jahrhundert zweifellos weltweit erwärmt, auf der Nordhalbkugel mehr, der Südhemisphäre weit weniger. Das Ausmaß dieser Erwärmungen fügt sich zwanglos in alle nachgewiesenen früheren Temperaturänderungen ein. In der Klimavergangenheit gab es unzählige Male Temperaturvariationen, die schneller und stärker waren als heute (Ende der Weichsel-Kaltzeit, kleine Eiszeit Ende des 17. Jahrhunderts usw., s. unter 4.8). Ein menschgemachter Einfluss auf Erdtemperaturen ist daher zur Erklärung der Erwärmung im 20. Jahrhundert nicht erforderlich. Dies ist kein Beweis, dass es ihn nicht gibt. Es ist bis heute allerdings keine Fachveröffentlichung bekannt, in welcher dieser Einfluss beweiskräftig nachgewiesen werden konnte. Versuche gab es unzählige. Schlussendlich spricht die unterschiedliche

6.5 Realitätsüberprüfung von klimafakten.de

Erwärmung der beiden Erdhemisphären gegen anthropogenes CO_2. Dieses verbreitet sich über den ganzen Globus. Infolgedessen müsste auch seine Erwärmungswirkung überall gleich stark sein.

3) *Skeptiker: In Wahrheit wird es kühler.*
Das trifft zu. Seit 1996 kühlt es sich weltweit wieder ab. Dies belegen die Messungen aller meteorologischen Stationen weltweit. Zusammen mit der langen Abkühlungsphase von etwa 1945 bis 1975 ergibt sich daraus zumindest die logische Konsequenz, dass die Erwärmungswirkung des anthropogenen CO_2 nur unmaßgeblich klein sein kann.

4) *Skeptiker: Das Eis schmilzt nicht (so stark).*
Gletscherschmelzen und -Zunahmen sind natürlicher Teil der Klimageschichte (s. unter 4.5.2 und 4.5.4). Das, was wir heute weltweit beobachten und messen, fügt sich – wie auch bei den bodennahen Temperaturen – zwanglos in die aus der Vergangenheit bekannten Veränderungen ein. Von ungewöhnlichen Vorgängen kann keine Rede sein, schon gar nicht vom Abschmelzen des Grönlandgletschers (s. unter 5.2). Selbst mit den vom IPCC genannten, fiktiven zukünftigen Temperatursteigerungen würde dieser Vorgang mehr als zehntausend Jahre dauern. In den Holozänmaxima (Stein- und Bronzezeit) waren die Alpengletscher schon einmal fast verschwunden. Dies belegen gemäß dem Glaziologen Prof. Gernot Patzelt unzählige Funde von Baumresten unter heutigen Gletscherzungen in Hochlagen [207], wo aktuell keine Bäume mehr wachsen. Die überreiche römische Literatur berichtet über fast alle Einzelheiten, Gletscher kommen aber bei den unzähligen Alpenüberquerungen römischer Truppen in der das Mittelalter übertreffenden römischen Warmzeit niemals vor.

5) *Skeptiker: Die Meeresspiegel steigen nicht (so stark).*
Man kann für viele hundert Jahre vor unserer aktuellen Zeit einen natürlichen Meeresspiegelanstieg nachweisen (s. unter 4.5.3). Seit Ende der letzten Kaltzeit beträgt der Anstieg insgesamt grob 130 Meter. Aktuell wird er verlässlich zu etwa 3 mm pro Jahr gemessen. Die moderne Satellitenaltimetrie zeigt keine Veränderung. Ein menschgemachtes Signal ist bis heute in Meeresspiegelveränderungen nicht aufzufinden.

6 Anhang

6) *Skeptiker: Im Mittelalter war es wärmer als heute.*
In den klimafakten.de wird dies zwar eingeräumt, aber behauptet, das mittelalterliche Wärmeoptimum sei ein lokales Phänomen der Nordhalbkugel gewesen. Diese Behauptung ist falsch. Alle ausreichend weit zurückreichenden Stalagmiten-, Baumring- und Sedimentanalysen **weltweit** belegen die mittelalterliche Warmzeit als globales Phänomen.

7) *Skeptiker: Der CO_2-Anstieg ist nicht Ursache sondern Folge des Klimawandels.*
Welcher Klimaskeptiker behauptet dies in Allgemeinheit? Tatsächlich trifft die Aussage nur für die Klimavergangenheit zu. Seit der industriellen Revolution verantwortet dagegen der Mensch den ansteigenden CO_2-Gehalt der Atmosphäre.

8) *Skeptiker: Trotz steigender CO_2-Emissionen kühlte sich die Erde von 1945 bis 1975 ab.*
klimafakten.de macht hierfür Aerosole aus Kohlekraftwerken verantwortlich. Dies ist eine unbelegte Hypothese. Bis heute arbeiten viele chinesische Kohlekraftwerke, die immer noch fast im Wochentakt neu gebaut werden, ohne ausreichende Filter. Es werden auch zahlreiche weitere Ursachen diskutiert. Fakt ist, dass man den Grund für die Abkühlungsphase nicht kennt. Wenn die Aerosol-Hypothese zuträfe, entsteht die weitere Frage, was für die jüngste Abkühlungsperiode verantwortlich ist.

9) *Skeptiker: Ganz andere Dinge sind für den Klimawandel verantwortlich als anthropogenes CO_2.*
Hiermit wird der wohl interessanteste Punkt angesprochen. klimafakten.de behauptet wörtlich: „Fakt ist: Nur menschliche Emissionen von Treibhausgasen können den derzeitigen Klimawandel erklären". Dies ist eine bemerkenswerte wissenschaftliche Bankrotterklärung. Es wurde bereits erwähnt, dass es bis heute keinen Nachweis für eine Beeinflussung des Menschen auf Erdtemperaturen gibt. Weil etwas nicht nachgewiesen werden kann, nimmt klimafakten.de nunmehr eine bevorzugte Hypothese, lässt salopp alle anderen Hypothesen weg und bezeichnet die eigene Hypothese als Fakt. So funktioniert ordentliche Wissenschaft nicht.

6.5 Realitätsüberprüfung von klimafakten.de

Gemäß Fachliteratur die nüchterne Realität ist dagegen: man kennt die Gründe für die angesprochenen Klimaänderungen nicht, insbesondere auch die nicht des 20. Jahrhunderts. Die von vielen Klimaforschern propagierte Hypothese vom Sonneneinfluss ist auch nur eine Hypothese. Sie hat allerdings den Vorzug, zunehmend mit Belegen gestützt zu werden und erscheint heute als die beste Erklärung. Nur zukünftige Forschung kann entscheiden.

10) *Skeptiker: Die Sonne verursacht den Klimawandel.*
Eine Antwort wurde bereits unter dem vorigen Punkt gegeben. klimafakten.de sollte sich besser informieren, wenn es fälschlich behauptet „Die Wissenschaft kennt keinen physikalischen Prozess, der erklären könnte, wie die Sonne trotz gleichbleibender oder leicht abnehmender Aktivität den in den vergangenen Jahrzehnten beobachteten Temperaturanstieg der Erde bewirkt haben soll." Abschnitt 4.10 kann bei dieser Information behilflich sein, falls klimafakten.de die inzwischen in vielen Fachartikeln publizierte Wirkungskette „Sonnenmagnetfeld, kosmische Strahlungsvariation, Aerosolbildung, Wolkenbildung, Klimawirkung" tatsächlich noch nicht kennen sollte. Fakt ist, dass dieser physikalische Prozess bestens bekannt ist, veröffentlicht ist, diskutiert wird und man ihn mit dem CERN-Experiment CLOUD messtechnisch erforscht. Richtig ist, dass der in Rede stehende Prozess in den Details noch ungeklärt ist.

11) *Skeptiker: Die Folgen des Klimawandels sind nicht (so) schlimm.*
Diese Aussage Klimaskeptikern zu unterstellen ist absurd. Es geht nicht um Klimawandel schlechthin, sondern um einen menschgemachten Einfluss auf ihn. Unter 4.8 wurde dargelegt, dass es bis heute keinen Nachweis für einen anthropogenen Klimaeinfluss gibt. Das ist Fakt gemäß dem heutigen wissenschaftlichen Stand, wie er der Klimafachliteratur entnommen werden kann. Die Folgen des *natürlichen* Klimawandels können dagegen, was wohl jedem historisch Kundigen bekannt sein dürfte, sehr schlimm sein. Niemand bestreitet dies. Sie waren es zumindest in der Vergangenheit. Die kleine Eiszeit Ende des 17. Jahrhunderts belegt es mit ihren Missernten, Hungersnöten und Seuchen. Da bis heute keine Klimabeeinflussung durch den Menschen nachweisbar ist, propagieren viele Fachleute Anpassungsmaßnahmen an Stelle der kostspieligen CO_2-

6 Anhang

Vermeidung, deren Wirkung mehr als fragwürdig ist (s. unter 6.4 und 4.9.2). Das Geld für Schutzmaßnahmen kann nämlich nur einmal ausgegeben werden. Dieser Auffassung schließt sich der Buchautor an. Das Beharren auf CO_2-Vermeidung wider alle wirtschaftliche und technische Vernunft macht klimafakten.de unglaubwürdig. Es lässt den Schluss zu, dass hier andere Ziele als die „Klimarettung der Welt" verfolgt werden (s. unter 5.).

12) *Skeptiker: Es gibt keinen wissenschaftlichen Konsens zum Klimawandel.*
Hierzu behauptet klimafakten.de „Fakt ist: 97% der Klimaforscher sind überzeugt, dass der Mensch den Klimawandel verursacht". Diese abstruse Aussage von klimafakten.de braucht hier nicht weiter kommentiert zu werden. Die Realität ist in 4.13 geschildert und belegt. 97% treffen (vermutlich) für die deutschen Medien und Politik zu. Was haben die aber mit der Wissenschaft zu tun?

13) *Skeptiker: Die Klimamodelle sind falsch/nicht verlässlich.*
Diese Aussage der Klimaskeptiker trifft zu, näheres unter 4.11. Klimamodelle sind fraglos für viele wissenschaftliche Detailaussagen nützlich. Globale Prognosen aus Klimamodellrechnungen über viele Jahrzehnte sind dagegen wissenschaftlich nicht mehr wert als Lesen aus dem Kaffeesatz.

14) *Skeptiker: Das IPCC ist alarmistisch, Klimaforscher betrügen die Öffentlichkeit usw.*
Wenn schon, dann muss es „einige der dem IPCC zuarbeitenden Klimaforscher" heißen. Die überwiegende Zahl aller Klimawissenschaftler sind integere Leute. Zur Betrugsproblematik von wenigen, aber dafür umso einflussreicheren Klimaforschern Stellung zu nehmen fühlt sich der Buchautor nicht bemüßigt. Das mögen andere tun. Jeder nicht auf den Kopf gefallene Zeitgenosse kann sich sehr gut sein eigenes Bild aus den Texten der in die Öffentlichkeit gelangten E-Mails von Climategate machen (s. unter 5.4.1 und weiter unter 5.4.4 und 5.4.5). Whitewashing imponiert intelligenten Lesern nicht, allenfalls Gläubigen.

7 Literaturverzeichnis

[1] http://tinyurl.com/nmk7h7q

[2] H.I. Abdussamatov: Applied Physical Research, 4 (2012), http://tinyurl.com/ccv7r9b

[3] http://100-gute-antworten.de

[4] S-I. Akasofu: Natural Science, Vol. 2, No. 11 (2010), http://tinyurl.com/nqpwz9y

[5] Die Klimazwiebel, 11.9.2012, http://tinyurl.com/8f2s95z

[6] D'Aleo: SPII (2010), http://tinyurl.com/y8ghyrr

[7] http://tinyurl.com/8plb2nb,
Rober B. Laughlin, Der letzte macht das Licht aus, Die Zukunft der Energie, Piper (2012), S. 101, 201, 291

[8] http://tinyurl.com/3vhxpjj

[9] http://de.wikipedia.org/wiki/Polare_Eiskappen, http://tinyurl.com/6mvorjt

[10] http://de.wikipedia.org/wiki/Argo_(Programm)

[11] http://tinyurl.com/5x27nn

[12] http://tinyurl.com/9a5w9gk
EU-Projekt will Stromverbrauch im Auto reduzieren
http://tinyurl.com/bvvly6l

[13] http://www.konrad-fischer-info.de/

7 Literaturverzeichnis

[14] Bundesministerium für Bildung und Forschung, S. 10 unten (2003)
http://tinyurl.com/9shn8em

[15] R.Scholz et al.: Considerations on providing the energy needs using exclusively renewable sources: Energiewende in Germany, and Sustainable Energy Reviews, 35, 100-125 (2014),
Download 2012-177, http://tinyurl.com/l9fvlkh,
H-W. Sinn, ifo Institut: Energiewende ins Nichts, Uni München,
http://tinyurl.com/q5uq42f

[16] http://tinyurl.com/bm6bo43,
http://de.wikipedia.org/wiki/Berkeley_Earth_Surface_Temperature

[17] www.bfs.de/de/ion/wirkungen/risikoabschaetzung.html,
www.unscear.org, http://tinyurl.com/3bvmn8x

[18] http://tinyurl.com/7nbepka

[19] http://de.wikipedia.org/wiki/Bindungsenergie

[20] de.wikipedia.org/wiki/Biogasanlage

[21] A. Hartmann: Statist. Monatsheft Baden-Württemberg 7/2008,
http://tinyurl.com/br9hlmb

[22] G. Krüger, Energie - was jeder darüber wissen muss, TvR (2008),
FAZ vom 2.10.2007, "Biosprit in der Klimafalle, Lachgas aus Rapsdiesel: Nobelpreisträger Crutzen klagt an",
http://tinyurl.com/ydy7xv4,
FAZ vom 5.5.2007, "Zuckerrohr und Peitsche",
DIE ZEIT, Nr. 15, vom 4.4.07, "Raubbau am kostbarsten Gut",
http://www.zeit.de/2007/15/Nestle-Interview-Brabeck,
http://tinyurl.com/7mma2f8

[23] http://tinyurl.com/975f4dx, http://tinyurl.com/9twbbfa

[24] Deutscher Bundestag, Drucksache 17/5672 (2011),
http://tinyurl.com/6prcnd2

[25] Bundesministerium Umwelt, Naturschutz und Reaktorsicherheit, http://tinyurl.com/o9ekgd6, http://tinyurl.com/4ua3mye, http://tinyurl.com/9qzxrbz

[26] Bayerisches Landesamt für Umwelt, http://tinyurl.com/c3pt9yz

[27] Informationsdienst Wissenschaft (2003), http://idw-online.de/pages/de/news71434

[28] R.J. Braithwaite, http://tinyurl.com/p4pp2yk

[29] www.uni-protokolle.de/Lexikon/Brutreaktor.html,
de.Wikipedia.org/wiki/Brutreaktor,
de.Wikipedia.org/wiki/Kernkraftwerk_Kalkar

[30] Im Physikjournal vom 20. Sept. 2013 der deutschen physikalischen Gesellschaft (DPG) von Prof. Konrad Kleinknecht, ehem. Vorstandsmitglied der DPG, http://tinyurl.com/kq2h7eg,
http://de.wikipedia.org/wiki/Konrad_Kleinknecht,
Im holländischen Standaard von H. Labohm,
http://tinyurl.com/pcq6p8u, http://tinyurl.com/nn2wbbu,
http://de.wikipedia.org/wiki/Hans_Labohm,
Als Sonderschrift der Hayek Gesellschaft Wien von Roland Fritz,
Im Blog "kalte Sonne" von Vahrenholt/Lüning,
http://www.kaltesonne.de/?p=12382,
Im Blog Donner + Doria des WELT Kolumnisten Uli Kulke,
http://donnerunddoria.welt.de/page/2/,
In den Badischen neuesten Nachrichten am 3.1.2014,
In der Internationale Zeitschrift für Kernenergie, atw, 59, S. 266 (2014) issue 4.,
Im Europäischen technischen Fachverband für die Strom- und Wärmeerzeugung VGB Powertech, 4, S. 95 (2014),
In den Betriebswirtschaftlichen Nachrichten für die Landwirtschaft BN, 3/2014, S. 27,
Erwähnungen:
In der Jungen Freiheit (JF) Nr. 39/13, 20. Sept. 13 28. Jahrgang,

7 Literaturverzeichnis

S. 12 "Deutscher Irrweg: Energiekosten, Eine ganz große Koalition betreibt Politik gegen die Bürger", in der Schweizer Weltwoche, Heft 39.13 "Skeptiker im Aufwind".

[31] www.bom.gov.au/cyclone/climatology/trends.shtml

[32] http://tinyurl.com/6o6uzz6, http://tinyurl.com/l9clydd, idw-online.de/de/news486279, http://tinyurl.com/8hepz5m

[33] Bundesamt für Strahlenschutz, http://www.bfs.de/de/ion/wirkungen/hormesis.htm

[34] Bundesministerium für Wirtschaft und Technologie, www.bmwi.de/BMWi/Navigation/energie.html

[35] Came et al., nature, 449, 13 (2007), http://tinyurl.com/bnhqxv5, http://tinyurl.com/cf5bmd3

[36] J.G. Canadell:PNAS, 104 (2007), http://tinyurl.com/bekh7v

[37] de.wikipedia.org/wiki/Carnot-Kreisprozess

[38] http://tinyurl.com/papedtz

[39] Chen et al.: Journal of American Physicians and Surgeons (2004), www.jpands.org/vol9no1/chen.pdf
S-L. Hwang, Estimates of relative risks for cancers in population after prolonged low-dose rate radiation exposure: A follow-up assessment from 1983 to 2005, Radiation research, Vol. 170, p. 143-148 (2008)

[40] http://tinyurl.com/bu88vo5, http://tinyurl.com/8727btc

[41] http://de.wikipedia.org/wiki/Club_of_Rome

[42] http://tinyurl.com/l97cour

[43] http://judithcurry.com

[44] http://tinyurl.com/9w3og4, http://tinyurl.com/98uaaph

7 Literaturverzeichnis

[45] Demtröder, Experimentalphysik, Band1, Kap. 8.9

[46] de.wikipedia.org/wiki/Desertec

[47] "Verstaubte Klimamodelle", FASZ. 15.08.2004, S. 59

[48] Donna Laframboise; Von einem jugendlichen Straftäter, der mit den besten Klimaexperten der Welt verwechselt wurde, TVR Medienverlag (2012)

[49] http://tinyurl.com/cvkhag3

[50] economist, Juli 2007, "Grey-sky thinking"

[51] economist, 8.9.07, "Nuclear power's new age"

[52] Interview der NZZ vom 14.Nov. 2010 mit Prof. Ottmar Edenhofer (PIK), http://tinyurl.com/9qt2a2r

[53] http://tinyurl.com/6wsvh3d

[54] http://de.wikipedia.org/wiki/Erneuerbare-Energien-Gesetz

[55] www.eike-klima-energie.eu

[56] EIKE - Energie, 6.5.2012, http://tinyurl.com/9k6g6vt

[57] EIKE - Klima, 25.3.2013, http://tinyurl.com/p4dcug2

[58] In www.eike-klima-energie.eu, Publikationen, Limburg, Dr. Glatzle, Prof. Dr. Lüdecke

[59] http://www.kaltesonne.de/?p=3102

[60] http://tinyurl.com/d526aqg, Univ. Stuttgart (2011), http://tinyurl.com/8mfjvzk (S. 33)

[61] http://tinyurl.com/qjdwmqs (dort unter Ref. [1] die zugehörige wiss. Publikation)

[62] C. Essex et al.: J. Non-Equilibrum Thermodynamics (2006), http://tinyurl.com/37zsms

7 Literaturverzeichnis

[63] de.wikipedia.org/wiki/EU-Emissionshandel

[64] http://tinyurl.com/csrahjs

[65] J.U. Knebel et al.: EUROTRANS: FISA 2006, http://tinyurl.com/d4mjdcr

[66] Externe Anhänge in www.eike-klima-energie.eu unter "Publikationen, (EIKE: Mitglieder und Fachbeirat), Lüdecke"

[67] http://tinyurl.com/cvbppe3, http://tinyurl.com/d9vdkkf, http://tinyurl.com/d5wavn7, FAZ vom 8.4.2007: "Wissenschaftliches Stückwerk"

[68] FAZ, 20.06.2010, Politik, S. 6

[69] http://tinyurl.com/9rzphqr

[70] http://tinyurl.com/d5wavn7

[71] http://tinyurl.com/cvbppe3

[72] FAZ vom 8.4.2007, "Wissenschaftliches Stückwerk"

[73] FAZ vom 1.9.2009, Leserbrief des Buchautors

[74] http://tinyurl.com/9n7d3s2

[75] FAZ vom 7.5.2008, "Das große Frösteln"

[76] FAZ vom 21.5.2008, "Weniger Wirbelstürme nach Klimawandel?"

[77] Alternative Klimakonferenz der FDP-Fraktion im Sächsischen Landtag, 6. Juli 1012 sowie am 1. Dezember 2012 unter dem Titel "Zurück in die Steinzeit: Wieviel Energiewende verträgt Deutschland?", www.fortschrittsoffensive.de, http://tinyurl.com/d2ud8mb

[78] http://tinyurl.com/c959wns

[79] http://www.kaltesonne.de/?p=5513

7 Literaturverzeichnis

[80] http://de.wikipedia.org/wiki/Fischer-Tropsch-Synthese

[81] www.youtube.com/watch?v=-c9ZgXx-84c

[82] http://tinyurl.com/dxwqc8m, http://tinyurl.com/d5rzgjf, http://tinyurl.com/d3sztuo, http://tinyurl.com/cyye3u3, http://tinyurl.com/clxz9jr, http://tinyurl.com/cppkq32

[83] http://tinyurl.com/8htmadm

[84] http://en.wikipedia.org/wiki/Forbush_decrease

[85] EIKE - Energie, 24.11.2014, http://tinyurl.com/ohuqdyn, EIKE - Energie, 28.11.2014, http://tinyurl.com/qa8b8fo, EIKE - Energie, 15.4.2011, http://tinyurl.com/9vwsy6a, FAZ.NET vom 6.9.2012, http://tinyurl.com/d2xokuw, de.wikipedia.org/wiki/Schiefergas

[86] www.frage.org/439-wie-lange-reicht-das-erdol-noch

[87] http://de.wikipedia.org/wiki/Luft

[88] http://tinyurl.com/cfo75qt, http://tinyurl.com/9hff98c

[89] Freitags-Physikkolloquium der Universität Heidelberg, 3.12.2004

[90] http://de.wikipedia.org/wiki/Gas-und-Dampf-Kombikraftwerk

[91] E.L. Gärtner : Öko-Nihilismus, TvR Medienverlag (2007)

[92] http://tinyurl.com/y9jrjaf

[93] The Generation IV International Forum (GIF), www.gen-4.org

[94] Internationales Geothermiezentrum (GZB) www.geothermie-zentrum.de/geothermie.html

[95] http://tinyurl.com/yf4c2kj auf S. 88/89

[96] http://tinyurl.com/7c8necl, http://tinyurl.com/nq8vhut

[97] http://tinyurl.com/c6gkksn

7 Literaturverzeichnis

[98] http://de.wikipedia.org/wiki/Phoebuskartell

[99] A. Gore: Eine unbequeme Wahrheit, Bertelsmann Verlag (2007)

[100] EON Kernkraft, Kernkraftwerk Grohnde,
http://tinyurl.com/d73jbyw

[101] http://www.gesetze-im-internet.de/bundesrecht/gg/gesamt.pdf

[102] N. Shaviv and J. Veizer: GSA Today (2003)
http://tinyurl.com/2wlppf

[103] www.cru.uea.ac.uk/cru/data/temperature/

[104] http://tinyurl.com/q5uq42f

[105] H. Harde, http://tinyurl.com/n27bwah,
http://tinyurl.com/4f99zp4 sowie IPCC-Berichte 2001 und 2007

[106] Kanadische Petition, http://tinyurl.com/ygdmzq

[107] Heidelberger Manifest,
http://en.wikipedia.org/wiki/Heidelberg_Appeal

[108] Hebel, Insel Verlag, Band 4, S. 427, Hinweis aus Leserbrief von Prof. Wolfgang Harms, Direktor für Energierecht der FU Berlin, FAZ vom 2.5.07

[109] T. Heinzow et al.: Working Paper FNU-85, JEL: NQ 420, Q,540,
http://tinyurl.com/97nrjww

[110] Hildesheimer Allgemeine Zeitung vom 16.4.07

[111] http://tinyurl.com/yf76nmv

[112] Oceanus Magazin, http://www.whoi.edu/oceanus/index.do

[113] Z. Jaworowski: Dose-Response, Vol. 8, No. 2 (2010),
http://tinyurl.com/9abphbz

[114] de.wikipedia.org/wiki/Hormesis

7 Literaturverzeichnis

[115] http://tinyurl.com/cqfojdq, http://tinyurl.com/m42rog7, http://tinyurl.com/k3bjz7o, http://tinyurl.com/khka9ag, http://tinyurl.com/ky2ap39

[116] Prof. G. Hosemann, Univ. Erlangen in EIKE - Klima, 10.3.2011, http://tinyurl.com/oajhvu3

[117] R. Glaser et al.: Zur Temperatur- und Hochwasserentwicklung der letzten 1000 Jahre in Deutschland, Klimastatusbericht, Deutscher Wetterdienst (DWD) (2003), http://real-planet.eu/hochwasser.htm

[118] de.wikipedia.org/wiki/Hurrikan

[119] Wegen zu vieler Literaturquellen: In Google Scholar "hurricane frequency" im Suchfenster eingeben und selber auswählen.

[120] http://www.nhc.noaa.gov/pastdec.shtml, http://policlimate.com/tropical/index.html, http://tinyurl.com/cwpax2s, http://tinyurl.com/cnv62v4 http://tinyurl.com/d37u7c5

[121] http://tinyurl.com/m9vw4v

[122] Noch mit KKW-Entwicklung befasste deutsche Institute: Lehrstuhl Prof. Hurtado, TU Dresden, http://tinyurl.com/mu8yc2r, ferner Institut für Festkörper-Kernphysik GmbH, gemeinnützige Gesellschaft zur Förderung der Forschung IFK, festkoerper-kernphysik.de/about, kontakt@festkoerper-kernphysik.de

[123] http://archive.org

[124] http://tinyurl.com/2b6q2m

[125] http://tinyurl.com/d498jw5

[126] IPCC-Bericht (2013), Fußnote 16 unter D.2 http://tinyurl.com/qdkxh68

7 Literaturverzeichnis

[127] IPCC Climate Change 2001, The scientific basis, Chapter 06, S. 358, Tab. 6.2, http://www.grida.no/publications/other/ipcc_tar/

[128] IPCC Climate Change 2001, the sientific basis, Chapter 02, Abschnitt 2.7, S. 155,
http://www.grida.no/publications/other/ipcc_tar/,
IPCC Extremwetterbericht (2012),
http://www.ipcc-wg2.gov/SREX/

[129] http://en.wikipedia.org/wiki/Hockey_stick_controversy

[130] http://tinyurl.com/73kz8ht

[131] http://de.wikipedia.org/wiki/Kernfusion,
de.Wikipedia.org/wiki/ITER, de.Wikipedia.org/wiki/Stellarator,
de.Wikipedia.org/wiki/Tokamak

[132] R.S. Nerem et al.: Marine Geodesy 33, no. 1 supp 1 (2010),
http://sealevel.colorado.edu

[133] Z. Jaworowski: 21st century (2004), http://tinyurl.com/rangl

[134] Z. Jaworowski: 21st Century (2007), http://tinyurl.com/ysnwg9

[135] de.wikipedia.org/wiki/Judith_A_Curry, judithcurry.com

[136] http://tinyurl.com/pypa7xc

[137] http://www.kaltesonne.de

[138] Karp, R.M., Rabin, M.O.: Pattern-matching algorithms. IBM journal of research and development 31(2), S.249-260 (1987)

[139] http://de.wikipedia.org/wiki/Keeling-Kurve

[140] G. Keil, Die Energiewende ist schon gescheitert, TvR Medienverlag, (2012),
M. Limburg, Klimahysterie - was ist dran?: Der neue Nairobi-Report über Klimawandel, Klimaschwindel und Klimawahn, TvR Medienverlag,

A. Wendt, Der grüne Blackout, edition blueprint (2014),
J. Langeheine, Energiepolitik in Deutschland, Athene Media (2012),
E.L. Gärtner, Öko-Nihilismus, TvR Medienverlag (2012),
G. Krüger, Die Energiewende, Wunsch und Wirklichkeit, Books on Demand GmbH (2011)
G. Ganteför, Der Weltuntergang findet nicht statt, Wiley-VCH Verlag (2010)

[141] EIKE - Energie, 3.1.2015, http://tinyurl.com/kuwv5c4

[142] Prof. Claudia Kemfert in der HR-TV-Talkshow vom 28.3.2012, "Wird Strom zum Luxus"?

[143] H.M. Kepplinger, S. Post: Forschungsmagazin der Univ. Mainz, Nr. 1, 2008, S. 25-28, http://tinyurl.com/yf58y39, Die WELT 25.9.2007, http://tinyurl.com/ylgvjgy

[144] http://tinyurl.com/7rsf82v,
M. Faessler: Department für Physik der Univ. München,
http://tinyurl.com/7j6af4p, de.wikipedia.org/wiki/Kernreaktor,
M. Volkmer: Informationskreis Kernenergie (2007),
http://www.kernfragen.de/,
www.kernenergie.ch/de/akw-technik.html,
http://tinyurl.com/9p8548z

[145] Key World Energy Statistics 2011, http://tinyurl.com/7bdtocc

[146] www.klimafakten.de/behauptungen

[147] http://tinyurl.com/bv8n2tl

[148] T. Hirotsu et al.: Separation Science and Technology 23,1-3(1988),
http://tinyurl.com/ctfvuwh,
News Release Oak Ridge National Laboratory (USA),
http://tinyurl.com/9uztrfd

[149] http://tinyurl.com/nqher2p, http://tinyurl.com/9rmbe6w

7 Literaturverzeichnis

[150] klimazwiebel.blogspot.de

[151] http://tinyurl.com/ca5n2mg

[152] V.M. Kotlyakov: IHP-IV Project H-4.1, UNESCO, Paris 1996, SC-96/WS-13, http://tinyurl.com/yhbxn8d

[153] Demtröder, Experimentalphysik, Band1, Kap. 8.9, http://de.wikipedia.org/wiki/Kraftwerk

[154] C.W. Landsea et al.: Geographical Research Letters, Vol. 23, No. 13 (1999), http://tinyurl.com/9taf82c

[155] R.B. Laughlin, Der letzte macht das Licht aus, Die Zukunft der Energie, Piper (2012)

[156] http://en.wikipedia.org/wiki/Lawson_criterion

[157] http://www.kaltesonne.de/?p=5587

[158] S. Lennartz and A. Bunde: Distribution of natural trends in long-term correlated records: A scaling approach, Phys. Rev. E 84, 021129 (2011)

[159] C. Le Quere: www.sciencedirect.com (2010), http://tinyurl.com/8rqzxoe

[160] I. Levin, and V. Hesshaimer: Radiocarbon, Vol. 42, Nr. 1 (2000), http://tinyurl.com/cb2bwfu, I. Levin et al.: Tellus, Vol. 62, No. 1 (2010), http://epic.awi.de/20620/1/Lev2009b.pdf

[161] R.S. Lindzen: Yale center for the study of globalisation (2005), http://tinyurl.com/yb9rdgs

[162] R.S. Lindzen: MIT (2005), http://tinyurl.com/2f9ccr

[163] http://en.wikipedia.org/wiki/Current_sea_level_rise

[164] W. Livingston et al.: National Solar Observatory, Tucson USA (2005), http://tinyurl.com/n6rpwt,
J.-E. Solheim et al.: Journal of Atmospheric and Solar-Terrestrial

Physics, 80 (2012), http://de.arxiv.org/abs/1202.1954,
H.I. Abdussamatov: Applied Physical Research, 4 (2012),
http://tinyurl.com/ccv7r9b

[165] R.S. Lindzen, and Y.-S, Choi: Geophysical Research Letters, Vol. 36 (2009), http://tinyurl.com/yda9q36

[166] H.-J. Lüdecke et al.: International Journal of Modern Physics C, Vol. 22, No. 10 (2011),
www.eike-klima-energie.eu/uploads/media/How_natural.pdf

[167] H.-J. Lüdecke: Energy & Environment, Vol. 22, No. 6 (2011),
www.eike-klima-energie.eu/uploads/media/Long_term.pdf

[168] R. Link, and H.-J. Lüdecke: International Journal of Modern Physics C, Vol. 22, No. 5 (2011),
www.eike-klima-energie.eu/uploads/media/Li_Lue_model_01.pdf

[169] H.-J. Lüdecke et al: clim. past, 8, (12.9.2012),
http://tinyurl.com/ohe6dl5

[170] http://www.kaltesonne.de/?p=3041

[171] http://www.kaltesonne.de/?p=5541,
http://www.kaltesonne.de/?p=3102

[172] H.-J. Lüdecke: www.eike-klima-energie.eu/uploads/media/Long_term.pdf, Fig. 6, rechtes Teilbild

[173] Leipziger Manifest, http://en.wikipedia.org/wiki/Leipzig_Declaration

[174] MailOnline, 13.10.2012, http://tinyurl.com/8wvr946,
Daily Express 15.10.2012, http://tinyurl.com/ngyxc99

[175] H. Malberg: Univ. Berlin, Berliner Wetterkarte e.V. (2007),
http://tinyurl.com/8ph9mlf

[176] persönl. Mitteilung von Prof. Horst Malberg (FU Berlin)

[177] http://tinyurl.com/ycsggq6, http://tinyurl.com/yglraf2

7 Literaturverzeichnis

[178] G.E. Marsh: National Policy Analysis #361, http://mitosyfraudes.org/Ingles/GW-Primer.html

[179] EIKE - Klima, 26.7.2009, http://tinyurl.com/87yp9rv

[180] http://de.wikipedia.org/wiki/Integriertes_Energie-_und_Klimaprogramm

[181] http://de.wikipedia.org/wiki/Milankovic-Zyklen

[182] http://tinyurl.com/newn2rg

[183] http://tinyurl.com/4tphbr,
http://en.wikipedia.org/wiki/Nils-Axel_Mörner,
http://tinyurl.com/cdpmfrb,
wattsupwiththat.com/tag/niels-axel-morner/

[184] http://tinyurl.com/lnav449

[185] A.W. Montford: The Hockey Stick Illusion, Stacey International (2010)

[186] Deutschlandfunk, Forschung aktuell, 12.7.2011

[187] berkeleyearth.org

[188] http://tinyurl.com/c7pea7m

[189] S.K. Solanki et al.: nature, 28.10.2004, http://tinyurl.com/6ed7z5

[190] nature, Bd. 446, S. 646, http://tinyurl.com/y9eglcj

[191] http://tinyurl.com/7dywb2k

[192] R.P. Allan; Meteorological Applications, Vol. 18, Issue 3 (2011), http://tinyurl.com/cv5bdt4,
R.W. Spencer, and W.D. Braswell: Remote Sensing 3(8), (2011) http://tinyurl.com/9cvuz32,
R.W. Spencer, and W.D. Braswell: Journal of Geophysical Research, Vol. 115 (2010),
http://tinyurl.com/8kd694d

[193] J. Negendank: Klima im Wandel: Die Geschichte des Klimas aus geowissenschaftlichen Archiven in der Schrift von Schluchter, W., Elkins, S. 32: Klima im Wandel - eine disziplinüberschreitende Herausforderung, BTUC-AR 10/2001, ISSN 1434-6834 (2001)

[194] Newsweek: The coming ice age, http://tinyurl.com/9oqtqr8

[195] www.enso.info

[196] http://www.nipccreport.org/reports/2009/2009report.html
http://www.nipccreport.org/reports/2011/2011report.html
http://www.nipccreport.org/about/about.html

[197] http://joannenova.com.au/

[198] http://canadafreepress.com/index.php/article/9764

[199] de.wikipedia.org/wiki/Ökodesign-Richtlinie

[200] W. Graf et al.: Stable-isotope records from Dronning Maud Land, Antarctica, Annals of Glaciology 35 (2002)

[201] H. Oeschger et al.: Das Klima, Springer Verlag (1980)

[202] Offshore-Windparks fehlt der Rückenwind, VDI-Nachrichten, Nr. 21, 12.10.2007

[203] http://science.orf.at/stories/1658710/

[204] EIKE - Klima, 28.3.2012, http://tinyurl.com/cy8szmx

[205] M.R. Palmer, and J.M. Edmond: Geochimica et Cosmochimica Acta 57, 20 (1993), http://tinyurl.com/ctdhn26

[206] G. Paltridge et al.: Theor. Appl. Climatol. 98 (2009), http://www.drroyspencer.com/Paltridge-NCEP-vapor-2009.pdf

[207] G. Patzelt, zweite internat. Klimakonferenz, Berlin, 4.12.2009, www.eike-klima-energie.eu/uploads/media/Patzelt.pdf, 5. Int. Klimakonferenz München 30.11.2012-1.12.2012, http://tinyurl.com/buu4ybc,

7 Literaturverzeichnis

Veröffentlichungen von Prof. G. Patzelt in Google Scholar nach "G. Patzelt" googeln

[208] http://de.wikipedia.org/wiki/Benny_Peiser

[209] http://tinyurl.com/cxq4sad

[210] J.R. Petit et al.: nature 399 (1999)

[211] A. Bunde und J. Kantelhardt: Physikalische Blätter 57, Nr. 5 (2001)

[212] de.wikipedia.org/wiki/Photosynthese

[213] EIKE - Klima, 9.5.2011, http://tinyurl.com/8cygk2u,
PIK - Argumente, http://tinyurl.com/8mjpkcf,
EIKE - Widerlegung der PIK-Argumente,
http://tinyurl.com/8pq87zp

[214] Informationsdienst Wissenschaft, 24.10.2003,
http://idw-online.de/de/news71073

[215] NEWSiversum (14.7.2011), http://tinyurl.com/9hk3shn

[216] http://de.wikipedia.org/wiki/Radioaktivität

[217] Spiegel Online, 12.9.2007, http://tinyurl.com/999g2jl

[218] Klimanews, http://tinyurl.com/7j92wo7

[219] https://stevengoddard.wordpress.com/polar-meltdown/,
https://stevengoddard.wordpress.com/northwest-passage/

[220] J.H. Reichholf: Eine kurze Naturgeschichte des letzten Jahrtausends, S. Fischer Verlag (2007)

[221] http://www.malariajournal.com/content/7/S1/S3

[222] http://tinyurl.com/cbaym5w (das pdf hat etwa 30 MB)

[223] R. Revelle, and H.E. Suess: Tellus IX, 1 (1957),
http://tinyurl.com/y9egd8c

[224] de.wikipedia.org/wiki/Nachzerfallswärme

[225] http://tinyurl.com/9gl2jvj

[226] Roe and Baumann, Climate Change, 27.Aug.2012, http://tinyurl.com/ouojyco

[227] M. Volkmer: Informationskreis Kernenergie (2007), http://tinyurl.com/k2kbb6x

[228] Dr. Götz Ruprecht: Vortrag "Nuklearhysterie"

[229] persönl. Mitteilung von Dr. Götz Ruprecht

[230] http://tinyurl.com/8mjpkcf

[231] N. Scafetta: Physical Review E69 (2004), http://tinyurl.com/bsc3577

[232] Popular Technology.net, 18.8.2010, http://tinyurl.com/4zcrb5f

[233] Global warming petition project, www.petitionproject.org, http://en.wikipedia.org/wiki/Oregon_Petition

[234] "Die Menschlichkeit auf dem Prüfstand", FAZ, Nr. 283, S. 35, 5.12.2009

[235] ZEIT-Online, Wissen, 2.9.2009, http://www.zeit.de/2009/14/DOS-Schellnhuber

[236] J. Eichner et al.: Physical Review E (2003), http://arxiv.org/pdf/physics/0212042.pdf

[237] http://tinyurl.com/namvep9, http://tinyurl.com/c6bglfs

[238] http://www.schmanck.de/Malberg.htm

[239] http://scholar.google.de

[240] Wirtschaftswoche, 01.02.2008, S. 142

[241] www.sepp.org

7 Literaturverzeichnis

[242] http://www.sciencebits.com/

[243] SHELL Studie "Energy Needs, Choices and Possibilities - Scenarios to 2050" (2001), http://tinyurl.com/9w67lwa

[244] Kritische Urananreicherung: Physik-Journal, Nov. 2012, S. 14

[245] SNETP, Technology Platform, www.snetp.eu (2009)

[246] http://tinyurl.com/otqudcw, http://tinyurl.com/9h6or3f, http://tinyurl.com/9u3sgo7

[247] de.wikipedia.org/wiki/Sonne, de.wikipedia.org/wiki/Kernfusion

[248] T. Spahl: Novo Argumente, 2.3.2012, http://tinyurl.com/7bpsfby

[249] http://tinyurl.com/bumfk9z

[250] en.wikipedia.org/wiki/S-PRISM

[251] persönl. Mitteilung von Prof. Volker Storch (Univ. Heidelberg)

[252] DER SPIEGEL, 11, 2007, S. 56

[253] "Veränderliche Küstenklima', Mitt. OVR 61, 6/2006, S. 235

[254] H. von Storch und N. Stehr: Der SPIEGEL, 24.1.2005, http://www.spiegel.de/spiegel/print/d-39080872.html

[255] EIKE - Energie, 24.9.2012
http://tinyurl.com/8usgngs
de.wikipedia.org/wiki/Strompreis

[256] Süddeutsche Zeitung, 31.3.2010, http://tinyurl.com/2a8354c,
ZEIT-Online, 26.11.2010, http://tinyurl.com/lel57hh,
ZEIT-Online, 28.11.2012, http://tinyurl.com/c2a25ff

[257] http://de.wikipedia.org/wiki/Wasserdampf

[258] H. Svensmark et al.: Geophysical Research Letters, Vol. 36 (2009), http://tinyurl.com/cvfugt4

[259] M. Tamada: Erice seminar 2009, Japan Atomic Energy Agency, http://tinyurl.com/2fnhrob

[260] de.Wikipedia.org/wiki/Kernkraftwerk_THTR-300

[261] http://tinyurl.com

[262] EIKE - Klima, 10.2.2010, http://tinyurl.com/mved56b

[263] de.wikipedia.org/wiki/Transmutation,
A.C. Mueller und H.A. Abderrahim: Transmutation von radioaktivem Abfall, Physik Journal 9. Jhrg., S. 33 (2010)

[264] Die ZEIT-Online, 21.4.2011, http://tinyurl.com/9hdfmds,
United Nations Scientific Committee on the Effects of Atomic Radiation (UNSCEAR), http://www.unscear.org/
http://tinyurl.com/5sftv4

[265] http://tinyurl.com/axo7xtn, http://tinyurl.com/a5hqsep, http://tinyurl.com/bmu4y5x, http://tinyurl.com/og7jse4, http://tinyurl.com/bwz4pa9

[266] Uranium 2009 - Resources, Production and Demand, Nuclear Energy Agency, IAEA, Juli 2010

[267] http://tinyurl.com/8tvxg7a

[268] Ziele für den Klimaschutz: Wiss. Beirat der Bundesregierung Globale Umweltveränderungen (WBGU) (1997) unter 2.1 auf S. 8 unten, http://tinyurl.com/7y9saeh

[269] WBGU, Welt im Wandel (2011), http://tinyurl.com/6c9ptgh siehe auch in http://tinyurl.com/bfon8zq

[270] de.wikipedia.org/wiki/Akkumulator

[271] de.wikipedia.org/wiki/Stromerzeugung

[272] de.wikipedia.org/wiki/Treibhauseffekt

7 Literaturverzeichnis

[273] auf der Webseite http://klimazwiebel.blogspot.de/ in das Suchfeld "Klimaskeptiker Umfrage" eingeben.

[274] http://www.unscear.org/docs/reports/annexb.pdf (Tab. 11, S. 121, PDF: S.39), http://de.wikipedia.org/wiki/Guarapari

[275] U.S. Senate Minority Report, 11.12.2008, http://tinyurl.com/6oqu3m

[276] persönl. Mitteilung von Prof. F. Vahrenholt

[277] http://de.wikipedia.org/wiki/Jan_Veizer

[278] persönl. Mitteilung von J. Veizer (Univ. Ottawa)

[279] "Ein Mathematiker, R. Bulirsch und ein Naturforscher, H.v. Storch, diskutieren über Klimamodelle, 17.5.2004, Bayer. Akad. Wiss. Rundgespr. Band 28 (Klimawandel im 20. und 21. Jahrhundert)

[280] http://wattsupwiththat.com

[281] persönl. Mitteilung von Prof. W. Weber (Univ. Dortmung) und von Prof. F. Arnold (MPI für Kosmochemie, Heidelberg)

[282] W. Weber: Annalen der Physik, 522, No. 6 (2010), http://tinyurl.com/bmswdk7, A. Hempelmann, W. Weber: Solar Physics, 277, No. 2 (2012)

[283] Deutsche Welle, 4.6.07

[284] DIE WELTWOCHE, Ausgabe 13/2007

[285] Anzeiger für Harlingerland, Wittmund, 10.3.2008, NORDWEST

[286] http://tinyurl.com/2dao97y

[287] http://tinyurl.com/25uabgy

[288] de.wikipedia.org/wiki/Elektroauto

7 Literaturverzeichnis

[289] http://tinyurl.com/cz769an

[290] http://de.wikipedia.org/wiki/MediaWiki:Spam-blacklist

[291] wiki.bildungsserver.de/klimawandel/index.php/Gletscher_in_Afrika

[292] http://de.wikipedia.org/wiki/Stromerzeugung

[293] en.wikipedia.org/wiki/Background_radiation

[294] ScienceSkepticalBlog, 20.11.2011, http://tinyurl.com/933xrvc, http://tinyurl.com/ch5t9bg

[295] de.wikipedia.org/wiki/Windmühle

[296] http://de.wikipedia.org/wiki/Windkraftanlage

[297] http://tinyurl.com/kq7sr2o

[298] Mitteilung von Dipl.-Ing. Ulrich Wolff, http://www.vgb.org/daten_stromerzeugung-dfid-39498.html

[299] http://en.wikipedia.org/wiki/Wolf_number

[300] C. Wunsch: Quaternary Science Reviews 23 (2004), http://muller.lbl.gov/papers/Causality.pdf

[301] IPCC, Fourth Assessment Report (AR4), 2007, The Physical Science Basis, Chapter 3, Fig. 3.9, S. 250, http://tinyurl.com/me6mb6

[302] www.climatescienceinternational.org

[303] ZEIT-Online, 12.04.2007, http://www.zeit.de/2007/16/Mit_dem_Regen_rechnen

[304] ZEIT-Online, 7.06.2007, http://www.zeit.de/2007/24/P-Heinz-Miller

7 Literaturverzeichnis

[305] H. Fischer: Science, Vol. 283 (1999),
http://epic.awi.de/825/1/Fis1999a.pdf,
N. Caillon et al.: Science, Vol. 299 (2003),
http://tinyurl.com/39pqaj,
Humlum et al: Global and Planetary change, 100 (2013),
http://tinyurl.com/owgnwkj

[306] http://www.thecloudmystery.com/The_Cloud
_Mystery/The_Science.html

[307] J. Christy, and R.W. Spencer: Univ. Alabama (2003),
http://tinyurl.com/9geac44,
C.W. Landsea et al.: Climate Change 42 (1999),
http://www.aoml.noaa.gov/hrd/Landsea/atlantic/index.html,
S. Raghavan, and S. Rajesh: American Meteorological Society, Vol. 84, Issue 5 (2003),
http://tinyurl.com/8l54gh6

expert verlag
Erlesene Weiterbildung®

Prof. Dr.-Ing. h. c. Sándor O. Pálffy
und 9 Mitautoren

Wasserkraftanlagen

Klein- und Kleinstkraftwerke

8., akt. und erw. Auflage 2016, ca. 290 S.,
210 Abb. 10 Tab., ca. 54,00 €, 70,00 CHF
(Kontakt & Studium, 322)
ISBN 978-3-8169-3361-8

Zum Buch:
Das Buch gibt all jenen praxisbezogen Auskunft, die eine Wasserkraftanlage für Energietransformation und -verwendung im eigenen Betrieb errichten oder erwerben wollen, eine Wasserkraftanlage schon besitzen oder erwerben möchten, die aber modernisiert und eventuell vergrößert werden soll, eine bisher stillgelegte Anlage wieder in Betrieb nehmen wollen (hierbei ist in der Regel ebenfalls eine Modernisierung notwendig) oder die eine Wasserkraftanlage zur Stromerzeugung und Einspeisung in das öffentliche Netz nutzen wollen.

Inhalt:
Wasserkraftanlagen: Klein- und Kleinstkraftwerke – Planung und Projektierung von Kleinwasserkraftwerken – Elektrische Ausrüstung – Turbinenregelung, Schutz, Wirkungsgradoptimierung, Kommunikation – Gesamtplanung, Reparaturen, Generalüberholung – Die Ossberger-Durchströmturbine: Funktionsprinzip, Konstruktion, Regelung, Betriebserfahrung – Kleine Wasserkraftwerke mit Schneckenantrieb – Europäische Netzsysteme – Steuerliche Fragen bei Errichtung, Erwerb und Modernisierung – Wasserrechtliche Anforderungen an Wasserkraftanlagen

Die Interessenten:
Ingenieure und Techniker, Energieberater und Planer, Energieunternehmen und Entscheidungsträger der öffentlichen Hand

Blätterbare Leseprobe und einfache Bestellung unter:
www.expertverlag.de/3361

Rezensionen:
»Der Stand der Technik wird auf solider Basis aufgezeigt, und der Leser erhält aktuelle Informationen zu Rechts-, Steuer- und Investitionsfragen.«
Elektrizitätswirtschaft

»Die vorliegende Publikation stellt eine willkommene Bereicherung des einschlägigen Literaturangebotes dar.«
Österreichische Wasserwirtschaft

»Die Schrift gibt praxisnahe Auskünfte und eine gedrängte Übersicht all jenen, die solche Wasserkraftanlagen planen, errichten, modernisieren, neu be- oder wiederbetreiben wollen und hierbei in rechtlicher, steuerlicher oder wirtschaftlicher Hinsicht beraten oder entscheiden sollen.«
Beton- und Stahlbetonbau

Bestellhotline:
Tel: 07159 / 92 65-0 • Fax: -20
E-Mail: expert@expertverlag.de

expert verlag®
Erlesene Weiterbildung®

Prof. Dr. Jacques Neirynck

Der göttliche Ingenieur

Die Evolution der Technik
(Le huitième jour de la création).
Mit einem Geleitwort von Franz J. Radermacher

8. Aufl. 2014, 335 S., 39,80 €, 66,00 CHF
(Reihe Technik)
ISBN 978-3-8169-3243-7

Zum Buch:
Wie vollzieht sich technischer Fortschritt? Woher kommt er? Wohin führt er? Warum taucht er an gewissen Orten und zu gewissen Zeiten geradezu zwangsläufig auf? Können wir den technischen Fortschritt beeinflussen?
Um diese Fragen zu beantworten, untersucht der Autor die Geschichte der Technik – mit ihren Erfolgen und Misserfolgen – im Zusammenhang mit der Evolution des Menschen. Wir entdecken, dass der technische Fortschritt aus einer immer wiederkehrenden Herausforderung resultiert, die auf einem fundamentalen physikalischen Prinzip beruht. Bei der Lektüre wird uns der Charakter der Technik klar. Wir erkennen, dass wir einer technischen Illusion erliegen, und erfahren, welche Chancen es noch gibt, den technischen Fortschritt zu beeinflussen.

Inhalt:
Die technische Illusion – Die technische Evolution – Die technische Schöpfung

Blätterbare Leseprobe und einfache Bestellung unter: www.expertverlag.de/3243

Rezensionen:
»Das Buch kann man all jenen empfehlen, die sich mit dem Woher und Wohin der Technik analytisch auseinandersetzen.«
Deutsches IngenieurBlatt

»Dem Autor ist es gut gelungen, die Wechselwirkung von Technik und menschlichem Schaffen darzustellen. Es ist ein spannendes, leicht zu lesendes Werk. Man fühlt sich beteiligt und betroffen. Jedermann zu empfehlen – und dies gilt nicht nur für Techniker!«
Österreichische Ingenieur- und Architekten-Zeitschrift

»Der Autor öffnet die Augen für die Tatsache, dass die jeweilige technische Stabilität einer Gesellschaft erkauft ist durch die dadurch verursachte zunehmende globale Unordnung der Umwelt zu unser aller Lasten.« **Technik in Bayern**

»In bildreicher und eindringlicher Sprache gelingt es Neirynck, die gesamte Tragweite des steigenden Verbrauchs und des unwiederbringlichen Verlustes von hochwertigen Energiequellen in geschlossenen Systemen zu schildern. Er geht sogar soweit, dieses physikalische Gesetz (zweiter Hauptsatz der Wärmelehre) auf die globalen Umweltprobleme und auf die gesamte Menschheitsentwicklung zu übertragen.«
Metall

Der Autor:
Jacques Neirynck (geb. 1931 in Brüssel) wurde 1982 zum »Fellow« des Institute of Electrical and Electronics Engineers, New York, ernannt. Zunächst bei der Fa. Philips in Brüssel tätig, dann als Professor an der Technischen Hochschule in Lausanne, ist er zugleich Autor von etwa hundert wissenschaftlichen Veröffentlichungen, darunter 4 Büchern in französischer Sprache, die ins Englische und Spanische übersetzt wurden. Er hat die verantwortliche Leitung für die Herausgabe der Abhandlungen über die Elektrizität, ein Werk, das 22 Bände umfasst.
Neben seiner wissenschaftlichen Tätigkeit ist Jacques Neirynck seit 1963 einer der Initiatoren der Verbraucherbewegung in Europa. In der Schweiz arbeitet er regelmäßig an Radio- und Fernsehsendungen mit. 1999 wurde Jacques Neirynck in den Nationalrat gewählt. Er hat außerhalb seiner wissenschaftlichen Publikationen 13 Bücher geschrieben, davon sechs Romane.

Bestellhotline:
Tel: 07159 / 92 65-0 • Fax: -20
E-Mail: expert@expertverlag.de

expert verlag®
Erlesene Weiterbildung®

Prof. Dr.-Ing. habil. Claus Meier

Richtig bauen

Bauphysik im Zwielicht – Probleme und Lösungen

9. Auflage 2016, 466 S., 129 Abb., 49 Tab., 49,80 €, 65,00 CHF (Kontakt & Studium, 645)
ISBN 978-3-8169-3341-0

Zum Buch:
Das Bauen muss als konstruktive Einheit ganzheitlich gesehen und vollzogen werden und dabei die Belange der Bewohner in den Mittelpunkt stellen – andere Optionen sind zweitrangig. Wie können negative Begleiterscheinungen der bautechnischen Entwicklungen im Interesse der Gesundheit der Bewohner verhindert werden?
Das Buch zeigt auf der Grundlage bauphysikalisch-funktionaler Zusammenhänge und naturgesetzlicher Prämissen, was zu beachten und wie zu entscheiden ist. Es bietet erfahrungsgerechte und bewährte Lösungen, die den notwendigen Wärme-, Feuchte- und Gesundheitsschutz berücksichtigen, und setzt der Desinformation die konsequente Aufklärung entgegen.

Inhalt:
Grundsatzüberlegungen – Rechtliche Randbedingungen – Wirtschaftlichkeit – Humane Heiztechnik – Wärmeschutz – Feuchteschutz – Schallschutz – Fragwürdige DIN-Vorschriften – Verordnungen über den Wärmeschutz – Zukunftsträchtiges Bauen

Die Interessenten:
– Architekten, Ingenieure und Bausachverständige
– Bauträger, Wohnungsbaugesellschaften und Behörden
– Baufirmen und Handwerksbetriebe
– Energieberater und Energiezentren, Deutsche Energieagentur
– Dozenten und Studierende des Bauwesens

Blätterbare Leseprobe und einfache Bestellung unter:
www.expertverlag.de/3341

Rezensionen:
»Immer wieder spannend zu lesen und eine Lehrstunde für falsche Interpretationen in der Bauphysik. Bauphysikalisch-funktionale Zusammenhänge und naturgesetzliche Prämissen werden kritisch betrachtet und in der Folge oftmals neu interpretiert. Die hieraus resultierenden Lösungen sind fachgerecht und sind deshalb effiziente Ansätze für eine wohnhygienische, energetisch verantwortliche und schadensfreie Gebäudekonzeption.«
Baumeister

»Der Autor beginnt philosophisch, um dann Kapitel für Kapitel Normen und gesetzliche Energiespar-Vorstellungen mit Wortwitz und Beweisrechnungen auseinanderzunehmen. Lehrreich und trotz der Matheformeln gut zu lesen.«
Umbauen & Renovieren

»Ein Buch, das zum Nachdenken und ggf. auch zum Widerspruch anregt. Aber genau das will der Autor offenbar auch.«
Der Sachverständige

»Der Autor kann sich das Verdienst zugute halten, als Rufer in der Wüste der Blindgläubigen eine dezidierte Gegenposition eingenommen zu haben, von der aus beim Bauen manches neu zu überdenken wäre.«
Deutsche BauZeitschrift

Der Autor:
Prof. Dr.-Ing. habil. C. Meier, TU Berlin; Architekt, Wiss. Direktor a.D. Stadt Nürnberg. Methodische Grundlagenarbeiten auf den Gebieten Wärmeschutz, Feuchteschutz, Schallschutz, Umweltschutz und Wirtschaftlichkeitsanalysen; Autor von Fachbüchern und umfangreichen Fachveröffentlichungen.
Bundesweite Aktivitäten zur bauphysikalischen Versachlichung des Bauens.

Bestellhotline:
Tel: 07159 / 92 65-0 • Fax: -20
E-Mail: expert@expertverlag.de

expert verlag®
Erlesene Weiterbildung®

Prof. Dr.-Ing. habil. Claus Meier

Energiesparen am Gebäude

Thesen und Pseudo-Thesen –
Wissen contra Argumentenschwindel

2. Auflage 2014, 150 S., 34,80 €, 58,00 CHF
(Reihe Technik)
ISBN 978-3-8169-3242-0

Zum Buch:
Die Gegenwart ist in ihrem Denken und Handeln recht dubios geworden, vieles gerät aus den Fugen. Die kulturellen Fundamente einer zivilisierten Gesellschaft müssen immer mehr den unheilvollen ökonomischen Prämissen einer unersättlich gewordenen, global operierenden Geschäftswelt weichen. Die Geldgier überwiegt, dafür sorgen allein schon die überall wirkenden Lobbyisten. Das Chaos, das den Bauschaffenden dabei präsentiert wird, führt auch zu einem unübersichtlichen und schwer zu durchdringenden bautechnischen Argumentendschungel.
Es ist nicht einfach, in diesem Durcheinander von Argumenten noch klar den richtigen Pfad zu erkennen. Bewährtes und seriöses Sach- und Fachwissen, aber auch ein redliches Denken und Handeln müssen endlich wieder die Oberhand gewinnen. Deshalb wird hier eine kurze Zusammenfassung der wichtigsten Aussagen »pro und contra« gegenübergestellt. Diese notwendige Einführung in eine bautechnische »Talkshow«, die seit vielen Jahren Betroffenen immer wieder präsentiert wird, erleichtert sehr die erforderliche Entscheidungsfindung.

Inhalt:
DIN-Normen – Wirtschaftlichkeit – Heizung – Lüften – Wärmeschutz – U-Werte – Thermographie – Schimmelpilze – Klima – Gebäudeheizung – Temperaturstabilität – Feuchteschutz – Schallschutz – Brandschutz – Energieeinsparverordnung – Baugenehmigung – Qualität der Ausbildung – Ochlokratie.

Die Interessenten:
Alle, die sich dem Bauen verantwortlich fühlen bzw. fühlen sollten:
– Architekten, Ingenieure und Bausachverständige
– Bauträger, Wohnungsbaugesellschaften und Behörden
– Baufirmen und Handwerksbetriebe
– Energieberater

Blätterbare Leseprobe und einfache Bestellung unter:
www.expertverlag.de/3242

Der Autor:
Prof. Dr.-Ing. habil. C. Meier, TU Berlin; Architekt, Wiss. Direktor a.D. Stadt Nürnberg. Methodische Grundlagenarbeiten auf den Gebieten Wärmeschutz, Feuchteschutz, Schallschutz, Umweltschutz und Wirtschaftlichkeitsanalysen; Autor von Fachbüchern und umfangreichen Fachveröffentlichungen.
Bundesweite Aktivitäten zur bauphysikalischen Versachlichung des Bauens
Veröffentlichungen im expert verlag: Richtig bauen, Mythos Bauphysik, Phänomen Strahlungsheizung, Verwildertes Bauen

Bestellhotline:
Tel: 07159 / 92 65-0 • Fax: -20
E-Mail: expert@expertverlag.de